住房城乡建设部土建类学科专业"十三五"规划教材
高等学校房地产开发与管理和物业管理学科专业指导委员会规划推荐教材

物业管理招标与投标

（物业管理专业适用）

缪　悦　主　编

刘　刚　李海波　李红霞　陈赛君　副主编

韩　朝　主　审

中国建筑工业出版社

图书在版编目（CIP）数据

物业管理招标与投标/缪悦主编.—北京：中国建筑工业出版社，2017.6（2024.6重印）
住房城乡建设部土建类学科专业"十三五"规划教材.高等学校房地产开发与管理和物业管理学科专业指导委员会规划推荐教材
ISBN 978-7-112-20747-3

Ⅰ.①物… Ⅱ.①缪… Ⅲ.①物业管理—招标—高等学校—教材 ②物业管理—投标—高等学校—教材 Ⅳ.①F293.347

中国版本图书馆CIP数据核字（2017）第105681号

本书系统介绍了物业管理招标与投标的基本制度、基础知识和操作规范，重点介绍了物业管理招标的程序、招标文件的编制、投标的实施、投标文件的制作以及投标报价测算等相关理论与实务。另外，本书增加了物业管理电子招标投标等新内容，充分体现了物业管理与服务的实践发展与变化。本书不但注重物业管理招标与投标理论的系统性和规范性，而且在编写过程中吸收和总结了物业管理招标投标的实际操作经验和方法，具有较强的实践指导意义。

本书既可以作为物业管理、物业设施管理、工程管理、酒店管理、房地产开发与经营等专业的应用型本科和高职高专院校的教材使用，也可作为物业管理和房地产开发与管理从业人员的业务学习与培训用书。

为更好地支持相应课程的教学，我们向采用本书作为教材的教师提供教学课件，有需要者可与出版社联系，邮箱：jckj@cabp.com.cn，电话：（010）58337285，建工书院https://edu.cabplink.com（PC端）。

责任编辑：刘晓翠　张　晶　王　跃
责任校对：李欣慰　刘梦然

住房城乡建设部土建类学科专业"十三五"规划教材
高等学校房地产开发与管理和物业管理学科专业指导委员会规划推荐教材
物业管理招标与投标
（物业管理专业适用）
缪　悦　主编
刘　刚　李海波　李红霞　陈赛君　副主编
韩　朝　主审

＊

中国建筑工业出版社出版、发行（北京海淀三里河路9号）
各地新华书店、建筑书店经销
北京锋尚制版有限公司制版
建工社（河北）印刷有限公司印刷

＊

开本：787毫米×1092毫米　1/16　印张：17¼　字数：366千字
2017年9月第一版　2024年6月第六次印刷
定价：36.00元（赠教师课件）
ISBN 978 – 7 – 112 – 20747 – 3
（30407）

教材编审委员会名单

主　任：刘洪玉　咸大庆

副主任：陈德豪　韩　朝　高延伟

委　员：（按拼音顺序）

曹吉鸣　柴　强　柴　勇　丁云飞　冯长春　郭春显

季如进　兰　峰　李启明　廖俊平　刘秋雁　刘晓翠

刘亚臣　吕　萍　缪　悦　阮连法　王建廷　王立国

王怡红　王幼松　王　跃　吴剑平　武永祥　杨　赞

姚玲珍　张　晶　张永岳　张志红

出版说明

20世纪90年代初，我国房地产业开始快速发展，国内部分开设工程管理、工商管理等本科专业的高等院校相继增设物业管理课程或开设物业管理专业方向。进入21世纪后，随着物业管理行业的发展壮大，对高层次物业管理专业人才的需求与日俱增，对该专业人才培养的要求也不断提高。教育部为适应社会和行业对物业管理专门人才的数量需求和人才培养层次要求，于2012年将物业管理专业正式列入本科专业目录。为全面贯彻落实《国家中长期教育改革和发展规划纲要（2010—2020年）》和教育部《全面提高高等教育质量的若干意见》的精神，规范全国高等学校物业管理本科专业办学行为，促进全国高等学校物业管理本科专业建设和发展，提升该专业本科层次人才培养质量，按照教育部、住房城乡建设部的部署，高等学校房地产开发与管理和物业管理学科专业指导委员会（以下简称专指委）组织编制了《高等学校物业管理本科指导性专业规范》（以下简称《专业规范》）。

为了形成一套与《专业规范》相匹配的高水平物业管理教材，专指委于2015年8月在大连召开会议，研究确定了物业管理本科专业核心系列教材共12册，作为"高等学校房地产开发与管理和物业管理学科专业指导委员会规划推荐教材"，并在全国高校相关专业教师中遴选教材的主编和参编人员。2015年11月，专指委和中国建筑工业出版社在济南召开教材编写工作会议，对各位主编提交的教材编写大纲进行了充分讨论，力求使教材内容既相互独立，又相互协调，兼具科学性、规范性、普适性、实用性和适度超前性，与《专业规范》严格匹配。为保证教材编写质量，专指委和出版社共同决定邀请相关领域的专家对每本教材进行审稿，严格贯彻了《专业规范》的有关要求，融入物业管理行业多年的理论与实践发展成果，内容充实、系统性强、应用性广，对物业管理本科专业的建设发展和人才培养将起到有力的推动作用。

本套教材已入选住房城乡建设部土建类学科专业"十三五"规划教材，在编写过程中，得到了住房城乡建设部人事司及参编人员所在学校和单位的大力支持和帮助，在此一并表示感谢。望广大读者和单位在使用过程中，提出宝贵意见和建议，促使我们不断提高该套系列教材的重印再版质量。

高等学校房地产开发与管理和物业管理学科专业指导委员会

中国建筑工业出版社

2016年12月

　　物业管理招标投标是物业管理社会化、专业化、市场化特征的体现，是物业管理规范化运作的必然要求。物业管理招标投标有其自身的特殊性，只有了解物业管理招标投标的特点，并在此基础上把握物业管理招标投标实践中的要点，才能更好地实施物业管理招标投标，推动物业管理行业的发展。因此，物业管理、房地产开发与管理以及企业管理等相关专业的学生及从业人员应全面、系统地了解及熟悉物业管理招标投标基础知识与操作方法。

　　本书从物业管理与招标投标的基本概念入手，概述了物业管理招标投标的基础知识、基本要求以及具体操作程序，重点阐述了物业管理招标与投标的程序、招标投标文件的编写与制作、投标报价的测算与投标决策等。作者在编写过程中，注重物业管理招标投标理论的系统性与实际的可操作性，以学习要点及目标、案例导入每章的学习，正文结束后，以思考与讨论增加读者对本章知识要点的回顾。此外，将《中华人民共和国招标投标法》、《中华人民共和国招标投标法实施条例》及《前期物业管理招标投标管理暂行办法》作为附录部分。这种体例安排便于教师组织与开展教学，同时方便学生自学与自检。

　　本书为住房城乡建设部土建类学科专业"十三五"规划教材，既有全面而系统的理论知识阐释，又融合了丰富的物业管理招标投标案例及实务，较好地实现了理论和实践的结合。同时，本书在保持物业管理招标投标知识体系完整、严谨的基础上，又具备了一定的开放性，如对电子招标投标的介绍和运用推广，涉及专业及行业一些前瞻性的理论与方法。本书主要作为普通高等学校物业管理专业及房地产相关专业的教材使用，亦可作为相关专业及行业人员的参考与培训用书。

　　本书由长沙学院缪悦担任主编并编写了第4、5、6章；长沙学院李红霞编写了第1章；长沙学院李海波编写了第2、3章；佳木斯大学刘刚编写了第7、8章；第9章由长沙学院缪悦和陈赛君合编。

　　山东工商学院马立强老师以及长沙学院毕业生李聪、胡哲文等参与了本书部分章节初稿的编写及校对工作，长沙市物业管理协会为本教材的编写提供了大量宝贵的招标投标案例及素材，北京林业大学韩朝教授对本书内容进行了审核并提出了宝贵的意见和建议，在此一并表示衷心的感谢。

衷心感谢书后参考文献所列著作、论文的各位作者，感谢中国建筑工业出版社，感谢北京林业大学韩朝教授及广州大学陈德豪教授。

由于作者经验不足，水平有限，疏漏谬误在所难免，敬请各位专家及读者提出宝贵的建议和意见。

编者

2017年3月

目 录

1

物业管理与
招标投标制度

本章要点及学习目标

　　了解招标投标制度的起源与发展、招标投标的一般基础知识；
了解我国物业管理招标投标的发展历程与现状；熟悉招标投标制度
对我国物业管理发展的影响和意义；掌握物业管理及物业管理招标
投标的相关知识及基本概念释义。

案例导入

1993年，深圳市住宅局对即将建成的莲花北村的物业管理实行了深圳市住宅局内部系统的招标投标，当时报名的仅有两家物业管理公司。1994年初，深圳市莲花北村举行了物业管理权内部招标投标，经评委评议后深圳万厦居业有限公司中标，为莲花北村提供全面的物业管理服务，并以优质服务、规范管理和丰富多彩的社区文化赢得业主、政府和社会的广泛好评，经过万厦居业公司的辛勤工作，一年多后该大型住宅区以总分99.2分登上"全国城市物业管理优秀住宅示范小区"的榜首。莲花北村物业管理的招标投标拉开了物业管理市场竞争机制的序幕，开创了我国物业管理招标投标的先河。

之后，深圳市住宅局对物业管理招标投标做了总结，并着手对旧住宅小区再进行试验。1996年在旧住宅小区鹿丹村实行社会公开招标，再一次把竞争机制引入到物业管理运作中来。鹿丹村招标中，共有中海、万科、南光、中航、天安、长城、城建、大信、国贸、广深高速10家企业入围，开标和评标用时两天，最后万科物业以最高分中标，比第二名中海物业高出1.24分。鹿丹村物业管理的招标投标，是国内首次面向社会的物业管理招标投标，并正式奠定了物业管理市场竞争机制。

【评析】物业管理引入招标投标机制对全国的物业管理工作产生了深远的影响，其意义首先表现在它打破了过去社会上一直认为在普通住宅、低价位住宅区无法进行专业化、社会化物业管理这样一个禁区，转变了某些人认为只有高档物业才能进行一流服务、一流物业管理的观念，普通住宅小区也同样需要一流的专业服务；二是招标投标是在严格、公正、公平的原则下进行的，利于规范市场竞争行为，推动物业管理市场化进程，并从根本上改变过去"建管不分"造成的责任不清、互相推诿给居民造成的困难和麻烦；三是有助于开发公司和物业服务企业转变经营作风，改进服务态度，提高服务质量，在市场竞争中树立和培养一批优秀的物业服务企业。

招标与投标作为一种运用极为广泛的市场行为，是伴随着社会经济的发展而不断发展、规范化的，在国际上已经有一两百年的历史。在我国，将招标投标机制引入到物业管理领域则是近二三十年的事情，很多方面还有待完善。

1.1 物业管理基本概念释义

1.1.1 物业

"物业"原为香港地方俚语，意指单元性的房地产，包括一宗土地、一栋楼宇或一套住房。物业英文译为"Real Estate"或"Real Property"，一般是指已经建成并具有使用功能的房屋及配套的共用设施、设备附属的场地、庭院等。

物业管理招标投标的过程会涉及各种类型的物业。物业的分类方法有很多，业内一般认同按照房屋及其用地分类的方法，因为房屋及其用地虽然不等同于物业，但房屋毕竟是物业的物质形态构成的核心。按照《房产测量规范》GB/T 17986.1—2000的规定，物业分为房屋用地和房屋两大类，具体又可细分为：

1．按房屋用地分类

（1）商业金融用地

（2）工业、仓储用地

（3）市政用地

（4）公共建筑用地

（5）住宅用地

（6）交通用地

（7）特殊用地

2．按房屋产权分类

（1）全民所有

（2）集体所有

（3）个人所有

（4）联营企业所有

（5）股份制企业所有

（6）涉外

（7）其他

3．按房屋建筑结构分类

（1）钢结构

（2）钢混结构

（3）砖混结构

（4）砖木结构

（5）其他

4．按房屋用途分类

（1）住宅

（2）工业、交通、仓储

（3）商业、金融、信息

（4）教育、科研、医疗卫生

（5）办公

（6）军事、宗教

（7）其他

1.1.2　物业管理

物业管理是指业主对区分所有建筑物共有部分以及建筑区划内共有建筑物、

场所、设施的共同管理或者委托物业服务企业、其他管理人对业主共有的建筑物、设施、设备、场所、场地进行管理的活动。物权法规定，业主可以自行管理物业，也可以委托物业服务企业或者其他管理者进行管理。物业管理有狭义和广义之分，狭义的物业管理是指业主委托物业服务企业依据委托合同进行房屋建筑及其设备，市政公用设施、绿化、卫生、交通、生活秩序和环境容貌等管理项目的维护、修缮活动；广义的物业管理应当包括业主共同管理的过程，以及委托物业服务企业或者其他管理人进行管理的过程。

物业管理服务实际上是物业消费过程中，针对物业所进行的管理服务工作，其基本内容按服务的性质和提供的方式可分为：常规性的公共服务、针对性的专项服务和委托性的特约服务三大类。

1.1.3　物业服务企业

物业服务企业，是指依法成立并具备相应资质条件，依据物业服务合同，专门从事物业管理相关活动，以为业主和非业主使用人提供良好的生活或工作环境为工作目标的经济实体。

物业服务企业具有以下权利：

（1）依照物业服务合同和管理制度对物业实行管理。

（2）依照物业服务合同的约定收取物业服务费用。

（3）可以将物业管理区域内的专项服务业务委托给专业性服务企业，但不得将该区域内的全部物业管理一并委托给他人。

（4）法律、法规规定和物业服务合同约定的其他权利。

物业管理服务的实质是对业主共同事务进行管理的一种活动，带有公共产品的性质。在物业管理区域内，物业服务企业要依照全体业主的授权，约束个别业主的行为，以维护全体业主的利益和社会公共利益。物业服务企业素质及管理水平的高低，直接影响到业主的生活和工作环境。目前，我国物业服务企业提供服务活动实行行政许可制度，物业服务企业资质等级分为一、二、三级。对物业管理行业实行市场准入制度，严格审查物业服务企业的资质，是加强行政监管、规范物业服务企业行为、有效解决群众投诉、改善物业管理市场环境的必要手段。

1.1.4　前期物业管理与物业管理的早期介入

住房城乡建设部颁布的《前期物业管理服务协议》（示范文本）规定，"前期物业管理是指自房屋出售之日起至业主委员会与物业服务企业签订的《物业管理合同》生效时止的物业管理。"《前期物业管理招标投标管理暂行办法》第二条规定，"前期物业管理，是指在业主、业主大会选聘物业服务企业之前，由建设单位选聘物业服务企业实施的物业管理。"因此，我们可以将前期物业管理定义为：在开发商交付房屋之后至业主大会、业主委员会成立并选聘出物业服务企业之前，由开发商通过招标投标或以协议的方式选聘的具有相应资质的物业服务企业所进行的物业管理活动。

物业管理的早期介入，也称早期管理，是指在物业服务企业未正式接管物业之前、建设项目未竣工之前的施工阶段甚至未动工之前的规划阶段就介入，从事一些前期把关和服务工作。

物业管理应该实施早期介入或前期管理，早期介入或前期管理不是可有可无的，而是十分必要的。

1.1.5　物业管理法规

物业管理法规，包括针对物业管理活动中涉及的各方面、各类型权利和义务关系进行调整、界定及引导，用以规范、制约物业管理过程中各种基本行为的法律规范制度。

物业管理法规是保证物业管理健康发展的前提。目前，我国物业管理法规已基本形成一个体系，主要包括《物权法》、《物业管理条例》、《前期物业管理招标投标管理暂行办法》、《物业服务收费管理办法》、《物业服务企业资质管理办法》、《住宅专项维修资金管理办法》等。与物业管理招标投标相关的法规有《中华人民共和国招标投标法》、《物业管理条例》及《前期物业管理招标投标管理暂行办法》等。

1.2　招标投标制度的起源与发展

原始的招标可以追溯至早期的商品经济时期，个别买主为了获得更多的利润，在开展某项购买业务时，有时会有意识地邀请多个卖主与他接触，借以选出供货的价格、质量比较理想的交易对象，这可以说是一种早期的招标活动。

现代招标投标是应用技术与经济的评价方法，在市场经济竞争机制的作用下，有组织开展的一种择优成交、相对成熟、高级和规范化的交易方式。它是招标人在依法进行某项竞争性活动的过程中，事先公布招标条件，投标人进行投标活动，招标人从中择优选定中标人，以实现投资综合效益最大化的一种经济行为。

1.2.1　海外招标投标的起源与发展

1. 现代招标投标的产生

现代招标投标最早起源于18世纪后叶的英国，当时工业的迅猛发展造成商品交换规模的空前扩大，从而使人们对于材料采购、产品市场交换等行为提出了更高的要求，"公共采购"或称"集中采购"顺势而生。1782年，英国政府设立了国家文具公用局，负责政府部门办公用品的采购，该局后来发展为物资供应部，专门负责政府各职能部门所需物资的采购。其目的是为了满足政府日常管理职能的需要，提高政府资金使用效率。政府部门和其他公共机构采购商品和服务都必须做到"物有所值"，也就是采购的物品总成本和质量都必须满足使用者的要求。

为实现这一要求，就要通过供应商之间的竞争，以最合理的价格采购自己需要的商品和服务，这种方式是现代公开招标的雏形和最原始形式，目的是最大限度地满足采购者的需求，在保证质量的前提下获得最经济的选择。

2. 现代招标投标的发展

继英国之后，世界上许多国家陆续成立了类似的专门机构，还立了法，通过专门的法律确定了招标采购及专职招标机构的重要地位。1809年，美国通过了第一部要求密封投标的法律，对招标投标进行深入研究与实践探索后，认为招标不仅是服务，它对规范行为、优化采购也意义重大，因此，招标投标便由一种交易过渡为政府强制行为。这一升华，使招标投标在法律上得到了保证，于是招标投标成为"政府采购"的代名词。自第二次世界大战后，招标投标的影响不断地扩大。大多西方发达国家（地区），如法国、意大利、奥地利、比利时等均以法律形式对政府采购的规则、程序、实施和招标机构作出了相应规定。近几十年以来，发展中国家（地区）也日益重视招标投标，在设备采购、工程承包的过程中普遍采用了招标投标方式。

招标投标制度在"政府采购"方面的优势同样也被多个国际组织重视并加以利用。早在1966年，当时的"欧共体"（现欧盟）就通过了有关政府招标采购的专门规定，在政府采购中建立了统一的招标投标制度。此后，世界银行、亚洲开发银行等国际金融组织在货物采购、工程承包、咨询服务提供等交易活动中也采用并积极推行招标投标制度。招标投标在世界经济发展中，经历了漫长的两个世纪，由简单到复杂、由自由到规范、由国内到国际，对世界区域经济和整体经济的发展起到了巨大的积极作用，已经成为各国和国际组织广泛认可和采用的国际惯例。

1.2.2 我国招标投标的发展历程

招标投标在我国的出现和发展，已有一定的历史。我国有较完整史料记载的招标投标活动发生在清朝末期，但是，展开有序的招标投标活动并开始正式进入国际招标投标市场却是在改革开放以后。从我国招标投标的发展过程与特点来看，可以将其发展历程大致划分为五个阶段。

1. 招标投标的萌芽时期

早在19世纪初期，我国由于外国资本的入侵，商品经济有所发展，工程招标投标方式也成为当时外国资本在华土建工程采用的主要方式，同时，国内的一些民族资本也受到一定的影响，根据相关资料记载，我国最早采用招标方式选择工程承包商的是1902年张之洞创办的湖北制革厂，至今已有100余年的历史了。之后的1918年汉阳钢铁厂的两项扩建工程曾在汉口《新闻报》刊登通告，公开进行招标，至1929年，当时的武汉市采办委员会还曾公布招标规则，规定公有建筑或一次采购物料大于3000元以上者，均需通过招标决定承办厂商。但是，由于我国新中国成立前长期受封建、半封建社会形态的束缚，新中国成立后又在较长时期内实行计划经济，因此，在近代史中，我国的招标投标没有像西方发达国家那样得到大力提倡与发展。

2. 招标投标的改革探索时期

20世纪80年代，有关招标投标方面的法规建设开始起步，1984年国务院颁布暂行规定，提出改变行政手段分配建设任务，实行招标投标，大力推行工程招标承包制。招标方式基本以议标为主，在纳入招标管理的项目中约90%是采用议标方式发包的，工程交易活动比较分散，没有固定场所，这种招标方式很大程度上违背了招标投标的宗旨，不能充分体现竞争机制。招标投标大多流于形式，招标的公正性得不到有效监督，工程多形成私下交易，暗箱操作，难以公开、公平竞争。

3. 招标投标制度化发展时期

20世纪90年代后，全国各地普遍加强对招标投标的管理和规范工作，相继出台一系列法规和规章，招标方式已经从以议标为主转变为以邀请招标为主。全国各省、自治区、直辖市、地级以上城市和大部分县级市相继成立了招标投标监督管理机构，工程招标投标专职管理人员队伍不断壮大，在全国范围内形成了招标投标监督管理网络，招标投标监督管理水平也不断地提高，为招标投标制度的进一步发展和完善开辟了新的道路。

4. 招标投标制度不断完善阶段

随着建设工程交易中心的有序运行和健康发展，全国各地开始推行建设工程项目的公开招标。2000年1月1日起施行的《招标投标法》明确规定我国的招标方式不再包括议标方式，必须进行招标和必须公开招标的范围得到了明确，工程招标已从单一的土建安装延伸到道桥、装潢、建筑设备和工程监理等范围。《招标投标法》是国家通过法律手段来推行招标投标制度，以达到规范招标投标活动，保护国家和社会公共利益，提高公共采购效益和质量的目的。它的颁布是我国招标投标管理逐步走上法制化轨道的重要里程碑，并指导着招标投标制度进一步地向深度和广度发展。

5. 招标投标制度数字化变革趋势

随着改革的不断深入和相关法律法规的逐渐完善，信息技术的快速发展、互联网的普及，招标投标网络化、电子化应运而生。这种突破传统，用电子数据代替物理纸张的投标备案方式，能更好地提高效率和降低交易成本，并且能尽量减少人为因素对招标投标活动的影响。

1.3 招标投标基础知识

1.3.1 招标投标

招标投标是一种因招标人的要约，引发投标人的承诺，经过招标人的择优选定，最终形成协议和合同关系的平等主体之间的经济活动过程。一般情况下，招标投标作为当事人之间达成协议的一种交易方式，必须包括两方主体，即招标人和投标人。有时，还包括他们的代理人，即招标代理机构，这三者共同构成了招标投标活动的参与人和招标投标法律关系的基本主体。

1. 招标人

也叫招标采购人，是依照法律规定提出招标项目、进行招标的法人或者其他组织。招标人必须提出招标项目、进行招标。所谓"提出招标项目"，即根据实际情况和《招标投标法》的有关规定，提出和确定拟招标的项目，办理有关审批手续，落实项目的资金来源等。"进行招标"，指提出招标方案，拟定或决定招标方式，编制招标文件，发布招标公告，审查潜在投标人资格，主持开标，组建评标委员会，确定中标人，订立书面合同等。这些工作既可由招标人自行办理，也可委托招标代理机构代而行之。即使由招标机构代为办理，也是代表了招标人的意志，并在其授权范围内行事，仍被视为是招标人"进行招标"。

招标人作为招标投标活动的当事人，应当具备进行招标的必要条件：

（1）招标人应当有进行招标项目的相应资金或者资金来源已经落实，并应当在招标文件中如实载明；

（2）招标人提出的招标项目按照国家有关规定需要履行项目审批手续的，应当先履行审批手续，取得批准。

2. 投标人

是指响应招标、参加投标竞争的法人或者其他组织。其中，那些对招标公告或邀请感兴趣的可能参加投标的人称为潜在投标人，只有那些响应并参加投标的潜在投标人才能称为投标人。

投标人应当具备承担招标项目的能力，国家有关规定对投标人资格条件或者招标文件对投标人资格条件有规定的，投标人应当具备规定的资格条件。对于投标人应具备的资质条件，不同工程项目会有不同的针对性的规定，例如，《科技项目招标投标管理暂行办法》（国科发计字【2000】589号）规定，投标人参加投标必须具备下列条件：

（1）与招标文件要求相适应的研究人员、设备和经费；

（2）招标文件要求的资格和相应的科研经验与业绩；

（3）资信情况良好；

（4）法律法规规定的其他条件。

3. 招标代理机构

招标代理机构是依法成立，具有相应招标代理资格条件，且不得与政府机关及其他管理部门存在任何经济利益关系，按照招标人委托代理的范围、权限和要求，依法提供招标代理的相关服务，并收取相应服务费用的专业化、社会化的中介组织，属于企业法人。招标代理机构与行政机关及其他国家机关不得存在隶属关系或者其他利益关系。

招标代理机构应当具备下列条件：

（1）有从事招标代理业务的营业场所和相应资金；

（2）有能够编制招标文件和组织评标的相应专业力量；

（3）有符合我国《招标投标法》第三十七条第三款规定条件、可以作为评标委员会成员人选的技术、经济等方面的专家库。

1.3.2 招标

招标是指招标人发出招标公告或投标邀请书，说明招标的工程、货物、服务的范围、标段（标包）划分、数量、投标人的资格要求等，邀请特定或不特定的投标人在规定的时间、地点按照一定的程序进行投标的行为。

招标分为公开招标和邀请招标。

公开招标属于非限制性竞争招标，是招标人以招标公告的方式邀请不特定的符合公开招标资格条件的法人或其他组织参加投标，按照法律程序和招标文件公开的评标方法、标准选择中标人的招标方式。这是一种充分体现招标信息公开性、招标程序规范性、投标竞争公平性，大大降低串标、抬标和其他不正当交易的可能性，最符合招标投标优胜劣汰和"三公"原则的招标方式，也是常用的采购方式。依法必须招标项目采用公开招标应当按照《中华人民共和国招标投标法》规定，在指定的媒体发布招标公告。

邀请招标属于有限竞争性招标，也称选择性招标。招标人向已经基本了解或通过征询意向的潜在投标人，经过资格审查后，以投标邀请书的方式直接邀请符合资格条件的特定的法人或其他组织参加投标，按照法律程序和招标文件规定的评标方法、标准选择中标人的招标方式。邀请招标不必发布招标公告或招标资格预审文件，但应该组织必要的资格审查，且投标人不应少于3个。邀请招标选择投标人的范围和投标人竞争的空间有限，可能会丢失理想的中标人，达不到预期的竞争效果及中标价格。

邀请招标主要适用于以下情况：

（1）施工技术复杂、施工工期或货物供应周期紧迫、受自然地域环境限制，只有少量几家潜在投标人可供选择等条件限制而无法公开招标的项目。

（2）受项目技术复杂、地域条件约束或其他特殊要求限制，且事先已经明确知道只有少数特定的潜在投标人可以响应投标的项目。

（3）招标项目较小，采用公开招标方式的招标费用占招标项目价值比例过大的项目。

（4）因涉及国家安全、国家秘密、商业机密不适宜公开招标的。

（5）法律规定其他不适宜公开招标的。

公开招标的优点是可以最大限度地为一切有能力的投标人提供公平竞争机会，招标人可以有最大可能的选择范围，是最具有竞争性的招标方式。缺点是招标程序复杂，费用高，全过程所需时间长，参加投标的投标人数越多，中标的可能性越小，投标人为了取得成功交易需承担较大的风险。邀请招标由于被邀请参加的投标竞争者有限，不仅可以节约招标费用，而且提高了每个投标者的中标机会。由于不用刊登招标公告，投标有效期大大缩短，这种方式对采购那些价格波动较大的商品是非常必要的，可以降低投标风险和投标价格，然而，由于邀请招标限制了充分的竞争，因此招标投标法一般都规定，招标人应尽量采用公开招标。

1.3.3　投标

投标是与招标相对应的概念，它是指投标人应招标人特定或不特定的邀请，按照招标文件的要求，在规定的时间和地点主动向招标人递交投标文件并以中标为目的的行为。

投标文件的编制是决定能否中标的关键因素，我国《招标投标法》第二十七条规定："投标人应当按照招标文件的要求编制投标文件。投标文件应当对招标文件提出的实质性要求和条件作出响应。"例如，对于参与前期物业管理投标的投标人而言，提交的投标文件应当包括以下内容：

（1）投标函；

（2）投标报价；

（3）物业管理方案；

（4）招标文件要求提供的其他材料。

1.3.4　开标

开标是招标单位在规定的时间和地点，在管理部门或招标投标公司的主持下和有投标单位出席的情况下，当众公开拆封投标资料，宣布投标单位的名称、投标报价及投标价格修改的过程。

我国《招标投标法》第三十四条规定：开标应当在招标文件确定的提交投标文件截止时间的同一时间公开进行；开标地点应当为招标文件中预先确定的地点。将开标时间规定为提交投标文件截止时间的同一时间，目的是为了防止招标人或者投标人利用提交投标文件的截止时间以后与开标时间之前的一段时间间隔作手脚，进行暗箱操作。比如，有些投标人可能会利用这段时间与招标人或招标代理机构串通，对投标文件的实质性内容进行更改等。开标地点应当在招标文件中事先确定，这是为了让所有投标人都能事先知道开标地点，并能够按时到达，以便使每一个投标人都能事先为参加开标活动做好充分的准备，如根据情况选择适当的交通工具，并提前做好机票、车票的预订工作等。

开标注意事项：第一，招标人在招标文件要求提交投标文件的截止时间前收到的所有投标文件，开标时都应当众予以拆封，不能遗漏，否则就构成对投标人的不公正对待。如果是招标文件所要求的提交投标文件的截止时间以后收到的投标文件，则应不予开启，原封不动地退回。按照招标投标法的规定，对于截止时间以后收到的投标文件应当拒收。如果对于截止时间以后收到的投标文件也进行开标的话，则有可能造成舞弊行为，出现不公正情况，同时这也是一种违法行为。

第二，开标过程应当记录，并存档备查。这是保证开标过程透明和公正，维护投标人利益的必要措施。要求对开标过程进行记录，允许权益受到侵害的投标人行使要求复查的权利，有利于确保招标人尽可能自我完善，加强管理，少出漏洞。此外，还有助于有关行政主管部门进行检查。对开标过程进行记录，要求对开标过程中的重要事项进行记载，包括开标时间、开标地点、开标时具体参加单位、人员、唱标的内容、开标过程是否经过公证等都要记录在案。记录以后，应当作为档案保存起来，以方便查询。任何投标人要求查询，都应当允许。对开标过程进行记录、存档备查，是国际上的通行做法，例如《联合国采购示范法》、《世界银行采购指南》、《亚行采购准则》以及瑞士和美国的有关法律都对此作了规定。

1.3.5　评标

评标是指按照规定的评标标准和方法，对各投标人的投标文件进行评价比较和分析，从中选出最佳投标人的过程。

我国《招标投标法》第三十七条规定：

（1）评标由招标人依法组建的评标委员会负责；

（2）依法必须进行招标的项目，其评标委员会由招标人的代表和有关技术、经济等方面的专家组成，成员人数为5人以上单数，其中技术、经济等方面的专家不少于成员总数的三分之二；

（3）评标专家应当从事相关领域工作满八年并具有高级职称或者具有同等专业水平，由招标人从国务院有关部门或者省、自治区、直辖市人民政府有关部门提供的专家名册或者招标代理机构的专家库内的专家名单中确定；一般招标项目可以采取随机抽取方式，特殊招标项目可以由招标人直接确定；

（4）与投标人有利害关系的人不得进入相关项目的评标委员会，已经进入的应当更换；

（5）评标委员会成员的名单在中标结果确定前应当保密。

1.3.6　招标标的

招标方与投标方交易的项目统称为"标的"。招标投标交易的项目分为工程类、货物类、服务类。

（1）工程类项目"标的"指的是项目的工程设计、土建施工、成套设备、安装调试等内容。

（2）货物类项目"标的"指的是拟采购商品规格、型号、性能、质量要求等。

（3）服务类项目"标的"指的是服务要保障的内容、范围、质量要求等。服务包括除工程和货物以外的各类社会服务、金融服务、科技服务、商业服务等，包括与工程建设项目有关的投融资、项目前期评估咨询、勘察设计、工程监理、项目管理服务等。服务招标中还包括各类资产所有权、资源经营权和使用权出让招标，如企业资产或股权转让、土地使用权出让、基础设施特许经营权、科研成果与技术转让以及其他资源使用权的出让招标等。

1.4 招标投标制度对我国物业管理的影响

1.4.1 招标投标制度与物业管理的市场化

我国物业管理行业由于起步较晚，目前市场化程度仍处于一个相对较低的水平。我国《物业管理条例》的颁布以及招标投标制度的确立，明确了物业服务企业的市场主体地位，能够大力促进物业管理行业市场化的进程，有助于培育物业管理市场的竞争环境，促进物业管理市场竞争机制的形成。

而从国内物业管理市场化发展的实践过程也可以发现，较早开展物业管理招标投标活动的地区，物业管理市场发育更为完善。例如，实施物业管理及开展物业管理招标投标活动最早的深圳地区，其物业管理市场化程度就非常高：20世纪80年代初，国内最早的物业管理开始于深圳经济特区，1988年伴随深圳住房制度改革，房管制度的革新也连续开展，物业管理迅速发展。而国内最早开始物业管理招标投标的活动也始于1993年底的深圳莲花北村物业管理的招标投标，此后的十几年内深圳的物业管理迅速发展，从小到大，从涉外商品房到全市物业管理的发展，从初步借鉴、探索、推广到规范化，由传统的房管式逐步发展为专业化、企业化、一体化的三化一体的物业管理模式，市场化程度也日益加深。

通过物业管理招标投标改变房地产项目"重建设轻管理"、"谁建谁管"的旧模式，将"开发建设"与"物业管理"分开，不仅避免过去"建管"不分造成的责任不清、互相推诿给业主造成的困难和麻烦，同时也可规范市场竞争行为，物业管理由原来的管理服务终身制变为由市场选择的聘用制，物管行业的竞争在比较管理水平、资金实力、管理规模的同时，已经上升为在真正市场化运作基础上的持续竞争。随着物管市场竞争机制的引入和深入发展，只有通过招标投标才能真正体现公正、客观的市场竞争意义，也才能真正实现优胜劣汰的竞争法则。

1.4.2 招标投标制度与物业管理行业整体水平的提高

近年来，中国房地产市场持续升温，为物业管理行业提供了良好的发展机遇，经营规模持续大幅增长。2015年，全国物业管理面积达174.50亿m^2，物业管理行业企业全年营业收入突破4000亿元，服务类型也由过去服务单一的住宅类型逐步扩展为涵盖商业物业、公共物业、工业物业等多种类型。城市化进程的加快，以及行政、企事业单位后勤社会化改革的推进，给物业管理行业提供了更为广阔的发展空间，物业管理招标投标的推广和实施，有助于建立和培育公开、公平、公正的市场竞争秩序，并通过竞争有序的市场促进物业服务企业水平的提升。

事实上，不少城市物业服务企业数量众多，良莠不齐。一些规模小、资信差、实力弱的企业长期处于亏损经营状态，这对物业管理整体水平的提高极为不利。实行物业管理招标投标制度，从源头上引入竞争机制，一方面可以通过市场竞争，实现优胜劣汰，把市场机会留给管理水平高，服务质量好的物业服务企业，并促进物业管理的专业化、规模化、集约化的发展；另一方面，可以激励资质较低、规模较小的物业服务企业改变经营管理模式，努力提高自己的市场竞争力。总之，通过推广和实施物业管理招标投标制度，在不断淘汰那些资信不良的中小物业服务企业的同时，敦促物业服务企业不断提高自身综合实力，改善服务质量，从而促进物业管理行业整体水平的提升，对行业发展具有积极作用。

1.4.3 招标投标制度与物业服务企业的公平竞争

随着市场经济的逐步发展以及行业竞争的不断加剧，物业服务企业被推向市场前台。按照市场经济的发展规律，企业经营的目的应当是最大限度地获取利润。而目前，物业服务企业普遍存在管理规模过小、经济效益差的问题。究其原因，则是社会物管资源有限，物业服务企业过多、过滥，物业管理水平低下，政府的行政管理手段难以扶优扶强，缺乏规模经济效益所致。因此必须摒弃计划经济色彩的物业市场管理模式，树立"竞争主体"的意识和角色定位，并以优质服务、高水平的管理和良好的企业信誉去获取市场份额，企业才会有生命力。竞争是市场经济的内在要求。物业管理水平和物业管理人员素质的提高，业主利益的满足和保证，管理体制的创新都需要通过竞争来实现。

物业管理的市场化，促进了物业管理质量的相对提高，《物业管理条例》和招标投标政策的颁布和实施，更进一步规范了物业管理市场的发展方向，为物业服务企业提供了一个客观且公正的竞争平台，同时也为物业管理服务的使用人提供了一个更为宽松的选择空间，带动了物业服务企业在服务质量上多下功夫，竭力寻找更为宽广的品牌化发展空间，激励着物业服务企业开发出更多的新型服务商品。招标投标制度的实行，市场竞争的加剧，提升了物业服务企业的服务质量。物业管理招标投标制度将促使物业服务企业着力打造自己的服务品牌，把服务工作做得尽善尽美，在招标投标过程中赢得物业的管理服务权。

目前我国物业管理发展极不平衡，尤其是中西部地区由于发展时间短，行为不够规范，服务水平参差不齐，社会对物业管理认识不足，人们的物业管理消费水平不高、消费意识和观念还未到位，使得这些地区的物业管理市场发育缓慢。经过几年的发展，全国各地目前已初步形成了不少有较强市场竞争意识的专业物业服务企业，迫切希望能扩大市场占有率。如果不能保证市场竞争始终处于有序、公平的状态，就有可能造成不正当竞争的蔓延，对行业发展产生不利影响。只有在公开、公平、公正的竞争机制影响下，才能保证一批观念新、效益好、实力强、规模大、机制活的物业服务企业在市场竞争中凭借自身的优势脱颖而出。物业管理的发展也需要一批优秀的企业尽快崛起，通过企业的不断自我完善和创新，通过相互间的竞争交流，最终带领行业及其他企业共同进步和提高。而招标投标的实施为行业内综合实力强的企业迅速成长提供了更为有利的平台。

综上所述，物业管理招标投标制度将使物业服务企业在更高的基础上寻求更大的发展，在市场竞争中，特别是在物业管理招标投标活动中寻找自己的定位。

1.4.4 物业管理招标投标与合同双方利益的维护

物业管理实行招标投标以后，其市场的可比性和可选择性进一步增强。物业服务企业是通过接受物业所有人（或物业使用人）的委托，按照物业管理服务合同的要求对已投入使用的各类物业实行多功能的、全方位的统一管理、维护和修缮，为物业所有人和物业使用人提供高效、周到、方便、快捷的服务，以实现物业本身的经济效益、社会效益和环境效益的"三丰收"。物业实行招标投标以后，不仅使业主和前期建设单位能够依据所需在市场中公开选聘物业管理公司，同时物业服务企业也可以借助规范化、法制化的选聘程序，在物业管理选聘过程中维护自身的合法权益，从而确保招标投标工作在法律面前的公开、公平和公正。物业管理服务的使用人（或单位）在物业管理招标投标的环境中，能够更为充分地通过物业自身所需，以及物业委托方所需客观地评价和选聘物业服务企业，使物业服务企业能够在公正透明的环境中接受委托人（或单位）的评价，从而体现出自身的优势，以此获取该物业的管理权。同时，物业服务企业也在招标投标更为规范和严格的制度下，逐步规范自身的管理，从而扩大企业优势，提高行业地位，以此获取生存和发展的权利。

根据近几年全国物业管理招标投标的实践来看，许多地方物业管理招标投标的基本思路是根据当地政府确定的收费标准，各物业服务企业依据目标物业特点，结合本企业的管理水平，策划管理方案，细化各项组织实施步骤，提出服务质量保证措施。而标书的评定实际上是对管理服务项目和质量进行评定，根据该企业以往开展物业管理的住宅小区（大厦）的信誉调查，综合评价中标单位。服务及质量是评价中标单位的首选条件之一。在这种情况下，各物业服务企业要想中标就必须对目标物业服务管理考虑得周到细致，制定措施，保证质量。

另外，物业管理开标时要开管理服务质量标，这对从事物业管理服务的各企业来说，起到了一个好的导向作用，物业管理招标投标活动就是要先评价服务质量，所有参加竞标的企业必须认真制定出目标物业的管理服务方案、措施，否则就成为废标，而不能进入第二轮竞争。对于产权人来讲，由于物业服务企业强化了服务意识，制定了各项服务管理措施，保证了服务质量，能够使广大业主（住用人）感到满意。所以，实施招标投标后，各物业服务企业将会花大力气去提高服务质量以适应市场竞争的需要。

本章小结

本章主要界定了物业相关概念：如物业、物业管理、物业服务企业、前期物业管理与物业管理的早期介入、物业管理法规；招标投标相关概念：招标人、投标人、招标代理机构各自的含义、享有的权利及应履行的义务；招标、投标、开标、评标的含义及过程；海外招标投标的起源与发展；我国招标投标的发展历程；招标投标制度对推进我国物业管理的市场化、提高行业整体水平、营造物业服务企业公平竞争环境以及维护招标投标双方合法权益的重要意义。

思考与讨论

1. 简述物业及物业管理的定义。
2. 什么是招标投标？
3. 我国招标投标经历了哪几个发展阶段？
4. 开标应选择什么时间进行，为什么？
5. 简述招标投标制度对我国物业管理发展的意义。

2

物业管理
招标投标概述

本章要点及学习目标

了解物业管理招标投标的含义与特点；了解我国物业管理招标投标制度的形成及其发展历程；熟悉我国物业管理招标投标的组织模式，并区分不同组织模式下物业企业投标工作的重点；掌握物业管理招标投标的原则、内容与方式，比较不同阶段物业管理招标投标内容的异同。

案例导入

"回龙观"全国范围聘"管家"

1999年，全国最大的经济适用房项目——北京回龙观文化居住区（一期）首次面向全国招标物业服务企业。本次招标活动，先后有来自深圳、重庆、西安和北京等地共计30多家物业管理公司报名，经过专家复评，最后选择了具有甲级资质的北京天鸿集团房地产经营管理公司、北京燕侨物业管理有限公司、北京市望京实业总公司、深圳长城物业管理有限公司、深圳福田物业发展有限公司5家技术力量较强、物业管理水平较高、社会效益较好的物业管理公司参加本次最终竞标。

答辩会上，5家物业服务企业向评委介绍了公司的情况、物业管理业绩和对回龙观居住区物业管理的设想，并回答了评委的提问，最终北京天鸿集团公司房地产经营管理公司和深圳长城物业管理有限公司在激烈的竞争中以微弱的优势中标。

【评析】随着物业管理市场的日益规范，招标投标成为物业服务企业获取项目管理权的主要方式，因此，物业公司参与招标投标的竞争水平也成了衡量一个物业服务企业竞争力的重要指标，也是物业服务企业生存的基础。案例中的招标活动是第一例面向全国招标物业服务企业的案例，对全国的物业管理工作具有重要的意义和影响。本次招标投标是在严格、公正、公平的原则下进行的，在《物业管理条例》和《前期物业管理招标投标管理办法》出台前为全国物业管理招标投标工作积累了经验、提供了借鉴。同时，全国性的招标投标活动也有助于引导房地产开发商和物业服务企业转变经营作风，改进服务态度，提高服务质量，提高市场竞争力。

2.1 物业管理招标投标的含义与特点

2.1.1 物业管理招标投标的含义

物业服务项目的招标投标是指由招标人根据物业服务内容，编制符合其管理服务要求和标准的招标文件，由多家物业服务企业或专业管理公司参与竞标，从中选择最符合条件的竞投者，并与之签订物业服务合同的一种交易行为。

物业服务项目的招标主体包括建设单位、业主大会和物业所有权人。前期物业管理中的招标由建设单位负责组织实施，业主大会成立后的招标由业主大会负责组织实施。产权归政府所有的物业，一般由产权人或管理使用单位、政府采购中心等作为招标人组织招标。

招标主体可以自行组织实施招标活动，也可以委托招标代理机构处理招标事宜。通过委托招标代理机构开展招标的，招标代理机构应当在招标人委托的范围内办理招标事宜，并遵守相关规定。

2.1.2　物业管理招标投标的特点

1．综合性

物业管理招标投标的综合性特点主要表现在以下方面：一是物业管理工作内容涉及面广，物业管理涉及环境卫生、公共秩序、风险与安全防范、设施设备维护、工程质量等方方面面；二是物业管理覆盖范围广，随着物业服务项目的规模日趋扩大，物业管理呈现出地域广、物业类型多、服务范围广等特点。这使得物业管理招标投标体现出综合性特点，也要求投标方所具备的条件与能力、所提供的服务具有综合性。

2．差异性

物业管理招标投标的差异性特点主要表现在两个方面：一是地区差异；不同地区的消费者的消费观念、需求层次、消费能力等各不相同，因此，不同地区物业管理招标投标应有所区别；二是物业类型的差异，不同类型的项目，其项目功能、业主的消费需求会有所差异，使得招标人对项目招标的条件和要求就会不同。因此，投标方在参与投标活动时应根据具体情况采取合适的投标方法与策略。

3．不确定性

物业管理招标投标的不确定性主要表现在以下方面：一是招标主体的不确定性。同一物业在投入使用前后招标主体可能会发生变化。例如，新建物业的招标主体为建设单位，业主大会成立后，招标主体则变为了业主大会。二是物业服务内容的不确定性。物业服务内容既包括常规性的公共服务，又包括有针对性的专项服务和委托性的特约服务，因此，物业服务内容因服务对象、服务需求的差异而具有相对不确定性。

2.2　物业管理招标投标的原则、内容与方式

2.2.1　物业管理招标投标的原则

我国《招标投标法》和《前期物业管理招标投标管理暂行办法》规定了招标投标活动应遵循的原则，即"招标投标活动应当遵循公开、公平、公正和诚实信用原则。"

1．公开原则

公开原则是指招标投标的程序应透明，招标信息和招标规则应公开，有助于提高投标人参与投标的积极性，防止权钱交易等腐败现象的出现。

2．公平原则

公平原则是指投标者的法律地位平等，权利与义务相对应，所有投标人的机会平等，不得带有歧视。

3．公正原则

公正原则是指投标人及评标委员会必须按统一标准进行评审，市场监管机构对各参与方都应依法监督，一视同仁。

4．诚实信用原则

诚实信用原则是指招标人、投标人都应诚实、守信、善意、实事求是，不得欺诈他人，损人利己。"诚实信用原则"在西方常被称为债法中的"帝王原则"，也是我国《民法》和《合同法》的基本原则。"诚实信用原则"要求重合同、守信用是对当事人利益之间的平衡。在法律上，"诚实信用原则"属于强制性规范，当事人不得以其协议加以排除和规避。

2.2.2 物业管理招标投标的内容

1．早期介入阶段的招标内容

物业管理早期介入是指新建物业承接查验之前，建设单位为提高项目价值所引入的物业管理咨询活动，主要包括项目论证、规划设计、施工建设、竣工验收、房屋销售等阶段。在早期介入阶段，要求提供相应物业管理服务的主要招标内容有：

（1）对投标物业的市场定位、潜在业主的构成和消费水平、周边的物业管理概况以及日后物业管理和服务的内容、标准、成本、利润测算等多方面提供参考建议。

（2）对投标物业的以下方面提出建议：项目的结构布局与功能；项目环境及配套规划的合理性与适用性；设备设施的设置、选型及运营、维护等；就物业管理用房、社区活动场所、公建配套等公共配套建筑、设施、场地的设置和要求等。

（3）对投标物业设施配备的合理性及建筑材料的选用提供专业意见，对投标物业的建筑设计、施工是否符合后期物业管理的需要提供专业意见并对现场进行必要的监督。

（4）参与竣工验收，主要是协助房地产开发商共同把好质量关，确保交付使用的物业便于使用和管理。

（5）对销售人员进行必要的物业管理基本知识培训及在售楼现场为客户提供物业管理咨询服务，并从业主角度出发，帮助开发商拟订《住宅质量保证书》和《住宅使用说明书》，将全部早期介入所形成的记录、方案、图纸等资料，整理后归入物业管理档案。

2．前期物业管理阶段的招标内容

前期物业管理，是指从物业服务企业与建设单位签订的《前期物业服务合同》生效之日起至业主委员会与物业服务企业签订的《物业服务合同》生效止期间的物业管理。

前期物业管理招标的内容既包含与常规物业管理相同的房屋及设施设备管理、公共秩序管理、物业环境管理、客户服务等物业正常试用期所需要的日常服务内容，又包括物业承接查验、业主入住、物业装饰装修管理、工程质量保修处理、物业管理项目机构的前期运作和沟通协调等前期特有的管理内容。

3．常规物业管理阶段的招标内容

常规物业管理要求提供的相关服务的主要内容有：

（1）项目机构的建立与日常运作机制的建立，包括机构设置、岗位安排、管理制度等；

（2）房屋及共用设施设备的管理；

（3）物业环境管理，包括清洁卫生、绿化养护、虫害防治等；

（4）公共秩序管理，包括安全防范、消防管理、车辆道路管理等；

（5）投标物业区域内的风险防范与管理；

（6）便民服务与社区文化建设；

（7）财务管理，包括对物业服务费和专项维修资金的使用和管理。

2.2.3 物业管理招标的方式

物业管理招标的方式分为公开招标和邀请招标。

1．公开招标

公开招标是指招标人通过公共媒介发布招标公告，邀请所有符合条件的物业服务企业参加投标的招标方式。采取公开招标方式的，应当在公共媒介上发布招标公告，并同时在中国住宅与房地产信息网和中国物业管理协会网上发布免费招标公告。

2．邀请招标

邀请招标是指招标人向几个特定的物业服务企业直接发出投标邀请的招标方式。招标人采取邀请招标方式的，应当向3个以上物业服务企业发出投标邀请书。

公开招标和邀请招标都是在同一时间内，各企业通过公平竞争、优胜劣汰的方式确定供求关系，所不同的是投标人的范围和入围的方式不同。招标投标是一种国际上通行的做法，其实质是让需求方以较低的价格获得最优的货物、工程和服务，最大限度地节约社会资本，提高经济效益。

2.3 我国物业管理招标投标制度的形成

2.3.1 我国物业管理招标投标的发展历程

物业管理招标投标是物业管理市场发展到一定阶段的产物，也是国家倡导和鼓励物业管理行业发展的方向。我国物业管理招标投标制度的发展阶段可划分为试验阶段、推广阶段、法制阶段三个阶段。

1．试验阶段

1993年，深圳首次把招标投标制度运用到物业管理中，对即将建成的莲花北村的物业管理进行了招标。当时报名的仅有两家物业管理公司，其中万厦居业公司经评委评议后中标。经过万厦居业公司的辛勤工作，一年多后该大型住宅区，以总分99.2分登上"全国城市物业管理优秀住宅示范小区"的榜首。

有了良好开端，深圳市住宅局对物业管理招标投标作了总结，并又着手对旧住宅小区再进行试验。1996年在旧住宅小区鹿丹村实行社会公开招标，再一次把竞争机制引入物业管理运作中来。经过激烈的竞争之后，深圳市万科物业以94.45分的最高分中标。

2. 推广阶段

1999年5月，在第三次全国物业管理工作会议上，建设部明确提出：各地要尽快引入竞争机制，推行物业管理招标投标。要求凡是10万平方米以上新建商品住宅小区的物业管理，开发企业应当在主管部门的指导与监督下，在商品房预售前向社会招标，没有经过招标确立物业管理公司的预售项目，房地产行政主管部门不得发放《商品房预售许可证》。同年11月，当时全国最大的经济适用房项目——北京天鸿集团公司开发建设的北京回龙观文化居住区（一期）面向全国在北京举行了招标活动。最终北京天鸿集团房地产经营管理公司和深圳长城物业管理有限公司中标。第一次面向全国招标物业管理公司打破了过去"重建设轻管理"、"谁开发谁管理"的旧模式，而将"开发建设"与"物业管理"分开，为全国物业管理招标投标工作积累了经验，推进了全国物业管理市场化的进程。

2000年3月，南京龙江高教公寓物业管理项目进行公开招标，邀请江苏爱涛置业、星汉物业、南大物业、东海物业、养园物业等12家物业管理公司投标。该住宅群为10幢高层，共29.4万平方米的住宅，2500户住户。这次招标一改过去全国其他城市的物业管理招标投标的试验方法，模仿建设工程项目的招标方法，在国家规定好的物业管理收费标准下，各投标企业不仅需要策划服务管理方案，而且要计算出物业管理收费的标准，也即增加了费用测算和报价。

建设部机关率先在国家机关后勤改革中，把建设部38万平方米办公大楼的管理权拿出来通过招标方式选择管家。这次建设部排除各种阻力，采取邀请招标的方式，进行了物业管理的招标投标，最后确定了由万科物业来进行物业管理，建设部每年支付物业管理费300多万元，平均每月每平方米价格仅为0.658元，与经济适用房物业管理费相当。2000年元旦以后，万科物业公司全面进入建设部大院，短短几天，建设部大楼环境变了，管理变了，人的精神面貌也变了，可以说这些变化都是万科物业带来的。

3. 法制阶段

2000年1月1日起国家正式施行《招标投标法》，但是该法侧重于设备采购和工程建设项目的招标活动，对物业管理的招标投标活动指导性较差，适用程度有限，推动作用也较小。

2003年9月1日起施行的《物业管理条例》第二十四条规定：国家提倡建设单位按照房地产开发与物业管理相分离的原则，通过招标投标的方式选聘具有相应资质的物业服务企业。住宅物业的建设单位，应当通过招标投标的方式选聘具有相应资质的物业服务企业；投标人少于3个或者住宅规模较小的，经物业所在地的区、县人民政府房地产行政主管部门批准，可以采用协议方式选聘具有相应资质的物业服务企业。

为了规范物业管理招标投标活动，保护招标投标当事人的合法权益，促进物业管理市场的公平竞争，建设部制定了与《物业管理条例》相配套的《前期物业管理招标投标管理暂行办法》并于2003年9月1日起施行。《前期物业管理招标投标管理暂行办法》规定，在业主大会选聘物业管理公司之前，由建设单位通过招标投标的办法选聘物业管理企业实施前期物业管理。《前期物业管理招标投标管理暂行办法》的出台标志着我国物业管理招标投标进入了法制化、规范化阶段。

2.3.2 我国物业管理招标投标的发展现状

当前，物业管理招标投标市场的培育还有待加强，现有招标投标形式尚不完善，招标投标的工作机制还不够成熟、不够规范，主要表现为以下几个方面：

首先，招标工作的组织管理不够规范。目前，物业管理的招标除了少数业主单位委托专业招标代理机构，多数单位都是自行组织物业管理招标工作。由于业主单位没有相应的组织机构和专业人员负责招标工作，对招标投标法规和组织管理工作也不熟悉，造成了物业管理招标工作不规范，操作的随意性较大。

其次，缺少专业规范的招标文件。由于《物业管理条例》中没有明确物业管理招标文件范本，各业主单位也缺少物业管理招标经验，加之物业管理行业在国内大部分地区发展不够成熟，导致业主单位根据自身的需要和想象，编制出了各式各样的招标文件，有的服务范围不全，有的服务标准不明确，有的评标标准不切实际等。不规范的招标文件也直接导致了物业管理公司投标方案书的不规范，影响了业主单位进行公平评标，科学决标。

再次，招标决策过程透明度不高。《前期物业管理招标投标管理暂行办法》对物业管理评标内容和方法没有具体规定，造成了评标工作的不规范，评标结果在很大程度上受到主观因素的影响，不利于客观公正的评标、决标。

最后，缺乏足够的物业管理招标投标有形市场。物业管理招标投标的各类经纪商、交易所、中介服务机构不够健全，物业管理招标投标存在"有市无场"的状态。通过规范的招标投标方式挑选物业管理公司已是业主们的普遍心声，同样，通过市场竞争来承接物业管理也是水平较高的物业管理公司的共同心愿。

2.3.3 我国物业管理招标投标的组织模式

1. 只对目标服务项目进行招标投标模式

许多地方物业管理招标的基本思路是根据当地政府确定的收费标准，各物业服务企业依据目标物业特点，结合本企业管理水平，策划管理方案，细化各项组织实施步骤，提出质量保证措施，以及以人为本地开展各类社区文化、社区服务活动等。

按此种方法，物业管理投标书的实质其实是一份细化服务的策划书。各位评标的评委评比标书实际上也是对服务方案进行评定，从各企业送交的物业管理投标书里，综合评选出最高分作为中标单位。

这种方法的优点是可以强化物业管理服务意识，保证服务质量；不足之处是缺少风险意识。由于服务还未开始进行，投标书对目标物业管理的计划、设想与承诺还只停留在纸上，转变为现实还有待于进一步考察、落实。

2．以确立收费标准为重点的招标投标模式

以确立收费标准为重点的招标投标模式，既要对目标物业管理服务进行方案策划与比较，又需测算报价，进行报价评比。报价太高，得分就低，从而使竞争更加激烈。物业服务企业除需加强成本核算，控制各种支出外，更需要提高企业的专业化管理水平，通过规模促进效益，通过管理提高效益。

但一味地强调报价或过分地增加报价权重，容易使招标投标活动出现偏差。因为过分强调报价权重会导致各物业服务企业把投标的重点转移到价格上而忽视了物业管理服务的策划，因此必须避免物业服务企业以价格偏低、牺牲物业管理质量来取得中标。

3．无标底两步法招标投标模式

无标底是指开始并不明确服务收费标准以及服务质量标底，而只有一个原则标准，即按照当地政府对物业管理收费的标准，在符合住宅小区（楼宇）服务定位的前提下，由物业服务企业来制定服务质量优良、服务收费合理、产权人满意的服务标底和价位标底。

两步法是指为达到上述目标，把物业管理招标过程分为两次开标、两次筛选、两次竞争。第一次评标是进行服务质量比较，由评委经过评分、筛选，确定3～4家优胜者进入第二轮角逐，第二次评定管理服务收费价格，选出服务质量保证、价格合理的两家企业为优胜者，最后分别进行商务谈判，确定一家为中标者。

本章小结

物业管理招标投标作为业主（开发商）和物业服务企业遵循市场经济规律进行双向选择的一种交易形式，具有综合性、差异性和不确定性等特点。综合性主要体现在物业管理工作内容涉及面广及物业管理覆盖范围广两部分内容；差异性主要体现在地区差异及物业类型差异上；不确定性既包括招标主体的不确定性，又包括物业服务内容的不确定性。在进行物业管理招标投标过程中，应遵循公开、公平、公正和诚实信用的原则。就物业管理招标的内容而言，主要包括早期介入阶段、前期物业管理阶段及常规物业管理阶段三个阶段，而招标的方式主要有两种，即公开招标和邀请招标。我国物业管理招标投标的发展历史并不长，主要经历了试验阶段、倡导推广阶段和以法制形式促进全面推广三个阶段。我国物

业管理招标投标的组织模式包括只对目标服务项目进行招标投标模式、以确立收费标准为重点的招标投标模式以及无标底两步法招标投标模式。

思考与讨论

1. 物业管理招标投标具有哪些特点?

2. 物业项目招标投标的方式有哪些?

3. 前期物业管理阶段与常规物业管理阶段的招标投标内容有什么区别?

4. 我国物业管理招标投标的组织模式主要有哪些?

3

物业管理
招标的实施

本章要点及学习目标

    了解物业管理招标条件，包括不同招标人及招标项目类型下的招标条件；熟悉物业管理招标的各项准备工作，熟悉构成招标文件的基本要素及作用；掌握物业管理招标的基本流程及具体操作程序，以及招标各阶段的工作重点及注意事项。

案例导入

A公司某项目物业管理服务招标公告[①]

一、项目名称

A公司甲项目

二、项目概况

A公司甲项目位于××市××区××大道××号，工程总面积43万m²，本物业管理范围为整个园区公共区域、山体、水体、八栋建筑物的物业管理，总建筑面积14.5万m²。

三、招标内容

1. 从物业管理角度组织需求方开展工程验收，协助需求方开展物业搬迁工作，确保物业安全和物业正常运营；做好历史物业的各项交接工作。

2. 本物业规划内八栋楼宇本体（含室外非机电设备设施）的维修、管理。

3. 本物业规划内八栋楼宇设备设施（包括空调、给水排水、强弱电、消防、室内外照明、电梯等各专业的整个系统及发电机组、擦窗机等）的运行管理、维修、保养。

4. 本物业规划内智能化、综合布线系统的管理和维护保养。

5. 本物业规划内所属其他配套设施的管理和维护保养。

6. 本物业规划内区域的清洁卫生、石材护理、定期消杀、外墙清洗、生活垃圾收集及清运，包括地毯、窗帘和桌布清洗等。

7. 本物业规划内每年重大节日庆典（元旦、春节、五一、国庆、中秋）的节日景观布置（不含绿化和鲜花）。

8. 本物业规划红线内24小时保安、保洁及公共秩序管理。

9. 本物业规划红线内交通、车辆行驶和停放管理，停车场管理。

10. 本物业相关档案资料管理。

11. 本物业会务与接待管理：制定会务与接待服务后台支撑流程，包括从会议、内外来访接待准备到事后保障全过程。

12. 增值服务与创新服务项目：包括应答方拟提供的服务承诺、增值服务项目和内容；拟提供的创新物业服务项目和内容。

13. 业主与中选方在物业管理委托合同中另有约定的其他事项。

14. 法律法规和政策规定属于物业管理的其他工作事项。

15. 本次物业选型内容不含"室内外绿化保养维护"和"生产动力空调设备"。

注：具体服务范围以正式招标需求书为准，需求方保留对选型范围作出调整的权利。

---

① 案例来源：中国采招网．http://www.bidcenter.com.cn/newscontent-7228755-1.html.

四、预计发包价

约4000万元，具体金额以投标需求书公布的为准。

五、报名及递交资格预审申请文件时间

报名开始日期（含本日）：2015年8月10日（节假日除外）

报名截止日期（含本日）：2015年8月11日（节假日除外）

报名时间：上午：9:00—11:30，下午：14:00 —17:00。

报名联系人：A先生 联系电话：×××××××××××

六、报名及递交资格预审申请文件地点

××市××区××大道××号××大厦××楼××室。

七、申请人资格预审合格条件

1. 申请人均具有独立法人资格，持有工商行政管理部门核发的法人营业执照，按国家法律经营，企业注册资金在人民币500万元以上（含500万元），企业注册资金以有效的营业执照为准；

2. 具备住房城乡建设部颁发的一级物业管理服务等级证书；

3. 近三年有管理国内大型写字楼、政府和企事业单位机关办公楼宇等的物业管理服务经历，且管理过单项建筑面积在5万m²以上的写字楼。（统计时间为自2012年1月1日起，按合同签订日期计算；申请人需同时提供物业管理合同，其他证明、证书一律无效）。合同复印件加盖公章。

……

（完整内容见章中案例）

A公司

【评析】编制招标文件是物业管理招标工作最重要的环节，招标人通过招标文件告知潜在投标人招标项目的基本情况、管理服务需求、投标人的条件要求、参与投标的程序等信息。案例中的招标公告对招标项目的基本概况、服务内容、发包价格、报名与资格预审的时间地点、申请人资格预审合同条件、正式邀请应答方的确定方式、需提交的资料、注意事项、招标活动纪检监察等方面作了详细说明，并制定并附上了资格预审申请人报名提交资料一览表、资格预审择优评审细则、资格预审申请函、申请人基本情况表、拟投入本项目的主要人员汇总表、拟投入本项目的物业经理简历表、近年完成的类似项目情况表等表格，这些内容都极大地促进了招标投标工作的开展。

3.1 物业管理招标的条件

3.1.1 招标人类型及应具备的条件

招标人为业主委员会的，须经业主大会授权，同时应将招标投标的过程和结果及时向业主公开。招标人为建设单位的，必须符合相应的法律法规规定的条

件；招标项目为重点基础设施或公用事业物业的，招标人必须经相关产权部门的批准、授权。

有能力组织和实施招标活动的招标人，可以自行组织实施招标活动，也可以委托招标代理机构办理招标事宜。自行组织物业管理招标活动的招标人应具备以下条件：拥有与招标项目相适应的技术、经济、管理人员；具有编制招标文件的能力；具有组织开标、评标及定标的能力。

3.1.2 招标项目的类型及应具备的条件

按照《物业管理条例》和《前期物业管理招标投标管理暂行办法》规定，住宅及同一物业管理区域内非住宅的建设单位，应当通过招标投标的方式选聘具有相应资质的物业服务企业。国家提倡建设单位通过招标投标的方式选聘具有相应资质的物业服务企业。因此，必须通过招标投标方式选聘物业服务企业的项目，仅包括新开发的住宅及同一物业管理区域内的非住宅。

3.2 物业管理招标的准备工作

招标准备阶段是指从开发商或业主决定进行物业管理招标到正式对外招标即发布招标公告之前的这一阶段所做的一系列准备工作。这一阶段的主要工作有：成立招标机构；编制招标文件；确定标底。

3.2.1 成立招标机构

招标主体在政府房地产行政主管部门的指导、监督下，成立招标机构。招标机构的主要职责是：拟定招标章程和招标文件；组织投标、开标、评标和定标；组织签订合同。

成立招标机构主要有两种途径。一种是开发商或业主自行成立招标机构，自行组织招标投标工作；另一种是开发商或业主委员会委托专门的物业管理招标代理机构招标。两种途径都符合我国《招标投标法》的规定，并各自有其特点。

招标是一项较为复杂和繁琐的工作，尤其在编制招标文件和组织评标方面有较强的专业性，对招标人能力的要求也较高，因此，招标人应根据自己的实际情况，量力而行。如果采用委托招标代理机构招标，应根据招标主体的自身情况和标的的规模选择合适的招标代理机构。

3.2.2 编制招标文件

编制招标文件是招标准备阶段招标人最重要的工作内容。招标文件是招标机构向投标者提供的为进行招标工作所必需的文件。招标文件的作用在于：告知投标人递交投标书的程序；阐明所需招标的标的情况；告知投标评定准则以及订立合同的条件等。招标文件既是投标人编制投标文件的依据，又是招标人与中标人商定合同的基础，因此它是对招标机构与投标人都具有约束力的重要文件。

招标主体应该根据物业管理项目的特点和需要编制招标文件，根据《前期物业管理招标投标管理暂行办法》规定，招标文件应包括以下内容：

（1）招标人及招标项目简介，包括招标人名称、地址、联系方式、项目基本情况、物业管理用房的配备情况等；

（2）物业管理服务内容及要求，包括服务内容、服务标准等；

（3）对投标人及投标书的要求，包括投标人的资格、投标书的格式、主要内容等；

（4）评标标准和评标方法；

（5）招标活动方案，包括招标组织机构、开标时间及地点等；

（6）物业服务合同的签订说明；

（7）其他事项的说明及法律法规规定的其他内容。

【示例一】

A公司某项目物业管理服务招标公告[①]

一、项目名称

A公司甲项目

二、项目概况

A公司甲项目位于××市××区××大道××号，工程总面积43万m^2，本物业管理范围为整个园区公共区域、山体、水体、八栋建筑物的物业管理，总建筑面积14.5万m^2。

三、服务内容

1. 从物业管理角度组织需求方开展工程验收，协助需求方开展物业搬迁工作，确保物业安全和物业正常运营；做好历史物业的各项交接工作。

2. 本物业规划内八栋楼宇本体（含室外非机电设备设施）的维修、管理。

3. 本物业规划内八栋楼宇设备设施（包括空调、给水排水、强弱电、消防、室内外照明、电梯等各专业的整个系统及发电机组、擦窗机等）的运行管理、维修、保养。

4. 本物业规划内智能化、综合布线系统的管理和维护保养。

5. 本物业规划内所属其他配套设施的管理和维护保养。

6. 本物业规划内区域的清洁卫生、石材护理、定期消杀、外墙清洗、生活垃圾收集及清运，包括地毯、窗帘和桌布清洗等。

7. 本物业规划内每年重大节日庆典（元旦、春节、五一、国庆、中秋）的节日景观布置（不含绿化和鲜花）。

8. 本物业规划红线内24小时保安保洁及公共秩序管理。

---

① 案例来源．中国采招网．http://www.bidcenter.com.cn/newscontent-7228755-1.html.

9. 本物业规划红线内交通、车辆行驶和停放管理，停车场管理。

10. 本物业相关档案资料管理。

11. 本物业会务与接待管理：制定会务与接待服务后台支撑流程，包括从会议、内外来访接待准备到事后保障全过程。

12. 增值服务与创新服务项目：包括应答方拟提供的服务承诺、增值服务项目和内容；拟提供的创新物业服务项目和内容。

13. 业主与中选方在物业管理委托合同中另有约定的其他事项。

14. 法律法规和政策规定属于物业管理的其他工作事项。

15. 本次物业选型内容不含"室内外绿化保养维护"和"生产动力空调设备"。

注：具体服务范围以正式招标需求书为准，需求方保留对选型范围作出调整的权利。

四、预计发包价

约××万元，具体金额以投标需求书公布的为准。

五、报名及递交资格预审申请文件时间

报名开始日期（含本日）：2015年8月10日（节假日除外）。

报名截止日期（含本日）：2015年8月11日（节假日除外）。

报名时间：上午9:00—11:30，下午14:00—17:00。

报名联系人：A先生　联系电话：××××–××××××。

1. 报名参加本工程资格预审的申请人代表凭本人身份证原件及复印件、企业法定代表人证明书原件、申请人代表的法定代表人授权委托书原件前往报名地点提交资格预审申请文件。

如报名参加资格预审的申请人数量过少不足以形成充分竞争时，需求方可以发出补充公告，适当延长报名时间。

2. 报名截止时间后三天内进行资格预审，申请人必须在此期间2小时内随时对资审评委提出对资格预审文件、择优文件的疑问作出澄清，并且原件在此期间备查。

六、报名及递交资格预审申请文件地点

××市××区××大道××号××大厦××楼××室。

七、申请人资格预审合格条件

1. 申请人均具有独立法人资格，持有工商行政管理部门核发的法人营业执照，按国家法律经营，企业注册资金在人民币500万元以上（含500万元），企业注册资金以有效的营业执照为准。

2. 具备住房城乡建设部颁发的一级物业管理服务等级证书。

3. 近三年有管理国内大型写字楼、政府和企事业单位机关办公楼宇等的物业管理服务经历，且管理过单项建筑面积在5万 m^2 以上写字楼（统计时间为自2007年1月1日起，按合同签订日期计算。申请人需同时提供物业管理合同，其他证明、证书一律无效）。合同复印件加盖公章。

4. 本次资格预审不接受联合体资格预审申请。

5. 物业经理：即参选单位中选后在我司负责长期驻点管理的负责人员，物业经理必须具备5年或以上物业管理工作经验，具备3年或以上物业管理项目负责人经验。物业经理的变更必须征得我司同意。

6. 资格审查前，资格预审申请人须提交不少于人民币1万元的本项目诚信保障金（最高金额不超过人民币10万元）。交纳方式和期限：以转账方式交纳（须以资格预审申请人账户为交纳单位，以其他资格预审申请人或现金交纳的诚信保障金无效）；2015年 8月11日下午5：00前到账（是否到账以A公司财务部的书面确认为准，递交资格审查申请文件时提供银行转账单复印件，原件备查），否则无效。

开户银行：××银行××分行××支行　　银行账号：××–×××××××

账户名称：A公司

对于未能按要求交纳诚信保障金的资格预审申请人，需求方将视为不响应资格预审公告而予以拒绝。

注：未在资格预审公告第八点单列的资审合格条件，不作为资审不合格的依据。

八、正式邀请应答方的确定方式

采取择优方式

1. 满足资格预审合格条件的资格预审申请人多于等于4名且少于等于8名时，取全部满足资格预审合格条件的资格预审申请人为正式邀请应答方。

2. 满足资格预审合格条件的资格预审申请人超过8名时，采取择优选取的方式确定前8名成为正式邀请应答方。

3. 满足资格审查合格条件的资格预审申请人不足4名时为选型失败。需求方将重新组织选型。

注：需求方对资格预审和择优结果不作任何解释。

九、择优须提交资料（示例一表3-1）

资格预审申请人报名提交资料一览表　　　　示例一表3-1

审核确认：需求方接收资料人员与资格预审申请人代表对以下报名资料共同核对，审核情况属实。					
需求方接收资料人员签名：			资格预审申请人的代表签名：		
序号	项目	括弧内内容需申请人填写	内页码	报名提交资料要求	审核情况 （此栏不需申请人填写）	备注
一、合格性审查部分						
1	资格预审申请公函（同以下资料装订为一本）			原件		

续表

序号	项目	括弧内内容需申请人填写	内页码	报名提交资料要求	审核情况 （此栏不需申请人填写）	备注
2	法定代表人身份证明或附有法定代表人身份证明的授权委托书			原件		
3	申请人代表的身份证复印件			原件备查		
4	申请人基本情况表			原件		
4.1	企业营业执照副本及年检页复印件			原件备查		
4.2	住房和城乡建设部颁发的一级物业管理服务等级证书副本及年检页复印件			原件备查		
5	物业经理简历表	须含物业管理工作经历和物业管理项目负责人经历		原件		
5.1	拟委派物业经理的资质证书复印件	（填入证书的级别及专业名称）		原件备查		
5.2	拟委派物业经理身份证复印件			原件备查		
6	近三年有管理国内大型写字楼、政府和企事业单位机关办公楼宇等的物业管理服务经历，且管理过单项建筑面积在5万m²以上写字楼经验的证明材料复印件	项目名称：　合同总价：　万元 签订日期：　所属业主名称： 项目地址：　联系人：　联系电话： 近年完成的类似项目情况表		原件		
		物业管理服务合同复印件		原件备查		
		（统计时间为自2012年1月1日起，按合同签订日期计算；申请人需提供物业管理合同，其他证明、证书一律无效。）合同复印件加盖公章		原件备查		
7	诚信保障金银行转账证明复印件	（填入诚信保障金金额）		原件备查		

二、评分部分

序号	项目	括弧内内容需申请人填写	内页码	报名提交资料要求	审核情况	备注
1	营业执照，组织机构代码证、税务登记证副本复印件			原件备查		择优资料
2	近三年内获奖情况，须提供获奖证书复印件			原件备查		择优资料
3	近5年内工商行政管理局授予的"重合同守信用"单位证书复印件			原件备查		择优资料

续表

序号	项目		括弧内内容需申请人填写	内页码	报名提交资料要求	审核情况（此栏不需申请人填写）	备注
4		有效ISO 9000族或GB/T 19000族质量管理体系认证证书复印件			原件备查		择优资料
		有效ISO 14000或GB/T 24000环境管理体系认证证书复印件			原件备查		择优资料
		有效OHSAS 18000族或GB/T 28000族职业健康安全认证证书复印件			原件备查		择优资料
5	银行信用证书复印件		（填入银行信用等级及该证书签发单位）		原件备查		择优资料
6	项目资源投入情况	物业经理简历表			原件		择优资料
		物业经理资质证书复印件			原件备查		择优资料
		物业经理职称证书复印件			原件备查		择优资料
		承诺投入的人员数量、素质、稳定性、项目主要负责人资格资历、管理经验、协调沟通能力的情况			原件备查		择优资料
7	类似项目经验	项目名称：　　　　合同总价：　　　　万元 签订日期：　　　　所属业主名称： 项目地址：　　　　联系人：　　　　联系电话：					
		近年完成的类似项目情况表			原件		择优资料
		物业管理服务合同复印件			原件备查		择优资料
		1. 近两年内在广州、深圳、东莞、佛山四市具有良好的同类项目经验； 2. 在A公司及其下属各地市分公司完成过同类项目经验； 3. 同类项目经验指年度合同金额在1000万元及以上或单项建筑面积在5万㎡及以上的国内大型写字楼、政府和企事业单位机关办公楼宇等的物业管理服务业绩；统计时间为自2012年1月1日起，按合同签订日期计算；评审时以承包合同为准，其他证书一律无效			原件备查		择优资料
8	诚信保障金银行转账证明复印件		（填入诚信保障金金额）		原件备查		

（见附件一《资格预审申请人报名提交资料一览表》）

1. 择优资料与合格性审查资料一同装订，提供正本一份。正本封面须加盖法人公章并加盖覆盖所有页面的骑缝章。

2. 文件需密闭封装、封装表面加盖骑缝公章。每个密封包上应具有以下标记：

2.1 需求方的名称和地址；

2.2 "[项目名称]项目资格预审申请文件"字样；

2.3 "资格评审前不得开封"字样。

3. 资格预审申请人如不提交择优资料不会被认定为资审不合格，但将影响资格预审申请人的择优结果。

4. 在本公告规定的递交资格预审资料的截止时间后递交的任何补充、修改和新增的资料无效，将被拒绝并退回给资格预审申请人。

5. 资格预审委员会对资格预审申请人递交的资格预审申请资料的原件核对情况有疑问或资料复印件模糊无法辨认的，可以书面要求重新递交原件复核，资格预审申请人应在收到书面通知后两小时内提交原件，否则视为未提交原件。

十、其他

1. 资格预审工作由需求方依法成立的资格预审委员会负责。

2. 资格预审申请人报名时必须提交资格预审申请文件一份，具体资料详见附件一《资格预审申请人报名提交资料一览表》，资格预审申请人在资格审查申请文件中载明的所有承诺性意思表示的有效期应不少于90天，《资格预审申请人报名提交资料一览表》中没有要求提交的资料，不作为资审不合格的依据。择优所用资料在《资格预审申请人报名提交资料一览表》标明为"择优资料"，申请人如不提交这部分资料，不被认定为资审不合格，但将影响申请人的择优结果。

3. 资格预审申请人可以就本公告及资格预审文件中任何违法及不公平内容向需求方纪检监察部署名投诉，纪检监察部投诉电话：××××－×××××××。

A公司

附件一　资格预审申请人报名提交资料一览表（见示例一表3-1）

注：

1. 本表原件审核情况栏及备注栏，申请人须留空，由需求方审核后填写。

2. 本表"报名提交资料要求"中原件备查指申请人需在资格预审报名时提交原件供核查，并确保在招标期间应需求方提出要求后两小时内提供原件复查。

3. 申请人提交两项以上业绩资料，可按照业绩资料原格式扩展。

4. 资格预审申请单位需按本表格式填写完全所有资料，未按要求填写完全的资料无效。

5. 本表一式两份，一份附于《资格预审合格性审查及评分资料》内作为报名资料目录，另一份交回申请人的代表。两份表格中每页的"审核确认"栏均需双方签署。本表中如有修改，修改处须经需求方接收资料人员和资格预审申请单位代表共同签署。

6. 本表中没有要求提交的资料，不作为资审不合格的依据。

7. 本表中如有标明为"择优资料"的资料，申请人如不提交，不被认定为资审不合格，但将影响申请人的择优结果。在本公告规定的递交资格预审资料的截止时间后递交的任何补充、修改为无效资料，需求方不予接收。

附件二　资格预审择优评审细则（示例一表3-2）

择优评审细则　　　　　　　　　示例一表 3-2

物业管理服务项目选型资格预审评分标准		
评审内容及分值	评审分项及分值	评审标准
1. 综合实力（55分）	1.1申请人成立时间（10分）	1. 按申请人成立时间起计，满10年得10分，满9年得9分，……，满1年得1分，不满1年不得分； 2. 评审时必须审验营业执照原件、组织机构代码证原件、税务登记证原件，其他证明证书一律无效。
	1.2申请人近三年内获奖情况（15分）	1. 每取得一项"国优"示范大厦，得4分； 2. 每取得一项"省优"示范大厦，得2分； 3. 每取得一项"市优"示范大厦，得1分； 4. 获奖项目统计时间为自2012年1月1日起，按证书签发日期计算；同一物业项目在本项评分内不得重复计算得分，超过15分的，按15分计；核对原件时必须核验合同原件，同时核对获奖证书原件，其他证明、证书一律无效。
	1.3申请人信誉（5分）	1. 近五年内获得省级工商行政管理局授予"重合同守信用"单位得5分，近四年内获得地市级相同称号的得3分； 2. 以上得分不重复计算； 3. 评审时必须审验获奖证书原件，其他证书一律无效。
	1.4申请人认证证书等（15分）	1. 持有有效的质量体系认证（如ISO 9000认证）证书得5分； 2. 持有有效的环境管理体系认证（如ISO 14000认证）证书得5分； 3. 持有有效的职业安全健康管理体系认证证书得5分； 4. 核对原件时必须核验证书原件，其他证明、证书一律无效。
	1.5银行信用等级（10分）	1. 获得银行信用"AAA"级别的投标单位得10分； 2. 获得银行信用"AA"级别的投标单位得7分； 3. 获得银行信用"A"级别的投标单位得5分； 4. 银行信用级别证书应由国内银行签发，且至评审之日银行信用级别证书仍有效，如证书非中行、工行、建行或农行签发，所得分数需再乘以折减系数0.8； 5. 评审时必须核验信用证书原件，其他证明、证书一律无效。
2. 项目资源投入情况（20分）	2.1人员配备（20分）	1. 物业经理持有物业管理师注册证书得3分； 2. 物业经理持有高级工程师职称证书得2分，工程师职称1分； 3. 申请人在报名项目承诺投入的人员数量、素质、稳定性、项目负责人资格资历、管理经验、协调沟通能力的情况，最好的得满分15分，依次递减3分，排序可并列，本项最低为3分； 4. 评审时必须审验资质证书原件，其他证明、证书一律无效。
3. 类似项目经验（15分）		1. 近两年内在广州、深圳、东莞、佛山四市具有良好的同类项目经验的，每项得3分，超过15分的，按15分计； 2. 同类项目经验指年度合同金额在1000万元及以上或单项建筑面积在5万m²及以上的国内大型写字楼、政府和企事业单位机关办公楼宇等的物业管理服务业绩；统计时间为自2007年1月1日起，按合同签订日期计算；评审时以承包合同原件为准，其他证书一律无效。
4. 资格预审保障金额度（10分）		1. 资格预审申请人提交诚信保障金人民币1万元的，得1分；资格预审申请人提交诚信保障金人民币10万元的，得10分；诚信保障金处于1万元至10万元之间的，采用直线内插法计算得分（诚信保障金在1万元的基础上每增加1万元得1分）； 2. 此项满分10分。

附件三 资格预审申请函

致A公司：

1. 经研究资格预审文件中各项条款及要求后，申请单位在充分理解资格预审文件的基础上，我方愿根据资格预审文件的要求提交所需的资格预审资料，对××项目的选型提出申请，并接受需求方组织的对我方进行的资格预审。

2. 我方将接受并遵守资格预审文件所规定的各项条款。

3. 申请单位充分理解下列情况：

3.1 资格预审合格的申请单位才有可能获邀请参加选型应答；

3.2 需求方保留更改拟选型项目服务范围的权利，前述情况发生时，选型仅面向资格预审合格且能满足变更后要求的申请单位。

4. 一旦我方资格预审合格并得到允许参加选型应答，我方保证在规定的时间内参加该项目的选型应答，并严格遵守选型需求书及需求方的各项规定。

5. 一旦我方成为资格预审合格的申请人，我方保证选型应答时所有资料及承诺与资格预审时递交的资料及承诺一致（选型需求书另有规定除外）。

6. 我方在此声明，申请文件中所提交的报表和资料在各方面都是完整的、真实的和准确的。如与事实不符，由此导致的任何法律和经济责任由我方负责。

7. 此申请附有下列文件：见附件一。

附件四 申请人基本情况表（示例一表3-3）

申请人基本情况表　　　　　　　示例一表 3-3

申请人名称						
注册地址				邮政编码		
联系方式	联系人			电话		
	传真			网址		
组织机构						
法定代表人	姓名		技术职称		电话	
技术负责人	姓名		技术职称		电话	
成立时间			员工总人数：			
企业资质等级				物业经理		
营业执照号		其中		高级职称人员		
注册资金				中级职称人员		
开户银行				初级职称人员		
账号				技工		
经营范围						
备注						

附件五 拟投入本项目的主要人员汇总表（示例一表3-4）

拟投入本项目的主要人员汇总表　　　　　示例一表 3-4

职位	姓名	在申请人单位行政职务	职称	资质	专业	工作年限	进场时间	拟在本项目的服务时间
项目经理								
客服部主管								
工程部主管								
安全部主管								
……								

注：
1. 应提供各人员简历表，后附技术职称证、资格证书（复印件加盖公章，并提供原件进行核对）。
2. 所有提供的证明材料，申请人均须在递交资格预审应答文件时附原件核查。
3. 本表数据由申请人填写，可以插入行补充或扩充填写。
　申请人：　　　　　（盖章）
　法定代表人：　　　　（签名或盖章）
　日期：　年　月　日

附件六 拟投入本项目的物业经理简历表（示例一表3-5）

拟投入本项目的物业经理简历表　　　　　示例一表 3-5

拟在本项目担任职务

姓名		性别		年龄	
职务		职称		学历	
参加工作时间		从事物业经理年限		资质证书级别	

近3年（2012年1月1日至今）已完类似工程项目情况

建设单位	项目名称	建设规模（单项工程合同金额）	在该项目中的任职	合同签订日期	获奖情况/工程质量

申请人：　　　　　（盖章）
法定代表人：　　　　（签名或盖章）
日期：　年　月　日

附件七 近年完成的类似项目情况表（示例一表3-6）

近年完成的类似项目情况表　　　　示例一表 3-6

物业管理服务项目名称	
项目所在地	
工程所属业主名称	
业主方联系人	
联系人电话	
合同工程造价	
合同签订日期	
开工日期	
竣工日期	
工程质量	
获奖情况	
物业经理	
项目描述	
备注	

3.2.3 确定标底

标底是招标项目的预期价格，是招标人对招标项目管理服务所需费用的自我测算和控制，是判断投标报价合理性的依据。

招标主体应该根据国家或地方政府制定的法规条例、规范文件以及招标物业的基本条件、服务定位以及招标文件的相关要求来编制标底。

标底编制还需遵循以下原则：

（1）一致性原则。标底的计价内容、计价依据应与招标文件的规定相一致。

（2）市场性原则。标底价格作为招标人的期望计划价格，应与市场的实际变化相吻合。

（3）唯一性原则。一个项目只能编制一个标底。

3.3 物业管理招标的操作

3.3.1 公布招标公告或者发出投标邀请书

招标人采用公开招标方式招标的，应当通过公共媒介发布招标公告。招标公告应当载明招标人的名称和地址、招标项目的基本情况以及获取招标文件的办法等事项。招标人采用邀请招标方式的，应当向三个以上具备承担招标项目的能力、资信良好的特定的法人或其他组织发出投标邀请书。

发布招标公告应根据项目的性质和自身特点选择适当的渠道。国际惯例中常见的招标公告发布渠道有：指定的招标公报、官方公报、技术性或专业性期刊以及信息网络等其他媒体。

为使潜在的投标人对招标项目是否投标进行考虑和有所准备，招标人在刊登招标公告时，在时间安排上应考虑两个因素：一是刊登招标公告所需时间；二是投标人准备投标所需时间。《前期物业管理招标投标管理办法》第十四条规定：公开招标的物业管理项目，自招标文件发出之日起至投标人提交投标文件截止之日止，最短不得少于20日。

3.3.2　发放招标文件

招标人应当按招标公告或者投标邀请书规定的时间、地点，向合格的投标申请人发放招标文件。招标人可以通过信息网络或者其他媒介发布招标文件，也可以通过出售方式发布书面招标文件。通过信息网络或者其他媒介发布的招标文件与书面招标文件具有同等法律效力，但出现不一致时以书面招标文件为准。招标人应当保持书面招标文件原始正本的完好。

在进行规模较大、较复杂的物业项目招标时，通常由招标人或招标机构在投标人获得招标文件后，统一安排投标人会议，即标前会议。标前会议一般安排在投标物业现场，在投标人进行现场踏勘后召开，标前会议的目的在于解答投标人提出的各类问题。

招标人应当确定投标人编制投标文件所需要的合理时间。公开招标的物业管理项目，自招标文件发出之日起至投标人提交投标文件截止之日止，最短不得少于20日。招标人需要对已发出的招标文件进行必要的澄清或者修改的，应当在招标文件要求提交投标文件截止日期至少15日前，以书面形式通知所有的招标文件收受人。该澄清或者修改的内容为招标文件的组成部分。

3.3.3　投标申请人的资格预审

资格预审是对所有投标人的一项"粗筛"，也可以说是投标者的第一轮竞争。公开招标的招标人可以根据招标文件的规定，对投标申请人进行资格预审。实行投标资格预审的物业管理项目，招标人应当在招标公告或者投标邀请书中载明资格预审的条件和获取资格预审文件的办法。

若招标物业预计投标公司的数目众多，可预先对各投标公司进行资格预审，剔除资信较差的公司，重点选择6~10家申请者参与投标，这就是早期预审；若投标公司数量较少，则可待投标机构已递送标书且开标之后进行资格预审，这就是后期预审。无论资格预审在何时进行，其审核程序和要求投标公司递交的文件都大致相同。

资格预审文件一般应当包括资格预审申请书格式、申请人须知，以及需要投标申请人提供的企业资格文件、业绩、技术装备、财务状况和拟派出的项目负责人与主要管理人员的简历、业绩等证明材料。资格预审的重点在于投标人的经验、过去完成类似项目的情况；人员及设备能力；投标人的财务状况，包括过去几年的承包合同收入和可投入本项目的启动资金等。

经资格预审后，公开招标的招标人应当向资格预审合格的投标申请人发出资格预审合格通知书，告知获取招标文件的时间、地点和方法，并同时向资格预审不合格的投标申请人告知资格预审结果。在资格预审合格的投标申请人过多时，可以由招标人从中选择不少于5家资格预审合格的投标申请人。

3.3.4　接收投标文件

投标人应按照招标文件规定的时间和地点接收投标文件。投标人在送达投标文件时，招标人应检验文件是否密封或送达时间是否符合要求，符合者发给回执，否则招标人有权拒绝或作为废标处理。投标书递交后，在投标截止期限前，投标人可以通过正式函件的形式调整报价及作补充说明。

招标人不得向他人透露已获取招标文件的潜在投标人的名称、数量以及可能影响公平竞争的有关招标投标的其他情况。

3.3.5　成立评标委员会

评标活动由招标人依法组建的评标委员会负责。评标委员会由招标人的代表和评标专家共同组成，成员为5人以上单数，其中招标人代表以外的物业管理方面的专家人数不得少于成员总数的2/3。评标专家由招标人从房地产行政主管部门建立的专家名册中随机抽取确定。招标人的代表和评标专家与投标人有利害关系的，不得进入相关项目的评标委员会。

3.3.6　开标、评标和中标

1. 开标

开标应当在招标文件确定的提交投标文件截止时间的同一时间公开进行；开标地点应当为招标文件中预先确定的地点。

开标由招标人主持，邀请所有投标人参加。开标应当按照下列规定进行：由投标人或者其推选的代表检查投标文件的密封情况，也可以由招标人委托的公证机构进行检查并公证。经确认无误后，由工作人员当众拆封，宣读投标人名称、投标价格和投标文件的其他主要内容。招标人在招标文件要求提交投标文件的截止时间前收到的所有投标文件，开标时都应当当众予以拆封。开标过程应当记录，并由招标人存档备查。

2. 评标

评标由招标人依法组建的评标委员会负责。除了现场答辩部分外，评标应当在保密的情况下进行。评标委员会应当按照招标文件的评标要求，根据标书评分、现场答辩等情况进行综合评标。

评标委员会可以用书面形式要求投标人对投标文件中含义不明确的内容作必要的澄清或者说明。投标人应当采用书面形式进行澄清或者说明，其澄清或者说明不得超出投标文件的范围或者改变投标文件的实质性内容。

评标委员会完成评标后，应当向招标人提出书面评标报告，阐明评标委员会对各投标文件的评审和比较意见，并按照招标文件规定的评标标准和评标方法，推荐不超过3名有排序的合格的中标候选人。

3．中标

招标人应当在投标有效期截止时限30日前确定中标人。招标人应当按照中标候选人的排序确定中标人。当确定中标的中标候选人放弃中标或者因不可抗力提出不能履行合同的，招标人可以依序确定其他中标候选人为中标人。

招标人应当向中标人发出中标通知书，同时将中标结果通知所有未中标的投标人。

3.3.7 合同的签订

《前期物业管理招标投标管理办法》第三十八条规定："招标人和中标人应当自中标通知书发出之日起30日内，按照招标文件和中标人的投标文件订立书面合同。"合同的签订，是整个招标投标活动的最后一个程序。在招标与投标中，合同的格式、条款、内容等都已在招标文件中作了明确规定，一般不作更改，然而按照国际惯例，在正式签订合同之前，中标人和招标人（开发商或业主）通常还要先就合同的具体细节进行谈判磋商，最后才签订新形成的正式合同。

3.3.8 资料整理与归档

合同的签订标志着招标工作已经结束，招标人和投标人（这时为中标人）进入一对一的长期契约合同关系。由于物业服务合同具有长期性的特点，因此，为了让业主或建设单位能够长期对中标人的履约行为实行有效地监督，招标人（业主或开发商）在招标结束后，应对形成合同关系过程中的一系列契约和资料进行妥善保存，以便查考。招标活动是一项十分复杂的活动，涉及大量的合同、文件及信件往来，招标人应对其予以整理。通常这些文件主要包括：①招标文件；②对招标文件进行澄清和修改的会议记录和书面文件；③招标文件附件及图纸；④中标人投标文件及标书；⑤中标后签订的服务合同及附件；⑥中标人的履约保证书；⑦与中标人的来往信件；⑧其他重要文件。

本章小结

无论是招标人、招标代理机构还是招标项目，都应具备相应的条件。当业主委托招标代理机构进行招标时，还应办理相应的手续。

　　物业管理招标过程主要包括招标准备和招标实施两个阶段。招标准备阶段的主要工作包括成立招标机构、编制招标文件以及确定标的等；招标实施阶段的主要工作程序为公布招标公告或者发出投标邀请书、发放招标文件、投标申请人的资格预审、接收投标文件、成立评标委员会、开标、评标和中标、合同的签订及资料整理与归档等。其中，每一阶段的工作都有相应的注意事项和要求。

思考与讨论

　　1. 物业管理招标需具备哪些条件？

　　2. 物业管理招标文件的作用是什么？包括哪些内容？

　　3. 物业管理招标活动包括哪些程序？

　　4. 我国对物业管理招标投标中的评标委员会人员构成有什么要求？

4

物业管理
招标文件的编制

本章要点及学习目标

　　了解物业管理招标文件的含义、作用以及不同标准范畴下的类型划分，熟悉物业管理招标文件编制的基本原则和关键程序；熟悉物业管理招标文件的主要要素及构成文件的主要内容；通过参考招标文件编制的范例，掌握物业管理招标文件编制的基本方法和技巧。

案例导入 ————————————————————————————————

某开发商前期物业管理招标因"招标文件"不规范导致销售延后

某新成立的开发商，其新建住宅小区开盘销售需办理前期物业管理招标投标备案手续，因不愿意花钱请专业招标代理机构，故决定自己制作招标文件进行招标。招标文件制定后按照规定要到当地行政主管部门进行备案。当地物业行政主管部门的相关人员查看了招标文件后，认为招标文件在编制上不符合规范要求，如对招标项目基本情况的描述过于简略，各类技术参数和指标不完整，文件前后不对应，评标内容、方法、标准界定不严密，技术要求雷同等，另外，招标文件中还存在影响公平公正的相关条款，最后，物业行政主管部门作出了不予备案的决定，要求开发商重新组织招标。为此，开发商只能另行聘请招标代理机构重新制作招标文件和组织招标工作，导致该项目未能按时开盘销售，给开发商造成了不小的损失。

【评析】招标文件是整个招标过程中的第一份正式文书，具有法律效力。招标机构在进行招标准备过程中，招标文件的编制是最为重要的环节之一。招标文件编制的质量直接影响招标人和投标人的利益，并直接影响到招标工作的成败。对招标项目的描述、技术规范及要求、投标人须知、技术响应、评标程序和标准、投标文件格式等项目是其主要的内容，招标文件如因内容不清晰导致双方存在判定误区，会给双方造成不可估量的损失。

该物业行政主管部门工作人员对该开发商的前期物业管理招标投标工作作出不予备案的决定，是严格按照国家相关法律法规做出的正确决定，对规范物业管理招标投标活动起到了积极的促进作用。

4.1 物业管理招标文件的编制原则与程序

4.1.1 招标文件的含义、作用和类型

1. 招标文件的含义

招标文件，俗称标书，是指由招标人或招标代理机构编制并向潜在投标人发售的明确资格条件、合同条款、评标方法和投标文件相应格式的文件。

2. 招标文件的作用

招标文件是整个招标工作的第一份正式文书，是启动招标组织工作的标志。招标文件主要用于明确投标人参与投标的基本条件和递交标书的主要程序，说明所需招标标的的详细情况，确定评标细则以及中标后的合同签订条件等。

招标文件作为整个招标组织工作中的重要法律文书之一，其意义主要有以下几个方面：

（1）有利于投标人的筛选和减少无效标、废标的产生。投标单位对招标标的情况的了解主要来自于招标单位编制的招标文件，因此招标文件会直接影响投标人是否做出参与投标的决定。同时投标单位也必须按照招标文件的相关要求进行实质性的响应，否则将会按照无效标或者废标处理。

（2）有利于明确评标标准和开展开标工作。招标文件中要求明确评标标准，就是要求投标人在编制投标文件时，统一格式和规范，以便于专家评委在进行现场评标时能统一评分标准和评分要求，确保评标公平公正，也符合招标单位的实际要求。

（3）有利于减少后期签订合同所产生的沟通时间成本。编制招标文件，组织招标工作的目的就是为了选择合适的服务单位。因此招标文件的确定，既是业主单位已经明确的合作要求，也是投标单位对合作方式、服务能力的明确，因此可以减少对合同内容进行再次磋商和沟通的时间成本，以加快合同的签订。

3．招标文件的类型

（1）按招标对象范围划分

1）国际招标文件。国际招标文件一般是面向国内外物业服务企业进行招标，招标文件要求有两种版本，一般国际惯例的要求是英文版本。但是在我国，由于考虑企业的英文编辑能力有限，一般会备注说明，当中英文版本出现差异或冲突时，以中文版本为准。

2）国内招标文件。国内招标文件是面向国内物业服务企业进行招标编写的，招标文件中会明确要求投标文件需用中文编写。

（2）按招标主体需求或相关规定要求划分

1）公开招标文件。公开招标文件一般是政府类物业服务项目或者业主单位本身需要从市场上公开选聘单位的项目，公开招标文件一般需要在指定网站上进行招标公告并进行公开发售。

2）邀请招标文件。邀请招标文件主要是开发商的前期物业服务项目或者规模较小的物业服务项目采用，邀请招标文件一般只发送给业主单位意向的物业服务企业。

（3）按物业项目的管理阶段划分

1）前期物业管理招标文件。前期物业管理招标文件的发起主体一般是开发建设单位，由于各地主要是对前期物业管理的招标投标进行规范，并将其与新开发项目的预售许可证办理进行捆绑，因此目前物业管理行业主要的招标文件都属于前期物业管理招标文件。

2）后期物业管理招标文件。后期物业管理招标文件一般是指成立业主委员会的项目重新选聘物业服务企业的招标文件。随着业主权利意识的觉醒和业主委员会运营管理能力的提升，后期物业管理招标文件的编制将成为物业管理招标的主流。

4.1.2 招标文件的编制原则

招标文件是整个招标组织工作的第一份文书，也是最重要的文书，其编制应遵守以下原则：

1. 合法性原则

招标文件作为一份法律文书，其编制的基本原则就是要符合国家的法律法规。如果招标文件不符合法律法规的相关要求，甚至严重违反相关法律法规，则在当地行政主管部门备案时无法通过。如果将此不合法的招标文件提前发售给了投标单位，还将给业主单位造成时间成本的增加等损失。

具体而言，招标文件的各项内容和条款、对招标方与投标方权利义务的界定以及合同订立的相关程序都必须符合国家的法律法规和地方行政主管部门的要求。同时招标文件明确的招标范围、招标方式都应该符合国家法律法规对此类项目的相关要求，否则写得再完美的招标文件也会因不符合法律法规而被弃用。

2. 明确性原则

编制物业管理招标文件，文件当中的度量单位、专用名词、服务标准应当明确、规范并且符合物业管理行业以及国家相关规范技术要求，力求用语严谨、明确，杜绝因规范不清导致的误解和歧义。

招标文件中关于合同签订的内容条款要符合物业管理行业规范，明确规定物业服务企业所需进行的工作范围、工作项目，以及招标者和投标者各自的权利和义务，不能随意强加义务，也不能随意增加权利。

只有招标文件的编制规范明确，才能吸引更多的竞争者参与竞标并确保招标工作的顺利开展。

3. 指导性原则

编制物业管理招标文件，务必要对招标项目的情况进行完整和符合实际的阐述，为投标者准确了解招标项目提供一切必要的相关信息。尤其是全国范围的公开招标，要把项目的完整真实情况写入招标文件，才能方便更多优秀的投标单位参与竞争。

在公开招标的项目组织中，距离项目较远的投标单位，决定是否参与竞标的主要判断依据就是招标文件，如果招标文件表述的情况不清晰、不完整，不能为投标单位提供具有指导意义的信息，导致投标单位在编写标书时遇到困难，就会使投标单位的积极性大打折扣，不利于招标项目大范围选择合适的投标单位。在物业管理招标文件中通常主要介绍两个方面的内容：一是为投标所需了解和遵循的规定；二是为其投标所需提供的文件。

4. 公平性原则

物业管理招标投标是促进物业管理市场公平竞争的有效途径，因此招标文件的编制就必须遵循公平公正的原则。只有提供公平竞争的环境，招标单位和投标单位都进行择优选用，才能确保双方的权益最大化。

招标文件中的任何一项规定，尤其是对投标单位的甄选条件中不应出现明显不合理的要求，不应出现对潜在投标人的歧视或排他性条款，不应出现限制或排斥潜在投标人的条款，不应对潜在投标人提出与招标项目实际要求不符或者过高的资格要求。

凡属种种都是破坏招标工作公平公正的行为，这不仅不符合相关法律法规要求，也不利于招标投标双方的择优选用。

总的来说，招标文件的编制要符合国家相关法律法规，符合国家和行业的相关规范，符合项目的实际情况，并且要做到公平公正、不偏不倚。

4.1.3 招标文件编制的程序

要编制完整、准确、有效的物业项目招标文件，需按照以下程序进行编制：

1. 清楚了解项目及区域市场的完整情况

编制招标文件的基础是要对项目的完整情况进行系统的了解，然后参照国家法律法规、地方规章制度确定项目招标的基本原则和方向。同时也要对周边区域市场物业管理情况进行调研，以了解周边情况对项目招标的影响。

2. 确定项目物业管理的服务标准和管理要求

由于每一个项目的项目性质、项目区位和业主单位对项目服务定位的不同，对该项目的物业服务质量标准和管理要求均有差异。而招标文件是选择合适物业服务企业的正式文书，因此确定项目物业管理的服务质量标准和管理要求是拟订招标文件的重要程序之一。

3. 确定招标文件开售日期、投标书递交截止日期和开标、定标日期及其他事项

要招标组织工作按计划推进，就必须在编制招标文件时确定招标工作几个阶段的准确日期和办事地点。根据业主单位的需要和实际情况，招标工作一般要确定招标文件开售起止日期、投标书递交截止日期、开标时间和地点以及定标日期。同时招标文件还会涉及现场考察的时间和相关安排、投标保证金的缴纳时间与方式等其他事项。

确定招标日期时要符合国家法律法规的要求，《招标投标法》第二十四条规定，"依法必须进行招标的项目，自招标文件开始发出之日起至投标人递交标书截止之日止，最短不得少于二十日。"

《招标投标法》第三十四条、《前期物业管理招标投标管理暂行办法》第二十六条也规定，"开标应当在招标文件确定的提交截止时间的同一时间公开进行；开标地点应当为招标文件中预先确定的地点。"

有些业主单位想排斥潜在竞争者，又因项目性质不得不公开招标，于是想在时间上做手脚让潜在竞争者没有时间准备，这都是明显的违法行为，当然在当地行政主管部门备案时就不可能通过。

4. 向当地行政主管部门递交备案申请

为了防止招标组织工作违反国家相关法律法规或存在不规范甚至严重地违反公平公正原则的情况出现，《前期物业管理招标投标管理暂行办法》规定招标文件在正式发售前要到当地行政主管部门进行备案。

备案申请其实就是让当地行政主管部门对招标文件的合法性、合理性、准确性等情况进行审查，符合相关要求则同意备案。则业主单位可以开展下一步的工作，不同意备案则要求业主单位对招标文件重新进行修改。

招标文件通过以上程序，尤其是最后一个程序，经过当地行政主管部门审核无误同意备案后，才表明招标文件按照相关要求正式编制完毕，可以发放给投标单位，才能开始后续的相关工作。

4.2 物业管理招标文件的内容

按照相关法律法规的要求和行业的通行做法，物业管理招标文件内容的主要组成部分基本相同。当然，根据项目的特点和业主单位的实际需要，不同招标文件在相关的表述以及文本繁简上会有所差别。

4.2.1 招标文件的主要内容

《招标投标法》第十九条规定，"招标人应当根据招标项目的特点和需要编制招标文件。招标文件应当包括招标项目的技术要求、对投标人资格审查的标准、投标报价要求和评标标准等所有实质性要求和条件及拟签订合同的主要条款。"

据此要求，物业管理招标文件的主要内容可以分为以下四大部分：

1. 投标人须知及投标人须知前附表

投标人须知即投标人参加投标所需了解并遵循的相关规定，具体而言就是投标邀请书、投标的条件、技术规范和要求。

投标人须知前附表其实就是将投标须知的重要情况以表格的形式附在前面，包括项目基本情况、招标范围及要求、投标单位资质要求、现场踏勘安排、招标文件领取时间及地点、投标文件份数要求、投标文件递交地点及截止时间、开标时间及地点。

2. 项目基本情况及要求

这部分主要是用于让投标人了解招标项目的具体情况，包括项目名称、位置、建筑情况、设备设施情况等。同时明确项目所要求的物业管理服务内容、服务要求和服务标准以及物业服务费的结算形式。

3. 投标文件的组成（格式）

这部分主要是用于规范投标人按照招标人的要求统一投标文件的编制格式，以便于统一要求和评委的对比评分。投标文件一般由"商务部分"和"物业管理方案"两部分组成。

4．评标办法

评标办法，是指招标文件中明确在现场开标评分时参照的管理要求和具体评分标准，是招标文件中非常重要的一个部分。评标办法的提前告知，有利于投标单位通过提前了解评标的分值分配，明确如何利用标书展示自己的特色管理和品牌形象，同时也有利于评委在评分时有统一的参照标准，确保评分公平公正。

4.2.2　招标文件的主要要素

物业管理招标文件的四大部分，可以概括为六个主要的要素，具体如下：

1．投标邀请函

投标邀请函是一种要约邀请，是对招标文件内容的简要概述，用以邀请潜在的投标单位参与投标。邀请函一般包括业主单位的基本信息、招标项目情况简要说明、项目开工和竣工交付使用时间、物业管理用房配置情况、投标单位基本要求、招标文件领取或发售时间、地点等。

投标邀请函可以与招标文件一起，也可以单独寄发给意向物业服务企业。在邀请招标项目中，投标邀请函一般是定向发给邀请投标单位的。在公开招标项目中，招标人一般是先发布招标公告并安排资格预审，然后向预审合格的物业服务企业发送正式招标文件，此时投标邀请函包含在招标文件中。

2．技术规范和要求

技术规范和要求其实就是招标项目关于物业服务标准和内容的文件，是招标文件的重要组成部分。这一部分是业主单位对项目物业服务的具体要求，对于业主单位而言，不同的项目由于项目性质不同，物业服务的内容和标准也不相同；对于投标单位而言，编制投标书的主要依据就是业主单位的具体要求。只有响应和满足业主单位的具体要求，才能获得业主单位的青睐而最终中标。

在技术规范和要求中，为了清晰明了地展示项目对于物业服务的具体要求，可以将技术规范以表格的形式进行展示。同时也要将项目的总规划平面图以及主要设备清单以附表的形式在这个部分进行注明。

3．投标人须知

投标人须知是招标文件的纲领性文件，是对整个招标工作定的规则，其内容主要有：

（1）总则。总则主要是对招标文件中的名词进行相关解释，对招标范围及要求、资质与合格条件、现场勘察和答疑会安排及投标费用进行相关说明。

（2）招标文件说明。招标文件说明是对招标文件的构成、招标文件的澄清和招标文件的修改进行相关说明。

（3）投标文件编制说明。投标文件编制说明是对投标单位编制投标文件的相关要求进行说明，一般包括语言和度量衡单位要求、投标文件组成要求、投标文件格式、投标报价说明、投标文件的有效期、投标文件的份数和签署。邀请招标项目，如果没有提前进行资格预审的，则还需要投标单位在投标文件中递交投标人资格证明文件。招标文件对投标书的编制要求一般有两类，一类是相关文字说明，会被纳入投标须知；另一类是招标文件中列出的投标文件的一些格式，比如授权书格式、报价格式、项目简要说明、投标人资格证明文件等，这些格式文件会纳入招标文件的附件部分。

（4）投标文件的递交。投标文件的递交一般会要求投标文件的密封和标记格式，以及明确投标书递交截止日期、投标书的修改和撤回要求。同时会明确开标后投标人不得撤回投标等具体要求。

（5）开标、评标和定标。开标、评标和定标的相关规定是招标文件体现公平、公正、合理原则的关键所在，在投标须知中应说明开标时间、评标标准和定标时间。评定投标人的标准应尽可能进行量化，要便于定量打分，减少定性打分项目。

（6）签订合同。签订合同的相关条款主要是阐述投标人中标后签订合同的相关要求，一般会体现以下三点：其一，中标人应按中标通知书中规定的时间、地点与招标人签订合同及相关文件；其二，当中标人未按"中标通知书"要求的时间、地点与招标人签订合同时，招标人将在评委会推荐的中标候选人中另行确定中标人；其三，招标文件、中标方的投标文件以及评标过程中有关澄清文件均为合同组成部分。

（7）纪律规定。纪律规定是招标人为了确保招标工作公平、公正、合理的组织，对投标人在纪律方面做出的规定，主要是严禁投标人对招标人、评委进行相关贿赂，同时严禁投标人所提供资料文件不真实、弄虚作假等行为。纪律规定同时也会明确一旦发现投标人存在贿赂或者投标文件弄虚作假等行为的相关后果。

4．投标文件组成

投标文件根据不同招标文件的要求略有不同，总体而言一般分为商务部分和物业管理方案。

（1）商务部分。商务部分一般由投标函、投标报价表、授权委托书、投标人资格证明文件、拟派驻本招标项目的负责人简历和投标人管理类似项目的管理业绩。

（2）物业管理方案。物业管理方案一般要求包括以下方面的内容，主要是：①管理服务理念和目标；②管理机构运作方法和管理制度；③管理服务人员配置；④物业维修和管理方案及应急措施；⑤社区文化建设方案；⑥装修管理方案；⑦安保管理方案；⑧环境卫生管理方案；⑨停车场管理方案；⑩项目应急管理方案。

并不是所有项目的投标文件都需要或者只有这十个部分，一般会根据项目的具体情况对物业管理方案提出相关的要求，且会对以上十项内容进行必要的增或减。

5．评标办法

评标办法是招标人根据项目的实际情况，为了选择合适的物业服务企业而制定的用于评委开标、评标的规定制度。

评标办法一般会明确评标原则、评分方法、权属取值分布并会附开标当天所需的评分表格和打分对照表等资料，以便于投标人提前了解评委的评分规定和要求，提前对投标书进行相应的调整和设置，以获得评委及业主单位的青睐。

6．附件

附件是对招标文件相关部分的补充说明，一般包括附表和附图。

（1）附表。包括：①投标函格式；②投标报价表格式；③授权委托书格式；④拟派入本招标项目的负责人简历格式；⑤投标人管理业绩表格式；⑥投标人资格证明文件格式；⑦开标当天的各种评分打分表。

（2）附图。附图是指项目在规范设计阶段的各类设计图纸，如果是前期物业管理项目，一般提供规划设计总方案等图纸。如果是后期物业服务类项目，一般提供项目已竣工图纸等资料。

4.3　物业管理招标文件的编制范例

4.3.1　招标文件文本格式

项目招标文件

招标编号：　　　　　　　　　　　　　招标单位：

招标文件目录

投标邀请函

第一章　投标人须知及投标人须知前附表

一、总则

二、招标文件说明

三、投标文件的编制说明

四、投标文件的递交

五、开标、评标和定标

六、签订合同

七、纪律规定

第二章　项目基本情况及要求

一、项目基本情况

二、物业管理服务的内容

三、物业管理服务的要求

四、物业管理服务标准

五、物业服务费的结算形式

第三章　投标文件的组成（格式）

第一部分：商务部分

一、投标函（格式）

二、投标报价表

三、授权委托书（格式）

四、投标人资格证明文件

五、拟派驻本招标项目的负责人简历

六、投标人管理业绩表

第二部分：物业管理方案

第四章　评标办法

附件：评标报告

4.3.2　招标文件编制范例

为了能清晰、全面地展示物业管理招标文件的具体组成和具体内容，现附上长沙某项目的物业管理招标文件作为案例，供参考学习。

××项目物业管理招标文件

招标编号：<u>CS-WYZB-20160532</u>　　招标单位：<u>湖南××置业投资有限公司</u>

投标邀请函

按照国务院《物业管理条例》和湖南省《前期物业管理招标投标管理暂行办法》的规定，湖南××置业投资开发有限公司对"××××"前期物业管理服务进行邀请招标，兹邀请合格投标人以密封标书的方式前来投标。

一、招标项目的简要说明

1. ××××地处湘府路258号，南临湘府路，北临×××，西临×××，东临圭塘路，征地面积8546.33m²。该大厦由2栋高层办公楼和1个地下室构成，结构类型为框剪结构。大厦总计入容积率建筑面积为65769.63m²，办公建筑面积为A#11782m²，B#21484m²，商业面积12484.47m²，地下室面积18594.81m²，道路及广场面积2000m²，绿地面积2576m²，透空围墙500m²。大厦总用地面积13356.4m²，容积率5.5，建筑密度37.4%，绿化率30.14%。大厦办公户数285户，办公人数1100人，出入口1个，地下车库1个，大厦汽车位396个。本项目共计建筑物2幢，按物业类型划分，具体是：

办公及商业用房：建筑面积约65495.56m²，商业用房约12822.26m²，机动车场（库）约18594.81m²。

大厦批准总建筑面积：65495.56m²；

批准大厦办公建筑面积：A#11782m²，B#21484m²；

地下室总建筑面积（车库和人防工程，不计入容积率）：18594.81m^2；

商业面积：12822.26m^2。

2. 区建筑栋、层数：

A#楼：地下3层，地上20+1层

B#楼：地下3层，地上25+1层

3. 按《湖南省城市住宅区物业管理条例》规定，物业管理公司等管理服务机构所需用房不低于0.5%比例配置，本大厦总配置物业管理用房：349.45m^2，位于五层。

二、项目竣工交付使用时间

本项目于2013年6月开工建设，计划于2015年12月全部建成交付使用。

三、投标单位要求

独立法人，执三级（含暂定）及以上物业管理资质证书。

四、招标文件的领取

领取时间：2014年6月1日至6月4日8：00-17：30。

第一章　投标人须知及投标人须知前附表（表4-1）

投标人须知前附表　　　　　　　　　　表4-1

内容	内容规定
项目名称	××大厦
项目地点	××市××区××路××号
项目情况	见第三章 项目基本情况及要求
招标范围及要求	招标范围为××项目前期物业管理；服务标准按国家相关物业管理标准；物业管理期限至业主委员会成立止。
投标单位资质要求	A. 投标人必须具有独立的企业法人资格，具备物业服务企业三级（含暂定）及以上资质； B. 投标人应具有类似项目经验，注册资金伍拾万元及以上； C. 具有相关配套的、稳定的、可信赖的专业技术力量和先进的管理手段，能提供良好服务的能力； D. 投标人在行业内无不良行为记录。
现场踏勘	A. 招标人不统一组织投标人进行现场踏勘，投标人可根据自身需要对工程现场和周围环境进行现场踏勘。 B. 招标人不统一组织投标人进行答疑会，请各位投标人将所有质疑以书面形式（包括书面文字、传真）在投标截止时间前7天向招标方提出，招标人将在开标前5天向投标人书面回复。
招标文件的领取	领取时间为2014年6月1日至6月4日8：00-17：30
投标文件份数	一份正本，三份副本。
投标文件递交地点及截止时间	投标文件递交地点：长沙市××区韶山北路139号××大厦602室 投标截止时间：　年　月　日17：00（北京时间）
开标时间及地点	开标地点：××小区15栋东单元701室 开标时间：　年　月　日9：00（北京时间）
评标方法及标准	综合评分法

一、总则

1. 定义

1.1 "招标人"系指湖南××置业投资开发有限公司。

1.2 "投标人"系指响应招标人要求，向招标人提交投标文件的物业管理公司。

1.3 "服务"系指招标文件规定投标人按招标文件的规定，须向用户提供的物业管理服务。

2. 招标范围及要求

2.1 本项目的招标范围包括××××的前期物业管理工作。

2.2 服务标准详见本招标文件"第三章 项目基本情况及要求"。

2.3 物业管理期限为至业主委员会成立。

3. 项目情况

见"第三章 项目基本情况及要求"。

4. 资质与合格条件的要求

4.1 投标人必须具有独立的企业法人资格，具备物业服务企业三级（含暂定）及以上资质。

4.2 投标人应具有类似项目经验，注册资金伍拾万元及以上。

4.3 具有相关配套的、稳定的、可信赖的专业技术力量和先进的管理手段，能提供良好服务的能力。

4.4 投标人在行业内无不良行为记录。

5. 不允许任何一家投标单位对本次招标提交或参与提交两份或两份以上不同的投标文件。

6. 保密

招标投标双方应分别为对方在投标文件和招标文件中涉及的商业和技术等秘密保密，违者应对由此造成的后果承担责任。

7. 现场勘察、答疑会

7.1 投标人可根据需要自行进行现场踏勘，招标人不统一组织踏勘。

7.2 投标人的任何人员为了勘察现场而需要进入招标人所管辖的场地时，需事先经招标人同意。除由于招标人的原因外，在现场勘察中所发生的人员伤亡和财产损失应由投标人自行负责。

7.3 招标人在现场勘察中提供的资料和数据作为投标人在编制投标文件时使用，招标人不对投标人使用上述资料和数据所作的分析判断和推论负责。

7.4 招标人不统一组织投标人进行答疑，请各位投标人将所有质疑以书面形式（包括书面文字、传真）在投标截止时间前7天向招标方提出，招标人将在开标前5天予以书面回复。

8. 投标费用

投标人应承担其参加本次招标活动自身所发生的一切费用，不管投标结果如何，招标人对上述费用不负任何责任。

二、招标文件

9. 招标文件的组成

9.1 本合同的招标文件包括下列文件及按本须知第11条发出的澄清和补充通知。

招标文件包括下列内容：

投标邀请函

第一章　投标人须知及前附表

第二章　合同格式

第三章　项目基本情况及要求

第四章　投标文件的组成

第五章　评标办法

9.2 除上条规定的内容外，招标人在提交投标文件截止时间前15天，以书面形式发出的对招标文件的澄清、修改和补充内容，均作为招标文件的组成部分，对招标人和投标人具有法律约束力。

9.3 投标人获取招标文件后，应仔细检查招标文件的所有内容，如有残缺等问题应在获得招标文件后尽快向招标方提出，否则，由此引起的损失由投标人自行承担。投标人同时应认真审阅招标文件中所有的事项、格式、条款和规范要求等，若投标人的投标文件没有按招标文件要求提交全部资料，或投标文件没有对招标文件做出实质性响应，其风险由投标人自行承担，并根据有关条款规定，该投标有可能被拒绝。

10. 招标文件的澄清

投标人对招标文件如有疑点要求澄清，应以书面形式向招标人提出。招标人将于投标截止时间15日前以书面形式予以澄清，同时将书面澄清文件向所有投标人发送。投标人在收到该澄清文件后以书面形式给予确认，该答复作为招标文件的组成部分，具有法律约束力。

11. 招标文件的修改

11.1 招标文件发出后，在提交投标文件截止时间15日前，招标人可对招标文件进行必要的修改和补充。

11.2 招标文件的修改将以书面形式通知已领取招标文件的所有投标人，投标人应以书面形式通知招标方确认收到的每一份补充文件。招标文件的修改内容作为招标文件的组成部分，对所有投标人具有法律约束力。

11.3 招标文件的澄清、修改、补充等内容均以书面形式明确的内容为准。当招标文件、招标文件的澄清、修改、补充等在同一内容上表述不一致时，以最后发出的书面文件为准。

11.4 为使投标人在编制投标文件时有充分的时间对招标文件的澄清、修改、补充等内容进行研究，招标人将可能酌情延长提交投标文件的截止时间，具体时间将在招标文件的修改、补充通知中予以明确。

三、投标文件的编制

12. 投标文件的语言及度量衡单位

12.1 投标文件和与投标文件有关的所有文件均应使用中文。

12.2 除工程规范另有规定外，投标文件使用的度量衡单位，均采用中华人民共和国法定计量单位。

13. 投标文件的组成

详细见本招标文件第三章"投标文件的组成"。

14. 投标文件格式

投标人提交的投标文件应当使用招标文件所提供的投标文件全部格式（表格可以按同样格式扩展）；投标文件用不褪色墨水填写或用中文打印并装订成册。

15. 投标报价说明

15.1 投标人应在招标文件所附的投标书上写明投标项目报价。投标人对同一物业类型只允许有一个报价，招标人不接受有任何选择的报价。

15.2 投标人应按格式填写报价。

15.3 投标人的投标报价应是所确定的招标范围的全部工作内容的价格体现，除非合同另有规定，其报价已经包括了实施物业管理所发生的所有费用，包括且不限于开办费、人工费、物料费、管理费、维护费、利润、税金等本项目物业管理所包含的所有责任和风险等。

15.4 招标人不保证最低报价中标。

16. 投标文件的有效期

16.1 在特殊情况下，招标人可以要求延长投标书的有效期。这种要求和答复都应以书面形式进行。同意延长有效期的投标人不能修改投标文件。

17. 投标文件的份数和签署

17.1 组成投标文件的各项资料均应遵守本条。

17.2 投标文件商务标要求提供正本一份、副本三份。

17.3 投标文件商务标的正本必须用不褪色的墨水填写或打印，并在投标文件封面右上角清楚地注明"正本"或"副本"字样。正本和副本如有不一致之处，以正本为准。

17.4 在招标文件有要求的地方均应加盖投标人印章并经法定代表人或其委托代理人签字或盖章。由委托代理人签字或盖章的在投标文件中须同时提交投标人签署的授权委托书。投标人签署授权委托书格式、签字、盖章及内容均应符合要求，否则投标人签署授权委托书无效。

17.5 除投标人对错误处须修改外，全套投标文件应无涂改或行间插字和增删。如投标文件有修改，修改处应由投标人加盖投标人的印章或由投标文件签字人签字或盖章。

17.6 投标文件因字迹潦草或表达不清所引起的后果由投标人负责。

四、投标文件的递交

18. 投标文件的密封及标记

18.1 密封：投标人应将投标文件的正本和副本密封在一个密封袋中。

18.2 标记：封口骑缝处应有投标人的公章和投标签署人的印鉴。封皮上应注明招标编号、招标项目名称、投标人名称等内容。未密封的投标文件不予签收。

18.3 如果投标文件包封没有按上述规定密封并加写标志，招标人将不承担投标文件错放或提前开封的责任，由此造成任何问题的投标文件将予以拒绝，并退还给投标人。

19. 投标截止时间

19.1 投标截止时间及地点见投标人须知前附表第9项，投标文件必须在投标截止时间前送达规定的地点，并应面交。

19.2 招标人推迟投标截止时间时，将以书面形式通知所有投标人。在这种情况下，招标人和投标人的权利和义务将受到新的截止期的约束。

19.3 在投标截止时间以后送达的投标文件，招标人将拒绝接收。

20. 投标文件的修改和撤回

20.1 在投标截止时间之前，投标人以书面形式提出修改或撤回其投标文件，招标人可以予以接受。

20.2 在投标截止时间之前，投标人提出修改投标文件，则其提交的修改文件作为该投标人投标文件的组成部分。

20.3 在投标截止时间之前，投标人撤回投标应以书面形式通知招标方。撤回投标的时间以送达招标方通知时间为准。

20.4 开标后投标人不得撤回投标。

五、开标、评标和定标

21. 开标

21.1 招标方按招标文件前附表第10项规定的时间、地点主持开标，投标人代表及有关工作人员参加，开标会将请有关部门进行监督。

21.2 开标时，投标人必须派法人代表（持法人代表证及身份证）或委托代理人（持法人授权委托书和被委托人身份证）参加开标会议。

21.3 开标时由投标单位和招标人员共同查验投标文件的密封情况，确认无误后拆封唱标。

21.4 招标方在开标仪式上，将公布投标人的名称、投标项目名称、投标报价等。

21.5 参加开标会的代表应签名报到以证明其出席。

21.6 已接收的投标文件及方案，无论其投标人中标与否，均不退还给原投标人。

22. 评标委员会

评标委员会的组建按《中华人民共和国招标投标法》以及《前期物业管理招标投标管理暂行办法》的有关规定执行，由招标人代表和物业管理方面的专家组成，成员为5人以上单数，其中招标人代表以外的物业管理方面的专家不得少于成员总数的三分之二。

评标委员会的专家成员由招标人从房地产行政主管部门建立的专家名册中随机抽取确定。

23. 评标

23.1 评标原则：遵循"公平、公开、公正、科学"的原则，不保证报价最低的投标人中标。

23.2 评标办法：本次评标按照综合评分法。详见本招标文件"第四章 评标办法"。

23.3 开标时，投标文件出现下列情形之一的，招标人不予受理：

23.3.1 逾期送达的或者未送达指定地点的；

23.3.2 未按招标文件要求密封的。

24. 投标文件有下列情形之一的，按废标处理

24.1 无单位盖章并无法定代表人或法定代表人授权的代理人签字盖章的；

24.2 未按规定的格式填写，内容不全或关键字迹模糊、无法辨认的；

24.3 投标人对同一招标项目的同一标段递交两份或多份内容不同的投标文件，或在一份投标文件中对同一招标项目的同一标段报有两个或多个报价，且未声明哪一个有效，按招标文件规定提交备选投标方案的除外；

24.4 招标人将有效投标文件，送评标委员会进行评审、比较。

25. 评标过程保密

25.1 开标之后，直到与中标人签署合同之前，凡是属于审查、评标的有关资料以及决定中标人的信息等，任何人均不得向投标人或其他无关的人员透露，否则按有关规定追究责任。

25.2 在评标期间，投标人企图影响评标的任何活动，将可能导致其投标被拒绝。

26. 投标文件的澄清、说明与补正

26.1 评标委员会有权就投标文件商务标中含糊之处向投标人提出询问或澄清要求，投标人必须按照招标方通知的时间、地点及方式进行说明和澄清。

26.2 必要时评委会可要求投标人就澄清的问题作书面回答，该书面回答应有投标人法人代表或授权代表的签字或盖章，并附在评标报告之中。

26.3 投标人对投标文件的澄清不得改变投标价格及投标文件中包含的实质性内容。

27. 错误的修正

27.1 评标委员会将对确定为实质上响应招标文件要求的投标文件进行校核，看其是否有算术错误，修正错误的原则为：如果投标报价中小写金额与大写金额

不一致时，以大写金额为准。

27.2 按上述修改错误的方法，调整投标书中的投标报价。经投标人确认同意后，调整后的报价对投标人起约束作用。如果投标人不接受修正后的投标报价则其投标将被拒绝，并不影响评标工作。

28. 投标文件的资格性检查

28.1 资格性检查是评标委员会根据法律法规和招标文件的规定，对投标文件的证明文件、资格文件进行检查和评价。

28.2 有下述情况之一的，评标委员会认定其为不合格投标人：

（1）在评标过程中，评标委员会发现投标人以他人的名义投标的；串通投标的；以行贿手段谋取中标或者以其他弄虚作假方式投标的；

（2）投标人拒不按照要求对投标文件进行澄清、说明或者补正的；

（3）投标人资格条件不符合国家有关规定及招标文件要求的；其他不能满足法律法规资格性规定的。

29. 投标文件符合性检查

29.1 符合性检查是评标委员会根据招标文件的规定，对投标文件的完整性、响应性进行检查和评价。

29.2 有下述情况之一的，评标委员会认定其为不合格投标人：

（1）投标文件载明的投标范围小于招标文件规定的招标范围的；

（2）投标文件附有招标人不能接受的条件的；

（3）其他未能实质响应招标文件条件和要求的。

30. 投标文件的评价与比较

30.1 评标委员会对认定资格性、符合性检查不合格，确定为不合格投标人的投标文件不予继续评审。评标委员会将仅对认定资格性和符合性检查合格，确定为可以进入详细评审的投标人进行评价与比较。

30.2 评标委员会将对合格的投标文件进行评估和比较，按综合评估法确定投标人的排名。

30.3 评标时考虑的因素如下：

（1）投标报价；

（2）投标人资质；

（3）物业管理服务的质量；

（4）组织机构及人员配备；

（5）物业管理服务方案的先进程度；

（6）工作人员的培训及管理。

31. 中标

31.1 评标委员会根据评标结果，向招标人推荐中标候选人。

31.2 招标人将根据《湖南省实施〈中华人民共和国招标投标法〉办法》的规定确定中标人。

32. 中标通知

32.1 确定中标人后，招标方向中标人发出中标通知书。

32.2 当中标方按规定与招标人签订合同后，招标方将通知其他投标人未中标。招标方对未中标的投标人不作未中标原因的解释。

32.3 中标通知书将是合同的一个组成部分。

六、签订合同

33. 签订合同

33.1 中标人应按中标通知书中规定的时间、地点与招标人签订合同及相关文件。

33.2 当中标人未按"中标通知书"要求的时间、地点与招标人签订合同时，招标人将在评委会推荐的中标候选人中另行确定中标人。

33.3 招标文件、中标方的投标文件以及评标过程中有关澄清文件均为合同组成部分。

七、纪律规定

34. 严禁贿赂

34.1 严禁投标人对招标人、评标委员会成员实行贿赂。

34.2 严禁采用其他任何形式为招标人的工作人员谋取任何利益。

34.3 有上述行为之一的，一经查实，将可能导致其投标被拒绝。

35. 其他违规的处理

35.1 投标人在投标文件中有隐瞒事实、弄虚作假的行为，或有不按招标文件的要求如实提供有关情况、文件、证明等资料的行为，或有所提供的有关情况、文件、证明等资料与经查实的事实不符的行为，且上述行为对该投标人有利的，按照不合格投标人处理。已被列为中标候选人的，取消其中标候选人资格。已中标的，依据有关法律法规及规章的规定处理。

第二章　项目基本情况及要求

一、项目基本情况

××项目地处湘府路258号，南临湘府路，北临×××，西临×××，东临圭塘路，征地面积8546.33m²。该大厦由2栋高层办公楼和1个地下室构成，结构类型为框剪结构。大厦总计入容积率建筑面积为65769.63m²，办公建筑面积为A#11782m²，B#21484m²，商业面积12484.47m²，地下室面积18594.81m²，道路及广场面积2000m²，绿地面积2576m²，透空围墙500m²。大厦总用地面积13356.4m²，容积率5.5，建筑密度37.4%，绿地率30.14%。大厦办公户数285户，办公人数1100人，出入口1个，地下车库1个，大厦汽车位396个。本项目共计建筑物2幢，按物业类型划分，具体是：

1. 办公及商业用房：建筑面积约65495.56m²，商业用房约12822.26m²，机动车场（库）约18594.81m²。

大厦批准总建筑面积：65495.56m²；

批准大厦办公建筑面积：A#11782m²，B#21484m²；

地下室总建筑面积（车库和人防工程，不计入容积率）：18594.81m²；

商业面积：12822.26m²。

2. 区建筑栋、层数：

A#楼：地下3层，地上20+1层。

B#楼：地下3层，地上25+1层。

3. 按《湖南省城市住宅区物业管理条例》规定，物业管理公司等管理服务机构所需用房不低于0.5%比例配置，本大厦总配置物业管理用房：349.45m²，位于五层。

二、物业设备情况简介

1. 大厦批准住宅建筑标准

外墙面：玻璃幕墙；

屋面：平屋顶；

内墙：楼梯间及电梯间前室：888仿瓷涂料；

厨房及卫生间：水泥砂浆；

其他：混合砂浆；

电梯间前室及走道大厅：瓷砖；

其他：水泥地面；

入户门：子母防火门；

窗：铝合金窗。

2. 大厦批准住宅结构概况：框架剪力墙。

3. 大厦批准电气概况

（1）设 双 电源。

1）电所选用的变压器：金曼克。

2）电费计量：分户计量 威胜电表。

4. 电梯、水泵采用双回路电源供电，路灯、电梯间、地库、公共大堂、楼梯走廊照明、管理用房等用电均由大厦公表计算，从物业管理费中列支。大厦批准住宅供水、排污概况：

（1）水由市政供水引入：4层以上住宅二次加压，其他直供；

（2）二次供水室：分布地下室；

（3）水费计量：IC卡1户1表；

（4）排水系统：连接排放到市政排水管网；

（5）绿化、消防、水景用水用大厦公表计量，物业管理费用列支。

5. 大厦电梯采用概况

（1）电梯台数：18台；

（2）电梯品牌：上海三菱；

（3）电梯载重：1000kg；

（4）电梯功率：15kW；

（5）消防电梯直通地下室，载客电梯通至架空层或首层。

6. 大厦智能配套概况

（1）周界报警；

（2）闭路电视监控；

（3）车辆管理系统；

（4）楼宇消防自控系统。

7. 大厦安防可视对讲：大厦采用黑白可视对讲门禁系统。

8. 有线电视、宽带网、电话户内预留位置。

9. 大堂：（1）可视对讲；（2）闭路电视监控。

10. 电梯：（1）轿厢内闭路电视监控；（2）消防对讲。

11. 大厦道路：改性沥青道路。

12. 大厦公用照明系统

（1）大厦景观照明大厦亮化路灯照明：容量约50kW；

（2）楼宇走廊照明、地下车库照明：容量约50kW；

13. 大厦水泵

生活泵（台数和功率）：

中区：2台75kW；

高区：2台100kW；

消防泵（台数和功率）：4台75kW。

14. 钢筋化粪池：5个，50m³/个。

三、物业管理服务的内容

1. 物业管理区域内物业共用部位、共用设施设备的管理及维修养护。

2. 物业管理区域内公共秩序（含日常安全巡查服务）的管理和环境卫生的维护。

3. 物业管理区域内的绿化养护和管理。

4. 物业管理区域内车辆（机动车和非机动车）行驶、停放及场所管理。

5. 物业档案资料的建立与管理及有关物业服务费用的账务管理。

6. 物业管理区域内业主、使用人装饰装修物业的服务。

7. 供水、供电、供气、通信等专业单位在物业管理区域内对相关管线、设施维修养护时，进行必要的协调和管理。

8. 物业维修和管理的应急措施。

（1）本项目范围突然断水、断电、无天然气的应急措施；

（2）消防应急措施；

（3）治安应急措施；

（4）电梯发生故障应急措施。

四、物业管理服务的要求

1. 按专业化的要求配置管理服务人员。

2. 物业管理服务与收费质价相符。

五、物业管理服务标准

1. 物业共用部位的维修、养护和管理服务标准

（1）定期检查房屋共用部位的使用情况，检修记录和保养记录齐全；

（2）及时编制维修计划和住房专项维修基金使用计划。

2. 物业共用设施设备运行、维修、养护和管理服务标准

（1）建立共用设施设备档案，设施设备的运行、检查、维修、保养记录齐全，消防设施设备完好，可随时启用，消防通道畅通；

（2）设施设备标志齐全、规范，责任人明确；操作维护人员严格执行设施设备操作规程及保养规范，设施设备运行正常；

（3）载人电梯24小时正常运行；路灯、楼道灯完好率不低于95%；

（4）容易危及人身安全的设施设备有明显的警示标志和防范措施，对可能发生的各种突发设备故障有应急方案；

（5）大厦主出入口设大厦平面示意图，主要路口设路标。各组团、栋及单元（门）、户和公共配套设施、场地有明显标志。

3. 物业共用部位和相关场地的清洁卫生，垃圾的收集、清运及雨污水管道的疏通服务标准

（1）按层设置垃圾桶，生活垃圾每日清运2次；垃圾袋装化，保持垃圾桶清洁、无异味；

（2）物业管理区域内道路、广场、停车场、绿地等每日清扫2次；电梯厅、楼道每日清扫2次，每周拖洗1次；楼梯扶手每日擦洗1次；共用部位玻璃每周清洁1次；

（3）路灯、楼道灯每月清洁1次，及时清除区内道路积水；

（4）区内公共雨污水管道每年疏通1次，随时保持排泄畅通；雨、污水井每月检查1次，视检查情况及时清掏；化粪池每月检查1次，每半年清掏1次，发现异常及时清掏；

（5）二次供水水箱按规定清洗，定时巡查，水质符合卫生要求；

（6）根据实际情况定期进行消毒和灭虫除害。

4. 公共绿化的养护和管理标准

（1）有专业人员实施绿化养护管理；

（2）草坪生长良好，及时修剪和补栽补种，无杂草、杂物；

（3）花卉、绿篱、树木、草坪应根据其品种和生长情况，及时修剪整形和养护；

（4）定期组织浇灌、施肥、松土，做好植物的防旱、防涝工作；定期喷洒药物，预防病虫害。

5. 车辆停放管理服务标准

对进出大厦的车辆实施证、卡管理，引导车辆有序通行、停放。

6. 公共秩序维护、安全防范等事项的协助管理服务标准

（1）大厦主出入口24小时站岗值勤；

（2）对重点区域、重点部位每小时至少巡查1次；安全监控设施实施24小时监控；

（3）对进出大厦的装修、家政等劳务人员实行临时出入证管理；

（4）对火灾、浸水、治安、公共卫生等突发事件有应急预案，事发时及时报告业主委员会和有关部门，并协助采取相应措施。

7. 装饰装修管理服务标准

（1）按照住宅装饰装修管理有关规定和业主公约要求，建立完善的住宅装饰装修管理制度。装修前，依规定审核业主的装修方案，告知装修人有关装饰装修的禁止行为和注意事项。每日巡查1次装修施工现场，发现影响房屋外观、危及房屋结构安全及拆改共用管线等损害公共利益现象的，及时劝阻并报告相关主管部门。

（2）对违反规划私搭乱建和擅自改变房屋用途的行为及时劝阻，并报告相关主管部门。

8. 物业接待服务标准

（1）设有服务接待中心，公示24小时服务电话，急修半小时内、其他报修按双方约定时间到达现场，有完整的报修、维修和回访记录；

（2）每年至少1次征询业主对物业服务的意见，满意率80%以上。

9. 物业档案资料管理标准

（1）建立健全档案管理制度；

（2）档案保管有专人负责，建立相关的档案资料收、发、借阅制度，防止因管理疏忽所导致的文件流失。

六、物业服务费的结算形式

本项目的物业服务费采用包干制的形式，投标人应根据物业服务等级、物业环境设施设备项目等级及物业管理期间的所有风险、责任等，进行测算定价。

第三章　投标文件的组成（格式）

投标人编写的投标文件应至少包括（但不仅限于）下列部分

第一部分：商务部分

一、投标函

二、投标报价表

三、授权委托书

四、投标人资格证明文件

五、拟派入本招标项目的负责人简历

六、投标人管理业绩表

一、投标函（格式）

致：＿＿＿＿＿＿

1. 在考察了项目现场和研究了＿＿＿＿＿＿＿招标文件及相关的情况介绍后，我方愿以以下的报价按招标文件的要求，承担上述项目的全部物业管理服务。

<u>高层办公</u>物业服务费每月＿＿＿元／平方米。

2. 如果贵方接受我方投标，我方保证在接到项目进场的指令后＿＿＿天进驻现场，并按合同、招标文件、投标书完成合同规定的全部工作。

3. 根据投标人须知的条款，我方所提供的全部投标文件均为实际情况，我方宣布同意如下：

（1）投标人将按招标文件的规定履行合同责任和义务。

（2）投标人已详细阅读全部招标文件，包括修改文件（如有的话）以及全部参考资料和有关附件。我们将为我们对招标文件的误解而产生的后果负责。

（3）投标人同意按照招标人的要求提供与投标有关的一切数据或资料。

（4）我方完全理解贵方不保证投标报价最低的投标人中标。

4. 在正式合同签署之前，本投标文件连同贵方的中标通知书成为约束贵、我双方的合同。

5. 与本次投标有关的一切文件请按下述地址和电话送达：

地址：＿＿＿＿＿＿＿＿＿＿＿＿＿　邮编：＿＿＿＿＿＿＿＿

电话：＿＿＿＿＿＿＿＿＿＿＿＿＿　传真：＿＿＿＿＿＿＿＿

投标人名称：（公章）

法定代表人（或委托代理人）（签字或盖章）：

日　期：

二、投标报价表（表4-2）

投标报价表　　　　　　　　　　表4-2

序号	收费项目	面积（m²）	包干单价（元/m²·月）	合价（元/年）
1	高层办公			

投标人（公章）：
法定代表人或授权代表人（签字或盖章）：
说明：该报价表价格应与投标函中的价格一致，不一致时以本表为准。

三、授权委托书（格式）

本授权委托书声明：

我＿＿＿＿（姓名）系＿＿＿＿＿＿＿（投标单位名称）的法定代表人，现授权委托＿＿＿＿＿＿＿＿＿＿＿＿＿＿＿（姓名）为我公司唯一代理人，以我公司的名义参加投标活动。代理人代表我公司签署投标文件、开标、评标、进行合同谈判、签订合同和处理与之有关的一切事务，我公司均予以承认。代理人的签名真迹如本授权委托书末尾所示。代理人无权将代理权转委托。

特此委托。

授权委托单位：（名称、盖单位章）

法定代表人：（签字或盖章）

委托代理人：（签名）

日期：　　年　月　日

四、投标人资格证明文件

投标人资格证明文件包括营业执照、物业管理资质证书等（复印件）。

五、拟派入本招标项目的负责人简历（表4-3）

拟派入本招标项目的负责人简历　　　　　　　　　表4-3

职位			
人员资料	人员姓名		出生年月
	执业或职业资格		
	学历		职称
	职务		工作年限
自	至	公司/项目/职务/有关经验	
年　月	年　月		
年　月	年月		
……	……		

注：投标申请人须提供拟派往本招标项目的项目负责人的上岗证书、身份证等复印件。
　　投标人（公章）：
　　法定代表人或授权代表人（签字或盖章）：

六、投标人管理业绩表（表4-4）

投标人管理业绩表　　　　　　　　　表4-4

项目名称	地址	接管时间	物业类型	面积（万 m²）	获得荣誉（何年、何月、何荣誉）

说明：投标人需附获得荣誉复印件。
　　投标人（公章）：
　　法定代表人或授权代表人（签字或盖章）：

第二部分：物业管理方案

一、管理服务理念和目标

二、管理机构运作方法及管理制度

三、管理服务人员配置

四、物业维修和管理方案及应急措施

五、社区文化建设措施

六、装修管理服务方案

七、保安管理方案

八、保洁、绿化维护管理方案

九、停车管理方案

十、物业档案资料管理方案

一、管理服务理念和目标

结合本项目的规划布局，建筑风格，大厦硬件设施配置及本物业使用性质等特点，进行有针对性的策划，阐述对本项目实施管理服务的思路，提出物业管理服务的定位和目标。

二、管理机构运作方法及管理制度

1. 编制项目管理机构。

2. 阐述项目经理的管理职责、内部管理的职责分工。

3. 日常管理制度和考核办法目录。

三、管理服务人员配置

1. 根据物业管理服务内容、标准和本项目实际情况配置各岗位的人员，包括：岗位的设置及各岗位人员数量等情况。

2. 员工培训。

四、物业维修和管理方案及应急措施

1. 物业共用部位、业主或使用人自用部位的管理、维修服务方案。

2. 物业管理区域内共用设施、设备的管理、维修方案。

3. 物业管理区域内突然断水、断电、无天然气的应急措施。

4. 业主与使用人自用部位排水设施阻塞的应急措施；物业共用部位雨污水管及排水管网阻塞的应急措施。

5. 发生治安事件时的应急措施。

6. 消防应急措施。

7. 电梯故障应急措施。

五、社区文化建设措施

1. 丰富社区文化，加强业主相互沟通的具体措施。

六、装修管理服务方案

七、保安管理方案

1. 物业管理区域内人身、财产安全和公共秩序维护方案。

八、保洁、绿化维护管理方案

1. 物业管理区域内清洁、保洁方案。

2. 绿化、园林建筑及附属设施的维护、保养方案。

九、停车管理方案

1. 物业管理区域内车辆行驶及停泊的管理方案。

十、物业档案资料管理方案。

第四章 评标办法

一、评标原则：依照"公平、公正、科学、择优"的原则。

二、评标办法：

评标委员会将对实质性响应的投标文件进行评估和比较，按综合评分法确定投标人的排名。评委在评标时，分三个单项部分对投标人进行评分：

（一）信誉及胜任程度；

（二）投标报价；

（三）物业管理方案。

各单项评分乘以相应的权数后之和为投标人计算总分，得分排名第一的投标人为推荐的中标候选人。

分数确定为：$P = K_1 P_1 + K_2 P_2 + K_3 P_3$

其中：K_i（$i = 1$，2，3）为权数，P_i（$i = 1$，2，3）为单项评分，P为总分。各单项分数计分权值见权数取值表。

三、采用综合评分法时，应遵循以下计分规则：

（一）评分计算保留2位小数（百分比亦取2位小数），第三位小数四舍五入。

（二）评分子项中有浮动范围的，可在该范围内计分。

（三）有下列情况之一者单项评分为无效分：

1）评分高出规定最高分或低于规定最低分的；

2）一个计分内容有2个或2个以上计分的；

四、权数取值（表4-5）

权数取值 表4-5

序号	内容	取值
1	信誉及胜任程度（K_1）	0.20
2	投标报价（K_2）	0.40
3	物业管理方案（K_3）	0.40

附件：评标报告（表4-6）

评标报告总表 　　　　　　表4-6

项目名称			
招标编号			
评标委员会评审结果	投标人名称	排名次序	评标得分
中标候选人	排名次序	候选人名称	
	1		
	2		
	3		
评标委员会全体成员签字	兹确认上述评标结果属实，有关评审资料见附件。　　　　　　　　　　　　　　　　　年　　月　　日		
备注	本表有附件，附件包括评标委员会成员名单、开标记录及全部评标资料，本表与附件共同构成评标报告。		

说明：本报告由评标委员会和招标人共同填写，一式三份，其中一份在备案时由招标管理部门留存。

本章小结

物业管理招标文件又称招标书，是组织物业管理项目招标工作的第一份文书，也是招标工作必不可少的法律文件，对整个招标工作起着指导性的作用。招标文件根据招标范围、招标项目的实际情况可以分为不同类型。

编制物业管理招标文件应遵循公平、公正、合理的原则。编制一份合法又准确的招标文件，需要先清楚了解项目及区域市场的完整情况，然后确定招标项目物业管理的服务标准和管理要求，再确定招标文件开售日期、投标书递交截止日期和开标、定标日期及其他事项，如果是前期物业管理招标项目还要到当地行政主管部门进行备案申请。招标文件一般由投标人须知及投标人须知前附表、项目基本情况及要求、投标文件的组成（格式）和评标办法这四个部分组成，这四大部分内容具体可归纳为招标文件的六大要件，即：①投标邀请函；②技术规范和要求；③投标人须知；④投标文件组成；⑤评标办法；⑥附件（附表、附图等）。

思考与讨论

1．招标文件的编制原则有哪些？

2．物业管理招标文件的编制程序有哪些？

3．简述物业管理招标文件的主要内容。

4．选取所在城市的一个物业服务项目，尝试编制一份招标文件。

5

物业管理
投标的实施

本章要点及学习目标

　　了解物业管理投标人的概念及其应具备的条件；了解物业管理投标人的权利与义务；熟悉物业管理投标前期准备工作流程，能根据物业投标前期的注意事项开展前期准备工作；熟悉物业投标的组织机构，模拟成立物业投标组织，并对物业管理投标项目进行评估与风险防范；掌握物业管理投标的实施程序及具体步骤。

案例导入

嘉德公司成功竞标经验借鉴

北京某新楼盘，公开招标投标，邀请了包括嘉德、吉达公司在内的全国多家知名企业参与。吉达公司的管理经验丰富，标书制作人员水平很高，自认为能够手到擒来，于是在与开发商的沟通和对项目的理解上，并没有投入很大的精力。最终，开标结果是更注重与开发商沟通的嘉德公司顺利中标。

吉达公司不服，认为中标方提前做了公关工作，后经查实，嘉德公司是一家以住宅项目管理为主、写字楼商业项目管理为辅的大型物业公司，参与过大大小小几十次的招标投标活动，经验丰富，且在整个投标过程中没有任何违规违纪行为，投标结果真实有效。

【评析】在很多企业里，具有丰富的理论知识和实践经验的物业专家很多，做出来的投标书或者管理方案都很漂亮、很专业，但是，过于注重投标书而忽略了客户的感受，很有可能让这些精美、专业的投标书成为没有中标的废纸。

嘉德公司之所以能够在激烈的投标竞争中胜出，与她丰富的投标经验与严谨的工作作风不无关系，在每一次物业投标中，嘉德公司十分重视以下几点：

1. 制作标书前，保持与招标方的不断沟通，充分了解招标方对物业管理方的需求，在沟通的时候注重每一个细节。并通过现场踏勘，切实了解投标项目的每一个细节。

2. 制作标书时，做好时间的统筹与安排。很多物业企业在制作投标书的时候，只关注了最后的标书递送时间和开标时间，忽略了中间可能出现问题而需要留给自己改正的时间。

3. 开标时重视现场答辩。几乎所有大型的物业管理招标活动中，都会设置现场答辩环节，这也是整个招标投标活动的一个重点。物业服务企业投标负责人在投标过程中不仅要在仪容仪表以及答辩声音控制等方面引起重视，更要注意答辩技巧，如：①在回答问题时注意引用数据，用数据说话；②引用相关法规政策；③强调过往成功的实际案例；④自信果断和技巧拖延结合。

总之，只要参与招标投标工作的人员，能够谨慎、细心，再加上自身丰富的从业经验和卓越的理论水平，一定能在竞争激烈的招标投标工作中脱颖而出。

5.1 物业管理投标概述

5.1.1 物业管理投标

1. 物业管理投标的含义

物业管理投标是指物业服务企业为开拓业务，依据物业管理招标文件的要求组织编写标书，并向招标单位递交投标书和投标文件，参加物业管理竞标，以求通过市场竞争获得物业管理项目的过程。

投标是物业服务企业的一项非常重要的工作任务，主要包括投标决策、投标文件编制及宣讲答辩等工作。

2．物业管理投标的目的

一般认为，物业服务企业投标的目的仅仅是为了开拓市场，获取利益，但在实际操作中并不尽然，物业管理投标的目的主要体现在以下几点：

（1）宣传企业。一些刚刚成立的物业服务企业，为了尽快提高企业知名度，扩大行业影响力，会采取频繁投标的方式来获得外界的关注。虽然频繁投标需要花费不少费用，但如果能通过投标，将投标企业的信息通过各种渠道传播出去，特别是公开招标的答辩会一般会有社会各界人士旁听，新闻单位也会及时进行跟踪报道，媒体宣传及民众口碑相传往往都能获得意想不到的效果。

（2）锻炼队伍。通过参与投标全过程，锻炼人员队伍，全面提升企业员工素质，这也是物业服务企业参与投标与竞标的目的之一。特别是一些从未参加过投标的企业，第一次投标大多出于这种目的，希望通过全方位参与投标与竞标的各个环节积累实战经验，这比参与任何培训，查阅任何资料的效果都要好，能够在短期内达到练兵的目的。

（3）考察市场。物业服务企业发展到一定程度，都会考虑不断拓展自己的业务市场，希望能实现接管项目的多区域化及业态的多样化。不同地区不同业态的物业管理市场虽然在运作方式上区别不大，但多少都带有自身的特色。而参与当地物业管理招标投标是企业了解当地市场，了解该类物业市场的一种较好的方法。通过投标可以亲自感受一下其市场氛围及市场发展状况，对于拓展业务大有裨益。

（4）获取利润。企业要想生存发展，盈利是根本。为了获取更大的利润空间，扩大管业面积，降低单位成本，走规模效益之路。目前"国家提倡建设单位按照房地产开发企业与物业管理相分离的原则，通过招标投标的方式选聘具有相应资质的物业服务企业"（《物业管理条例》第二十四条），而且对于一定规模的住宅物业，规定开发企业必须通过招标投标方式选聘物业服务企业。随着市场经济的不断发展和完善，企业在高度竞争的环境中谋求利润最大化已经成为必然的趋势。

5.1.2 物业管理投标人

公开招标或邀请招标信息发出后，所有对招标公告或招标邀请书感兴趣并有可能付诸行动的法人或其他组织都可成为潜在投标人。那些响应招标并购买了招标文件、参与招标竞争的潜在投标人称为投标人。《招标投标法》规定，投标人应当具备承担投标项目的实际能力；国家有关规定或招标文件对投标人资格条件有所限制的，投标人应当具备相应的资格条件；投标人应能按照招标文件的要求编制投标文件，所编制的投标文件应对招标文件作出实质性的响应。

1．物业管理投标人必备的条件

（1）应符合法律法规规定的要求。根据相关法律、法规的要求，参与物业管理投标应当是具有相应物业服务企业资质和承担招标项目能力的法人企业。物业服务企业在国内参与投标业务的，必须取得《企业法人营业执照》和政府行政主管部门颁发的《物业服务企业资质证书》。具体可参照建设部2004年3月颁布的中华人民共和国建设部令第125号《物业服务企业资质管理办法》的相关规定。

（2）应符合招标方规定的要求。在物业管理招标投标中，投标人除应具备招标方在招标条件中要求的相应物业服务企业资质，还应具备招标方所规定的管理与投标物业类似项目的经验与业绩。招标方一般也会对投标人的资金、管理和技术实力，投标人的商业信誉，派驻项目的负责人、管理团队的条件，物业管理服务内容和服务标准，投标书的制作、技术规范和合同条款等方面作出明确具体的要求。以联合体方式投标的，联合体各方应具备规定的相应资格及承担招标项目的相应能力。

2．物业管理投标人的权利与义务

（1）物业管理投标人的合法权利

1）凡持有营业执照和相应资质证书的物业服务企业或联合体，有平等获得及利用招标信息参与投标的权利。

2）按照招标文件的规范和要求自主编制投标文件的权利。

3）根据自己的经营状况和掌握的市场信息，确定自己投标报价的权利。

4）有权要求招标人或招标代理人就招标文件中的有关问题进行招标文件许可范围内的解释说明。

5）投标人可以根据企业经营状况以及潜在竞争对手情况决定参与或退出投标竞争。

6）在投标文件提交截止时间前，投标企业拥有补充、修改及撤销已提交的投标文件的权利，并书面通知招标人。补充、修改的内容与原投标文件一并成为投标文件的组成部分。

7）对招标过程中的任何违法违规行为有控告、检举及投诉的权利。

（2）物业管理投标人的法定义务

1）不得以任何方式串通投标报价，损害国家利益、社会利益及其他参与人的利益。

2）不得以行贿的手段谋取中标。

3）不得以他人名义投标或者以其他方式弄虚作假，骗取中标。

4）保证所提供的投标文件的真实性，提供投标保证金或其他形式的担保。

5）按招标人或招标代理人的要求对投标文件的有关问题进行答疑。

6）接受招标投标管理机构的监督管理。

5.1.3 物业管理投标工作流程

完整的物业管理投标过程包括获取物业管理招标信息、项目可行性分析及风险防范、组建物业管理投标机构、申请资格预审、获取招标文件、现场踏勘、编制标书及送达、参加开标会议及现场答辩、中标及签订物业服务合同等。按照投标的先后工作流程可以将投标过程分为两个环节，如图5-1、图5-2所示。

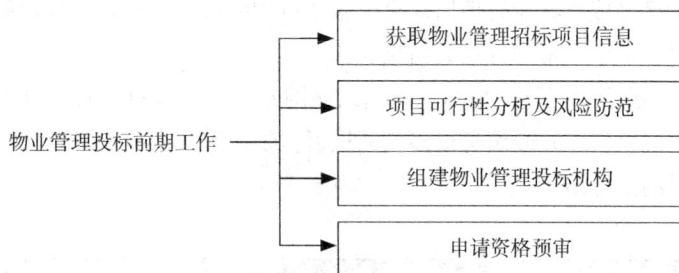

图5-1 物业管理投标前期工作

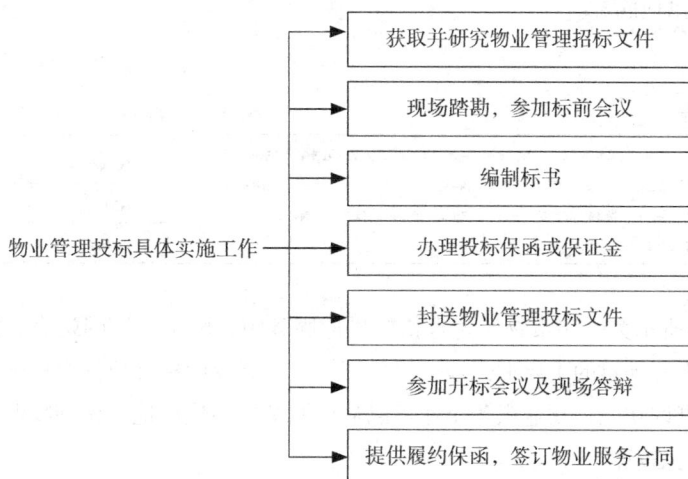

物业管理投标前期工作

- 获取物业管理招标项目信息
- 项目可行性分析及风险防范
- 组建物业管理投标机构
- 申请资格预审

图5-2 物业管理投标具体实施工作

物业管理投标具体实施工作

- 获取并研究物业管理招标文件
- 现场踏勘，参加标前会议
- 编制标书
- 办理投标保函或保证金
- 封送物业管理投标文件
- 参加开标会议及现场答辩
- 提供履约保函，签订物业服务合同

5.2 物业管理投标前期准备工作

5.2.1 获取物业管理招标项目信息

随着我国物业管理行业发展的逐步规范及物业市场竞争形势的日益加剧，通过参与市场投标获取项目是物业服务企业拓展业务的重要途径。物业管理投标工作的首要环节是获取项目信息，获取物业招标项目信息工作包括信息的获取、甄别及跟踪三个方面。及时准确地获得信息是首要条件，但不是最终目的，还要对所获得的信息进行整理汇总，筛选出适合本企业投标的招标项目。

一般来说，投标人获得招标项目及其相关信息的主要渠道有三个：一是通过报刊、杂志、电视以及各种网络平台等公共媒体采集公开招标信息；二是来自招标方的邀约；三是同行之间的信息交流。

1. 公共媒体获取招标信息

公开招标的项目一般会在公共媒体上发布信息，传统的媒体如报纸、杂志等，但随着网络技术的飞速发展，目前不少公开招标项目更多的是通过网络平台发布信息，一些物业管理专业网站，包括中国物业管理协会网、中国物业招标网、山东物业招标网、长沙市物业管理协会网等，会不定期发布各类房地产及物业管理项目的招标信息，物业服务企业可安排专职或兼职人员定期上网收集相关信息。对于已经成立物业管理招标投标服务机构的城市，也可以通过服务机构内部设置的电子显示屏幕搜寻相关信息。

图5-3所示为中国物业招标网网站，该网站发布全国31个省、自治区、直辖市的物业招标公告，并开设有很多相关栏目，物业服务企业也可以从该网站查询到投标项目的中标结果。

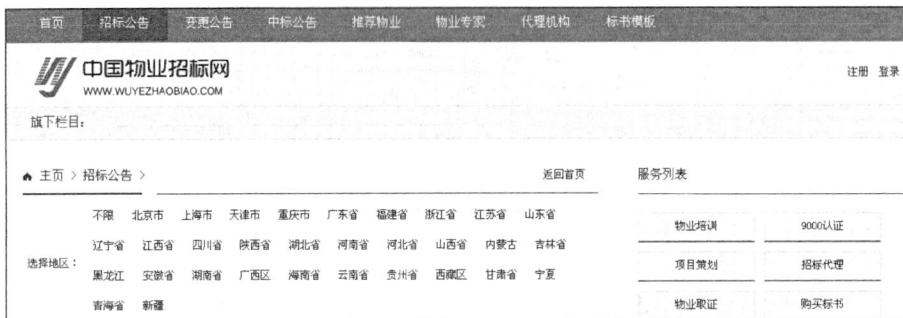

图5-3 中国物业招标网

图5-4所示为天津市物业管理招标投标服务中心网站，该网站为天津市物业管理招标投标项目的主要汇聚地，提供招标、开标及中标等招标投标全过程信息的服务与查询功能，物业服务企业可以从该网站方便快捷地查询到物业管理招标投标的相关信息。

图5-4 天津市物业管理招标投标服务中心网站

2．招标方的邀约

考虑到管理难度及成本的控制，不少物业管理项目采用邀请招标的方式选聘物业服务企业。一些知名物业服务企业由于在行业内具有较高知名度，会受到招标单位的青睐，收到来自招标方的主动邀约。有些物业服务企业由于提供了质优价廉的服务获得老客户的信任，并在行业中形成了良好的口碑，从而获取承接后续物业及其相关业务的邀约。

3．同行之间的信息交流

随着市场竞争的日益激烈，物业服务企业需要对整个房地产市场进行定期调查，搞好公共关系，经常派业务人员深入各房地产开发企业及建设单位，并通过政府相关部门及咨询公司等代理机构获得及时有效的信息。

物业服务企业收集到相关招标信息后，需要对信息进行甄别、分类及整理分析，一旦决定参与投标，应及时向对方表达自己的意愿，并向招标人提交资格审查材料。

5.2.2 项目可行性分析及风险防范

取得招标项目信息后，物业服务企业应该成立物业投标小组，组织他们对信息进行整理分析，对招标项目进行可行性分析，预测投标项目的中标概率并对投标过程中可能出现的风险进行防范。

1．项目可行性分析

一项物业管理投标从购买招标文件到送出投标书，涉及大量的人力物力支出，一旦投标失败，其所有的前期投入都将付诸东流，损失甚为巨大。这要求物业管理投标公司在确定是否进行竞标时务必要小心谨慎，在提出投标申请前做好必要的可行性研究，不可贸然行事。

（1）招标项目条件分析

1）物业性质。不同性质的物业所要求的服务内容不同，所需的技术力量也不同，物业管理公司的相对优劣势也较明显。对于住宅小区的物业管理，其目的是要为居民提供一个安全、舒适、和谐、优美的生活空间，因此在管理上就要求增强住宅功能；服务型公寓则更注重一对一的特色服务；而对于写字楼，管理内容应侧重于加强闭路监控系统以确保人身安全，增设保安及防盗系统以保证财产安全，完善通信系统建设以加强用户同外部联系等。不同的管理内容必然对物业管理公司提出不同的服务要求和技术要求，而具有类似物业管理经验的投标公司无疑可凭借其以往接管的物业在投标中占有一定的技术和人力资源优势。

2）物业开发商状况。这一层面的分析包括开发商的技术力量、信誉度等。因为物业的质量取决于开发商的设计、施工质量，而有些质量问题只有在物业管理公司接管后才会出现，这必然会增大物业管理公司的维护费用及与开发商交涉的其他支出，甚至还有可能会影响物业管理公司的信誉。因此，物业管理公司通过对开发商以往所承建物业质量的调查，以及有关物业管理公司与之合作的情况，分析判断招标物业开发商的可靠性，并尽量选择信誉较好、易于协调的开发商所开发的物业，尽可能在物业开发的前期介入，这样既可以保证物业服务质量，也便于其日后管理。

3）特殊服务要求。有些物业可能会由于其特殊的地理环境和某些特殊功用，需要一些特殊服务。这些特殊服务很可能成为某些投标公司的优势，甚至可能导致竞标过程中的"黑马"出现，投标人必须认真对待，在分析中趋利避害。他们可综合考虑这些特殊服务的支出费用及自身的技术力量或可寻找的分包伙伴，从而形成优化的投标方案；反之，则应放弃竞标。

（2）投标企业条件分析

1）类似项目的物业管理经验。已接管物业与招标项目类型，包括业态类型、管理规模等的类似，往往可使自身具有优于其他物业管理公司的管理或合作经验，这在竞标中极易引起开发商的注意。而且从成本角度考虑，也可在现成的管理人员、设备或固定的业务联系方面节约许多开支。故投标者应针对招标物业的情况，分析本公司以往类似经验，确定本公司的竞争优势。

2）各类专业人才储备。接管新项目应有一个合适的项目经理，这是投标人投标决策的关键。如果由于项目经理匮乏而临时招聘仓促上阵，很可能使项目得而复失，影响企业的长远发展。另外，各类专业人员，包括综合管理人员、财务人员及各类工程技术人员的储备，也会直接影响到投标人的决策。

3）技术装备及技术条件。虽然物业服务企业不需要像工程施工企业一样拥有大量的大型机械设备，但在提供物业服务的过程中，维护楼宇正常使用和维持设施设备正常运行的仪器、设备和工具是必不可少的。特别是对于一些智能化程度较高的楼宇或商厦，物业服务企业应该配备必要的检修仪器和工具，并拥有相应的技术力量和技术条件。能否利用高新技术提供高品质服务或特殊服务，如智能大厦等先进的信息管理技术、绿色工程以及高科技防盗安全设施等，成为某些特定项目投标决策的重要参考因素。

（3）投标竞争者分析

1）潜在竞争者。有时在竞标中可能会出现某些刚具备物业管理资质的物业管理公司参与竞标的情况，他们可能几乎没有类似成熟的管理经验，但在某一方面（如特殊技术、服务等）却具有绝对或垄断优势。由于他们刚进入物业管理行业不久，许多情况尚未为人所知，虽然默默无闻，容易被人忽略，却很有可能成为竞标中的"黑马"，这样的竞争对手不仅隐蔽而且威胁巨大。对于这些陌生的竞争者，投标公司必须认真对待，不可掉以轻心。

2）同类物业管理公司的规模及其现接管物业的数量与质量。通常规模大的物业管理公司就意味着成熟的经验、先进的技术和优秀的品质，就是在以其规模向人们展示其雄厚的实力，尤其在我国现阶段大多数物业管理公司还从属于房地产开发企业，专业性服务公司尚不成形的情况下，规模大小将在很大程度上影响招标者的选择与判断。

3）当地竞争者的地域优势。物业管理提供的是服务，其质量的判定很大程度上取决于业主的满意程度。当地的物业管理公司可以利用其对当地文化、风俗的熟悉提供令业主满意的服务。较之异地进入的物业管理公司，他们一来可减少进入障碍，二来可利用以往业务所形成的与当地专业性服务公司的密切往来，分包物业管理，从而具有成本优势，同时他们还可能由于与当地有关部门的密切联系而具有关系优势。表5-1中将本企业和竞争者进行了详细的竞争分析。

投标项目潜在竞争者分析 表 5-1

项目	本公司	竞争者1：××公司	……	……
企业资质等级	一级	二级		
在管项目类型	商业、住宅、园区物业等	住宅、写字楼物业等		
管理及技术人员数量	450人，其中管理人员××人，专业技术人员××人，高级职称××人，中级职称××人	300人，其中管理人员××人，专业技术人员××人，高级职称××人，中级职称××人		
管理经验	15年	8年		
公司所在地	××市	××市		
投标积极性	高	较高		
……		……		
竞争力分析	优势：经验丰富，技术力量雄厚等；劣势：外地企业，对投标项目市场不熟悉等	优势：本地企业；劣势：投标项目类型管理经验不足，技术力量欠缺		

2. 风险防范

物业管理投标的主要风险来自于招标人和招标物业、投标人、竞争对手三个方面。

（1）来自于招标人和招标物业的风险

1）招标方提出有失公平的特殊条件或特殊服务要求。

2）招标方未告知可能会直接影响投标结果的信息。

3）建设单位可能出现资金等方面的困难而造成项目无法正常交付。

4）因物业延迟交付使用而造成早期介入期限延长。

5）招标方与其他投标人存在关联交易等。

（2）来自于投标人的风险

1）未对项目实施必要的可行性分析与风险预测，从而造成投标决策和投标策略的失误。

2）盲目作出超出企业能力范围的服务承诺。

3）价格测算失误造成未中标或中标后经营亏损。

4）项目负责人现场答辩出现失误。

5）接受资格审查时出现不可预见或可预见但未作相应防范补救措施的失误。

6）投标资料（如物业管理方案、报价等）泄露。

7）投标人采取不正当的手段参与竞争，被招标方或评标委员会取消投标资格。

8）未按要求制作投标文件或送达投标文件造成废标等。

（3）来自竞争对手的风险

1）采用低于成本竞争、欺诈、行贿、关联交易等不正当的竞争手段。

2）具备相关背景或综合竞争的绝对优势。

3）窃取他人的投标资料和商业秘密等。

为了降低投标风险，物业投标企业应在以下几个方面注意风险的控制与规避：认真研究招标文件，慎重对待合同的附加条款和招标方的特殊要求，对项目可能遇到的风险因素有全面深入的了解，加强风险管理意识，严格控制风险；严格遵守相关法律法规参与投标，对项目进行科学严密的风险分析，对市场进行认真地调查研究，科学合理地制定投标价格；建立风险预控机制，从项目信息收集风险预控机制到项目跟踪风险预控机制、资格预审风险预控机制、编制投标文件风险预控机制、递送标书风险预控机制，以及贯穿始终的公共关系风险预控机制，对于每一个环节的事故易发点都要做到事前控制。另外，要尽量选择信誉良好的招标方和利润空间较高的物业项目，不断优化完善企业自身的管理，充分考虑企业的承受能力，制订可行的物业管理方案，选择经验丰富的项目负责人等。

3. 组建物业管理投标机构

不同规模、不同组织架构的物业服务企业，招标工作负责制有所不同。大型物业服务企业的开发部一般都实行项目经理负责制，以项目小组为单位，分管具体项目的投标工作，以及中标后的合同签订工作；中小型的物业服务企业则大多由经理亲自对各项目的投标工作负责。基于物业管理投标过程中，大量的信息需要在短时间内进行快速的交流和积聚，因此物业服务企业在获得招标信息后，会根据企业的物业拓展计划及企业自身情况确定投标意向，成立相应的投标机构，负责后续投标的具体工作。

实践证明，投标企业成立一个高效精干的投标机构，对于投标工作的顺利开展非常重要。投标机构通常由以下三个领域的专业人员组成。

（1）经营决策组

经营决策组的管理人员要求具有丰富的经营管理、组织决策等相关经验，他们在物业管理投标过程中，扮演着举足轻重的角色。经营决策组的成员应该熟悉国家及地方有关物业管理及招标投标方面的法律法规知识，具有较强的社会活动能力及分析问题、解决问题的能力，并能够根据本公司的市场定位，选择与之相称的物业管理招标项目进行投标。其中，物业服务企业经理或项目经理应作为投标项目的总决策人。接管一个新项目应有合适的项目经理，作为最为重要的经营决策管理人员，企业应该平时注意培养和储备此类人员，才能在投标中抢占先机，不断扩大市场份额，推动企业发展步入良性循环。

（2）工程技术组

编写投标书过程中最重要的两个难点是管理方案的设计和标价的计算，因此，在这些关键环节上，企业专业技术人员通常都会参与其中。在管理方案的设计上，经营决策管理人员会向工程技术组的专业技术人员咨询设计方案技术上的可行性。专业工程技术人员主要包括建筑结构、给水排水、电气及智能化等设备的运行和养护技术人员，他们在物业管理服务方面有着较高的专业技术水平，具备熟练的实际操作能力，在投标报价时能从本企业的实际技术水平和标准出发，精确测算各项专业实施方案的成本费用。

（3）经济与财务组

在投标价格的计算方面，经营决策管理人员也会征求财务部会计师关于设计方案在财务上的可行性的意见。投标机构中经济与财务组的分析人员主要负责具体的投标报价测算工作。该类人员应熟练掌握财务、金融、保函、索赔等专业知识，能正确测算物业管理的收支费用，并能准确测算企业投标报价。

以上是投标机构的基本配备及人员素质的基本要求，对于不同的目标物业，投标机构人员的选择和组合也会略有不同。例如，对于高层楼宇项目投标，投标小组必须要有熟悉大型设备维修管理的工程技术人员参加，而对于一般住宅小区的投标项目，应更为关注小区绿化、治安及车辆的管理，这就需要选择熟悉此方面的工程技术人员了。

投标机构的人员不宜过多，特别是决策阶段，应严格控制人数，以防泄密。

图5-5为某投标机构的组织架构图。

图5-5 投标机构
组织架构图

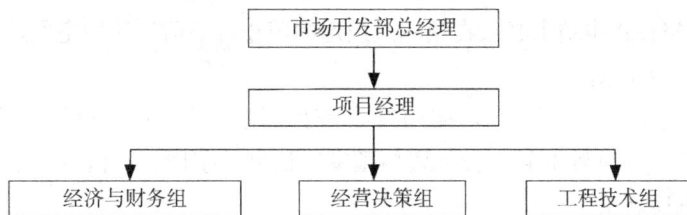

4. 申请资格预审

公开招标的招标人可以根据招标文件的规定，对投标申请人进行资格预审。实行投标资格预审的物业管理项目，招标人应当在招标公告或者投标邀请书中载明资格预审的条件和获取资格预审文件的办法。资格预审对于投标结果意义重大。为了避免资格预审这一环节出错，无论以何种形式招标，投标机构都应本着严肃认真的态度对待投标申请工作，并确保整个过程万无一失。

（1）资格预审文件的内容

资格预审文件的准备和提交应与开发商或业主资格预审文件及审查的内容和要求相一致，一般由资格预审须知和需要由投标人填写的资格预审表两部分组成。资格预审表主要包括以下几部分：

1）投标企业简历、有效营业执照及组织机构代码证。

2）符合邀请招标公告要求的资质条件证明文件。

3）法定代表人简介、从业资格证书及拟定项目负责人简介、从业资格证书。

4）投标人近几年的管理业绩证明（管理项目、物业类型、面积、获奖证书情况），包括类似项目物业管理经历（经验）证明。

5）拟派往项目各类技术、管理及其他人员一览表。

6）投标人经营能力说明表，包括财务能力说明表及投入设备一览表。

7）申请人经营、履约情况说明，主要包括申请人在经营、履约过程中曾发生的违规、违法及涉及的诉讼情况说明。

8）投标申请人应向招标人提供的其他相关资料。

（2）申报资格预审时应注意的事项

1）资格预审文件要有针对性。除了严格按照招标文件的要求填写资料外，投标人应根据投标项目的特点，对招标方可能看重的内容，有针对性地准备及报送相关资料，以期顺利通过资格预审并给预审评估工作小组留下良好的印象。

2）平时应注意搜集并整理与资格预审相关的资料。随着物业服务企业运作的逐步规范，越来越多的物业服务企业都有完整、正规的年度财务报表，这些资料经审计后应妥善保管，以备随时调用。除此之外，企业还应注意及时搜集整理所有与资格预审相关的资料，及早制成散页，或存储在电脑中，方便备查备用。

3）寻找有信誉的银行提供投标保函、履约保函等担保。

4）资格预审申请书必须在招标人规定的截止日期前送达指定的地点，否则资格预审申请无效。

5）申请书一正三副，即一份正本，三份副本。递交时应分别用信封密封，信封上注明"××物业管理投标资格预审申请书"字样，并留下申请人相关信息，以便日后联系。

6）所有表格均需投标企业法人代表签字，或者其授权委托代理人签字，授权委托代理的需附上正式的书面授权书。

经资格预审后，公开招标的招标人应当向资格预审合格的投标申请人发出资格预审合格通知书，告知获取招标文件的时间、地点和方法，并同时向不符合资格的投标申请人告知资格预审结果。

对于物业服务企业而言，做好投标前的准备工作，对于顺利参加投标竞争，取得预期投标效果意义重大。投标前的准备工作做得扎实细致与否直接关系到项目可行性研究是否科学深入，投标方案设计是否准确到位，投标报价是否合理且具有竞争力。总之，在投标前的准备工作中，投标人应尽可能考虑周全，对投标过程中可能发生的问题提前做好预案，确保投标工作顺利开展。

5.3 物业管理投标具体实施程序

5.3.1 获取并研究物业管理招标文件

对于公开招标的项目，参加投标的物业服务企业一旦通过资格预审取得投标资格并决定参与投标后，就进入到正式投标阶段。投标人要想取得招标文件必须在规定的时间内向招标单位购买，而取得招标文件之后，如何研读招标文件成为关系投标成败的重要环节。

投标人要对评标规则产生足够的重视，因为评标规则对标书的编制起到直接的指导作用，投标人能否中标也是按照评标规则的要求进行评定的。

目前，物业管理招标投标的评标规则一般有最低投标报价法、综合评估法及两阶段评标法。其中最低投标报价法就是在合理区域内，报价最低者中标；两阶段评标法是评技术标合格者、商务标得分或综合得分最高者中标；综合评估法是综合得分最高者中标。对于不同的评标规则，投标人采取的策略应有所不同。对于综合评估法，投标人要在诸多得分因素之间进行综合平衡，选出最优方案，而不是一味地追求最低报价；对于最低投标报价法，投标人不能一味地追求低报价，还要满足服务质量及企业利润空间的保证；对于目前较为先进的两阶段评标法，投标人必须先确保技术标万无一失，再追求商务标的高分，否则在第一阶段就有被淘汰的危险。

除了研究评标规则，投标人还要对招标文件条款及物业服务合同条款进行研究。

1. 研究招标文件条款

在研究招标文件时，有必要对其进行逐字逐句地斟酌，要对招标文件中的各项要求进行充分了解，因为在编制标书时，必须对招标文件的全部内容有实质性的响应。有一点值得注意的是，招标文件可能会由于篇幅较长而出现前后文不一致、某些内容不清晰的情况。这些错误虽是招标人的原因，但若投标企业在投标前不加重视，将会影响投标报价的制定，以至于影响投标的成功，甚至还可能影响中标后合同的履行。因此，投标企业在这一阶段，应本着仔细谨慎的原则，阅读并尽可能找出错误，并在投标截止日期之前以口头或书面的形式向招标人提出澄清要求。

此外，招标公司还应注意要对招标文件中的各项规定，如开标时间、定标时间、投标保函或担保的规定、投标单位资质方面的要求、投标书的格式等，特别是对投标项目的规划设计、设计说明书和管理服务标准、要求和范围予以足够重视，为投标方案的制订及投标报价的制定奠定基础。

2. 研究合同条款

有的招标文件中附有物业服务委托合同文本，合同的主要条款同时构成招标文件的重要组成部分。因此，投标人需要对合同条款的内容进行仔细阅读和分析。主要掌握的内容包括合同的形式是总价合同还是单价合同，付款方式如何，违约责任及解决争端方式等。

5.3.2 现场踏勘，参加标前会议

1. 现场踏勘

投标单位在研究与分析招标文件后，接下来的工作便是现场踏勘。通常，开发商或业主委员会将根据需要组织参与投标的物业管理公司统一参观现场，并向他们作出相关的必要介绍，其目的在于帮助投标公司充分了解物业情况，以合理计算报价。在考察过程中，招标人还将就投标公司代表所提出的有关投标的各种疑问做出口头回答，但这种口头答疑并不具备法律效力。只有在投标者以书面形式提出问题并由招标人做出书面答复时，才能产生法律约束力。

根据惯例，投标人应对现场考察结果自行负责，开发商将认为投标者已掌握了现场情况，一旦提交投标文件后，投标人不得以考察不周等理由提出修改标书、调整报价等申请。投标人不得在接管后对物业外在的质量问题提出异议，申明条件不利而要求索赔（当然，其内在且不能从外部发现的质量问题除外）。因此，投标公司必须高度重视现场踏勘这一环节，在现场踏勘中应注意以下几点：

（1）若物业管理在工程竣工前期介入，则应察看现场工程土建构造，内外安装的合理性，尤其是消防安全设备、自动化设备、安全监控设备、电力交通通信设备等，必要时做好日后养护、维护要点记录，图纸更改要点记录，交与开发商商议。前期介入的优点在于物业管理公司可与业主更好地协调，有利于其接管后的管理。物业管理公司应尽量利用这一机会，认真准备、仔细查看，参与业主的设计开发，甚至可以就业主设计的不合理之处提出修改意见，或提出更好的设计建议。

（2）若工程已经竣工，则投标单位应按以下标准视察项目：

1）工程项目施工是否符合合同规定与设计图纸要求；

2）技术经检验达到国家规定的质量标准，能满足使用要求；

3）竣工工程达到窗明、地净、水通、电亮及采暖通风设备运转正常；

4）设备调试、试运转达到设计要求；

5）确保外在质量无重大问题；

6）周围公用设施分布情况。

（3）业主的基本情况，包括业主的人员构成及职业、社会背景及收入层次、消费偏好及所需的特殊服务等。

（4）当地的气候、地质、地理条件。这些条件与接管后的服务密切相关。例如，上海的气候四季分明，昼夜温差较大，春夏之交还有黄梅季节，因此这里的物业注重朝向、通风与绿化，相应的物业管理也更应注意加强环境维护与季节更替时的服务。再如素有"山城"之称的重庆，其特点在于春秋两季不分明，湿度大，夏季气候闷热，且由于地势起伏大，交通甚为不便，因此这里的物业管理则

应突出交通便利服务与夏季的防暑工作。由此可见，这些地理与气候的差异必然导致具体服务内容的差异，只有当物业管理公司了解这些差异时，其服务才会有的放矢，事半功倍。

（5）分包情况。了解投标项目是否能进行专业分包，分包的条件及相应价格等。

（6）与本物业管理投标有关的其他因素。如物业周边的情况，物业原有的管理状况、物业入伙后的价格定位及其他管理收入或补贴、盈亏情况等。

2．参加标前会议

在投标单位现场踏勘后，招标人一般会安排标前会议。召开标前会议的目的，主要是澄清并解答投标人在阅读招标文件后和现场考察中可能提出的任何方面的问题。投标人在标前会议上应注意仅对招标文件中有关工程内容、技术规范、图纸、合同规定中范围不清、定义模糊或前后矛盾的地方，请求招标人澄清、解释或说明。招标人在标前会议上会对招标文件作出一些补充说明、错误的修正或者对投标文件有进一步的、具体的要求，并且会与设计单位或有关单位一起对各投标单位提出的疑问作出初步答复。会后招标人会对标前会上的内容以补遗书和答疑书的形式发给各投标单位。补遗书、答疑书和其他正式有效函件，均是招标文件的组成部分，与招标文件的其他内容具有同等地位，其内容、要求必须完全、切实地贯彻到投标文件编制过程中。

5.3.3 编制标书

编制标书要严格按照招标文件的要求进行，要对招标文件提出的实质性要求和条件做出积极响应。根据招标物业性质及所要求的服务内容，规划物业服务内容及工作量，并制订相应的物业服务方案。

（1）确定服务内容并测算工作量。通常投标公司可根据招标文件中的物业情况和管理服务范围、要求，详细列出完成所要求管理服务任务的方法及工作量。

住宅小区的特点在于规划集中，功能多样，产权多元，管理复杂。为突出其居住、服务、经济功能，物业管理内容应包括房屋的维护与修缮管理、环境的维护管理、市政公用设施的维护管理及绿化、治安管理等，其管理重点应是日常维护、修缮。

对于写字楼，其管理侧重于为该楼宇中的工作人员提供一个舒适的工作环境，服务内容应包括装修图纸审批、维修服务、保安服务、清洁服务、咨询服务、公关服务等，其重点应突出清洁、安全保卫工作。

商业楼宇管理的重点则在于建立良好的商业形象，以吸引更多消费者，故其日常管理工作包括安全保卫工作、消防工作、设备管理工作、清洁卫生工作、车辆管理工作等，其重点应是保安、清洁工作。

工业厂房与仓库的管理因关系到产品质量与丢失损坏等问题，其服务内容主要是做好各项保障事务，如材料、物资、设备、工具的供应保障，工作生活设施及工作条件的保障，优美环境和娱乐的保障等，其重点应放在材料、物资及工作条件的安全保障上。投标物业可根据招标物业性质及所要求服务的内容，制订和规划物业管理服务内容及工作量。

（2）制订物业管理服务方案。物业管理服务方案的基本内容主要包括投标项目的整体设想与构思、管理方式与运作程序、组织架构与人员配置、管理制度的制定、档案的建立与管理、早期介入及前期物业管理服务内容、常规物业管理服务综述、费用测算与成本控制、管理指标与管理措施、物资装备与工作计划等。物业服务方案的优劣直接关系到中标结果，因此，在物业管理服务方案的制订过程中，一方面，需要认真研究招标文件、深入调查分析招标项目的基本情况和业主的服务需求，运用科学、合理的方法编制切实可行的实施方案；另一方面，需要特别关注管理服务方案的特色与优势，做到"人无我有，人有我优"，这样才能在强手如林的投标企业中脱颖而出，一举中标。

（3）进行投标报价决策。在完成工作量的测算及管理服务方案的确定后，投标人可以着手进行投标报价的计算与决策。投标报价的具体计算详见第7章。

（4）编写标书。在完成上述三项工作后，投标人就可以在满足招标文件需求的基础上正式编制标书，标书应综合反映企业的管理服务水平和管理特色，并注意不能缺失或遗漏，编写按规定投标人必须提交的全部文件。标书内容及范例详见第6章。

5.3.4 办理投标保函或保证金

由于投标者一旦中标就必须履行受标的义务，为防止投标单位违约给招标单位带来经济上的损失，在递交物业管理投标书时，招标单位通常要求投标单位出具一定金额和期限的保证文件，以确保在投标单位中标后不能履约时，招标单位可通过出具保函的银行，用保证金额的全部或部分赔偿招标单位的经济损失。若投标人没有中标或没有任何违约行为，招标人就应在通知投标无效或未中标或投标单位履约之后，及时将投标保函退还给投标人，并相应解除银行的担保责任。

投标保函通常由投标单位开户银行或其主管部门出具。

（1）办理投标保函的一般程序为：

1）向银行提交标书中的有关资料，包括投标人须知，保函条款、格式及法律条款等。

2）填写《要求开具保函申请书》及其他申请所要求填写的表格，按银行提供的格式一式三份。

3）提交详细材料，说明物业管理服务量及预定合同期限。

（2）投标保函的内容及有效期限

1）投标保函的主要内容包括：担保人、被担保人、受益人、担保事由、担保金额、担保货币、担保责任、索偿条件等。

2）保函的有效期限通常在投标人须知中有规定，超过保函规定的有效期限，或在有效期内招标人因故宣布本次招标作废，投标保函自动失效。有效期满后，投标人应将投标保函退还银行注销。

（3）投标保函所承担的主要担保责任

1）投标人在投标有效期内不得撤回标书及投标保函。

2）投标人中标后必须按中标通知书规定的时间前往物业所在地签约。

3）在签约后的一定时间内，投标人必须提供履约保函或履约保证金。

除办理投标保函外，投标方还可以保证金的形式提供违约担保。此时，投标方保证金将作为投标文件的组成部分之一。

投标方应将保证金于投标截止之日前交至招标机构指定处。投标保证金可以银行支票或现金形式提交，保证金额依据招标文件的规定确定。未按规定提交投标保证金的投标，将被视为无效投标。

中标的投标方的保证金，在中标方签订合同并履约后5日内予以退还；未中标的投标方的保证金，在定标后5日内予以退还，均不予支付利息。

5.3.5 封送投标文件

投标文件全部编制好并且密封完毕后，投标人就可派专人或通过邮寄将标书投送给招标人。

（1）投标文件的密封

1）封送标书的一般惯例是，投标人应将所有投标文件按照招标文件的要求，准备正本和副本。标书的正本及每一份副本应分别包装，而且都必须用内外两层封套分别包装，加封条密封，并在骑缝处加盖法人印章。密封后打上"正本"或"副本"的印记，一旦正本和副本有差异，以正本为准。

2）两层封套上均应按投标邀请书的规定写明投递地址及收件人，并注明投标文件的编号、合同名称，在开标日期之前不得启封等字样。内层封套是用于原封退还投标文件的，因此应写明投标人的地址和名称，若是外层信封上未按上述规定密封及做标记，则招标方的工作人员对于把投标文件放错地方或过早启封概不负责。由于上述原因被过早启封的标书，招标人将予拒绝并退还投标人。

3）对于银行出具的投标保函，可用单独的信封密封，在投标致函中可附一份复印件，并在复印件上注明"原件密封在专用信封内，与本投标文件一并递交"。

（2）投标文件的送达。所有投标文件都必须按招标人在投标邀请书中规定的投标截止时间之前送达招标人。因补充通知、修改招标文件而酌情延长投标截止日期的，将顺延至新的投标截止日期。在投标文件送达至投标截止时间之前，投标人可以对已提交的投标文件进行修改或撤回，但重新递交时应按招标文件的要求进行编制、密封和标注。

一般来说，为防止标书泄密，也为了防止市场和竞争对手的变化，标书送达以截止日当日为宜，并以当面递交为佳。

5.3.6 参加开标会议，现场宣讲和答辩

在封送投标文件后，投标人应注意按照招标文件规定的时间和地点，前往参加并监督招标人组织的开标会议。

宣讲和答辩本来是两个环节，但在实际操作中往往是宣讲一结束马上开始进入答辩环节。宣讲和答辩为投标人展示自己的综合实力提供了一个良好的平台，投标人应从衣着、仪表、谈吐，到实质性的内容都要进行充分准备。宣讲和答辩的主要目的是为了让评委短时间内深入了解企业的投标意愿及标书的真实性、客观性，投标人要注意宣讲内容的准确性及回答问题的逻辑性，给评标委员会留下一个良好的印象。

（1）宣讲。宣讲时间一般是15分钟左右，投标人必须充分利用好这短短的十余分钟，将本企业的管理优势及特色讲清楚，宣讲的内容不得与投标书上的内容相左，更不得有自相矛盾的地方。宣讲的注意事项有：

1）注重仪表。宣讲人举止得体大方，最好着职业装，女性宜化淡妆。

2）慎选语言。宣讲人最好用普通话宣讲，一方面能够让评委更好地理解宣讲内容，另一方面也可以增加印象分。

3）把握时间。宣讲人应注意把握宣讲时间，宣讲超时或时间不足超过了允许的误差都可能影响最终的评分，因此宣讲人应事先预演一下，并在有限的时间内做到宣讲内容重点突出，主次分明。

（2）答辩。答辩是投标人对评委现场提出的问题的实质性响应，投标人在答辩过程中要注意以下几个问题：

1）熟悉投标文件。答辩人应参与标书的编制，应对标书的内容了如指掌，对评委提出投标书中的某个问题能详尽、深入地进行解答。

2）阐述针对性强。答辩人应围绕招标方和评委普遍关注的问题进行集中阐述，突出重点，讲透难度，特色鲜明，从而体现投标单位的信心和实力，感染评委，增加中标胜算。

3）理解质疑问题。答辩人一定要听清并理解评委所提问题，然后再构思如何回答，回答问题要思路清晰、条理分明、逻辑合理，切忌漫无边际。

5.3.7 提供履约保函，签订物业服务合同

经过评标与定标之后，招标方将及时发函通知中标公司。中标公司则可自接到通知之后，在规定的时间提供履约保函，并与招标方约定好时间、地点签订物业服务合同。

通常，物业服务合同的签订需经过签订前谈判、签订谅解备忘录、发送中标函、签订合同协议书几个步骤。由于在合同签订前双方还将就具体问题进行谈判，中标公司应在准备期间对自己的优劣势、技术资源条件以及业主状况进行充分分析，并尽量熟悉合同条款，以便在谈判过程中把握主动，避免在合同签订过

程中利益受损。同时，物业管理公司还应着手组建物业管理专案小组，制订工作规划，以便合同签订后及时进驻物业。

物业服务合同自签订之日起生效，业主与物业管理公司均应依照合同规定行使权利、履行义务。

本章小结

物业管理投标是指物业服务企业为开拓业务，依据物业管理招标文件的要求组织编写标书，并向招标单位递交投标书和投标文件，参加物业管理竞标，以求通过市场竞争获得物业管理项目的过程。物业管理投标人是指响应招标并购买了招标文件、参与招标竞争的潜在投标人，投标人应具备相应的条件并拥有相应的权利和义务。物业管理投标前期准备工作包括获取物业管理招标项目信息、项目可行性分析及风险防范、组建物业管理投标机构、申请资格预审等工作。

物业管理投标具体实施工作包括获取并研究物业管理招标文件、现场踏勘和参加标前会议、编制标书、办理投标保函或保证金、封送投标文件、参加开标会议并进行现场宣讲和答辩、提供履约保函和签订物业服务合同等项内容。

思考与讨论

1. 如何获取物业招标信息？
2. 简述物业管理投标人必备的条件及其权利和义务。
3. 在物业投标前期工作中，如何对物业招标项目进行项目评估与风险防范？
4. 如何办理投标保函？
5. 简述物业管理投标工作流程。

6

物业管理
投标文件的编制

本章要点及学习目标

　　了解各类型物业管理投标文件的基本框架；熟悉投标文件的主要内容与构成；掌握投标文件的概念及相关知识，能根据物业投标文件的编写技巧，模拟编制物业管理投标文件。

案例导入 ───

A公司H物业管理项目投标文件编制经验借鉴

A公司参加H物业管理项目的投标，H物业项目为一幢集宾馆、餐饮、银行、涉外办公楼为一体的综合大厦。由于建造初期物业管理没有前期介入，导致大楼部分设计布局不合理，大楼总机房设在B楼3楼，消防监控中心设在A楼1楼，卫星监控中心设在A楼19楼，此三处岗位均必须保证24小时有人在岗，最精简配备要12人，但三处岗位的工作量都很小，都只是起一种防范性监控作用。

A公司在进行投标文件编制时，考虑到人员开支是企业运作中最多、最重要的成本，特别是对物业公司这类保本微利型企业来说，更要注重对人员成本的控制，机构设置要精简、高效。因此，A公司在投标文件中提出，经过测算，建议将三处机房进行适当的改造，将部分设备进行移位，集中到消防监控中心。这一举动需改造费用10万元，但人员由12人减少到5人，按每人每年企业支付4万元计，每年可节省人员开支28万元，且一劳永逸。

最终，A公司投标文件因为这个新的人力资源配备方案，以更高的管理效率及更具竞争力的价格优势，成功中标。

【评析】投标文件是物业服务企业参与投标竞争的重要凭证，同时也是招标单位及评标人评标、议标与定标的重要参考依据，投标文件的优劣，是投标企业素质和实力的综合反映，同时也是影响企业经济效益的重要因素。因此，投标企业除了要严格按照招标文件编制标书外，还要通过优化物业管理方案、提高物业服务质量以及合理降低物业收费等方式来提高中标的成功率。

6.1 物业管理投标文件的主要内容

6.1.1 物业管理投标文件概述

物业管理投标文件是指物业服务企业为取得投标项目的管理权，根据招标文件和相关法律法规，在充分理解和领会招标文件的内容并经过周密分析和调研的情况下，编制并递交给招标组织的就投标物业的服务及价格等责任作出承诺的应答文件。

物业管理投标文件是对招标文件的具体响应，投标人在编制投标书时，要依据"映射对应原则"，严格按照招标人的要约邀请文件（招标文件）制定要约文件（投标文件），也就是说，投标文件必须充分、全面地反映招标文件中关于商务、技术及其他条件、条款要求，只有这样，招标方评判各投标文件的优劣才会有一个统一的标准和依据。因此，投标人在编制投标文件时，一定要特别注意其对于招标文件的响应性，否则不管标书做得多么优秀，都有可能被直接拒绝。

物业管理投标文件不仅要符合招标文件的相关要求，充分体现招标方的管理设想和服务理念并积极响应招标文件的各项内容，还应明确体现投标企业的投标意图、报价策略与目标等。投标企业应在投标文件中提出具体的投标方案及项目报价，应将先进的管理技术和服务理念充分体现在标书中，并通过精确计算制定出合理并有市场竞争力的投标报价。在正式开标之前，投标书应注意严格保密。

6.1.2 物业管理投标文件的组成及主要内容

物业管理投标文件应提交的材料，包括招标文件中所规定的全部文件。投标文件除了回应招标文件的问题外，最主要的内容是介绍物业管理要点及物业服务方案和报价。一份完整的物业管理投标书，包括封面、投标致函、正文及附件四部分，其中正文部分包括商务部分（Commercial Proposal）和技术部分（Technical Proposal）。

1. 封面

物业管理投标书的封面，一般可以冠以"投标书"、"竞标方案"、"意向书"、"建议书"等字样，同时标注投标人、法定代表人及投标日期等信息。图6-1为某项目物业管理投标书的封面样式。

```
          ××××项目物业管理
                 投标书


        投标人名称：_____（单位盖章）
        法定代表人：_____（签字盖章）
        投标人地址：_____
        投 标 日 期：_____
```

图6-1 投标文件的封面格式

2. 投标致函

投标致函是投标人给招标人的信函，主要是希望通过此函向招标人表达投标意愿、投标报价及中标后的履约保证等。

投标致函的主要内容主要有：

（1）表明投标人完全愿意按照招标文件中的相关规定承担物业服务任务，并写明自己的总报价金额。

（2）表明投标人接受该整个物业合同委托服务期限。

（3）表明投标人愿意按照招标文件要求提供履约保证金，并承诺在投标有效期内不撤回标书。

（4）表明投标报价的有效期。

（5）表明本投标书及招标人的书面接受通知均具有法律约束力。

（6）表明对招标人接受其他投标的理解。

【示例一】

××项目物业管理投标致函

××房地产开发有限公司：

根据贵方为××项目的招标公告/投标邀请书（项目编号：××××），签字代表××（全名）经正式授权并代表投标人××（投标人名称及职务）代表我方进行有关投标的一切事宜，提交资信/商务文件、技术文件、报价文件正本×份、副本×份。

据此函，签字代表宣布同意如下：

1. 根据招标文件、图纸、答疑纪要及其他相关文件的要求和现场踏勘的结果，以及招标文件中关于物业服务项目要求，本公司结合自身实力及特点，愿意以_____元人民币，物业服务费标准为_____（元/月·建筑面积m²）元人民币的报价投标（详见投标报价清单）。

2. 投标人已详细阅读并审查全部招标文件，包括修改文件（如有的话）以及全部参考资料和有关附件，已经了解我方对于招标文件、投标过程、投标结果有依法进行询问、质疑、投诉的权利及相关渠道和要求。

3. 投标人在投标之前已经与贵方进行了充分的沟通，完全理解并接受招标文件的各项规定和要求，对招标文件的合理性、合法性不再有异议，严格履行合同责任和义务，并按要求提供相应的物业服务。

4. 投标人同意按照贵方要求提供与投标有关的一切数据或资料，并承诺对所提供的资料及数据的真实性承担一切责任。

5. 我方同意交纳人民币_____万元作为投标保证金。在投标保证金有效期内，全部条款内容对我方具有约束力。我方如出现以下行为之一，贵方可以无条件没收我方的投标保证金。

（1）在规定的开标时间内撤回投标文件。

（2）擅自修改或拒绝接受已经承诺的条款。

（3）在投标、评标过程中有任何不正当的商业行为，或其他违法违纪行为。

（4）在规定的时间拒签合同或拒付履约保证金。

6. 与本投标有关的一切正式往来信函请寄：

地址：_____邮编：_____电话：_____传真：_____

投标人代表姓名：_____职务：_____

投标人名称（公章）：_____

开户银行：_____银行账号：_____

授权代表签字：_____日期：____年____月____日

3. 标书正文

（1）前言与企业简介

1）前言

前言为投标书正文的引入部分，先可就投标工作进行总体概括或总结，其次可以对投标物业的服务设想和理念进行介绍，并简要阐述中标后的管理及服务方案、具体服务方法和手段，以及管理的预期目标等。

2）企业概况和项目负责人简介

主要包括对企业及企业文化，公司现有规模、企业员工数量、层次及专业水准，公司物业管理经历，即已管和在管项目的数量、类型、名称，获得何种奖励等的介绍，重点突出本次招标物业类型的项目管理经验及成果，并简要介绍投标项目负责人的个人履历及物业管理的经历和经验。

（2）物业服务总体设想与承诺

1）对目标物业的认识。物业服务总体设想与承诺首先要对目标物业进行分析，包括物业的地理位置、建筑结构、功能用途、客户群体及周边市政与基础设施设备等，并在深入分析物业特点的基础上提出接管该项目后的管理特点及难点，以及业主可能的服务诉求。

2）物业服务模式。定位准确且操作性强的物业服务模式是物业服务顺利开展的基础和保证，物业投标人应根据投标物业的类型、特点及业主的实际需求，结合物业服务企业自身的综合实力，确定适合该目标物业的服务模式。

3）组织架构及技术支持。目前我国物业管理组织的管理体制主要有三种，即总经理负责制、董事会下三总负责制以及董事会下的总经理负责制。物业公司的机构设置根据管理物业的项目多少，以及业主的需求来确定。

目前我国物业管理体制下的物业管理机构有以下几种：第一种为"三部一室"，即机构具体设置为财务部、管理部、工程部、办公室；第二种为"四部一室"，即机构具体设置为财务部、管理部、工程部、经营服务部、办公室；第三种为"六部一室"，即机构具体设置为财务部、管理部、工程部、房产部、社区文化部、公关部、办公室。不同的企业根据自身的特点和需要，机构设置略有不同。

一个严密的组织架构是企业维持高效工作的基本保证，在日常工作中，各部门应各司其职，保证企业各项工作的顺畅运行。除了机构明确以外，对参加管理的服务人员构成要进行策划和培训，对从事目标物业管理服务的人员结构也要明确，对他们的文化素质、工作能力、基本条件等都要提出要求，甚至要制订好接受目标物业管理以后的人才培训计划。图6-2所示为长沙市某物业服务有限公司兰亭湾畔二期项目物业管理组织架构及技术支持图。

4）物业服务流程及信息反馈。物业企业管理工作流程是指物业服务企业严格按照各种质量体系文件及作业指导操作，做到各项事务操作程序化，从根本上保证管理成效及服务质量，如物业承接查验流程、安全管理工作流程、环境保护及绿化工作流程、业主装修入住流程、业主需求管理服务流程等。图6-3是××物业公司业主需求管理服务流程图，图6-4为××物业公司二次装修管理工作流程图。

组织、协调

物业部

人事行政部

工程部

保安部

过程管理

质量监督

人员招聘

员工培训

专业培训

质量监控

兰亭湾畔二期
服务中心

技术支持

专业顾问

管理支持

清洁公司

绿化公司

设备维护单位

投资顾问

品牌策划

财务监管

行政管理

物业部

拓展部

财务部

人事行政部

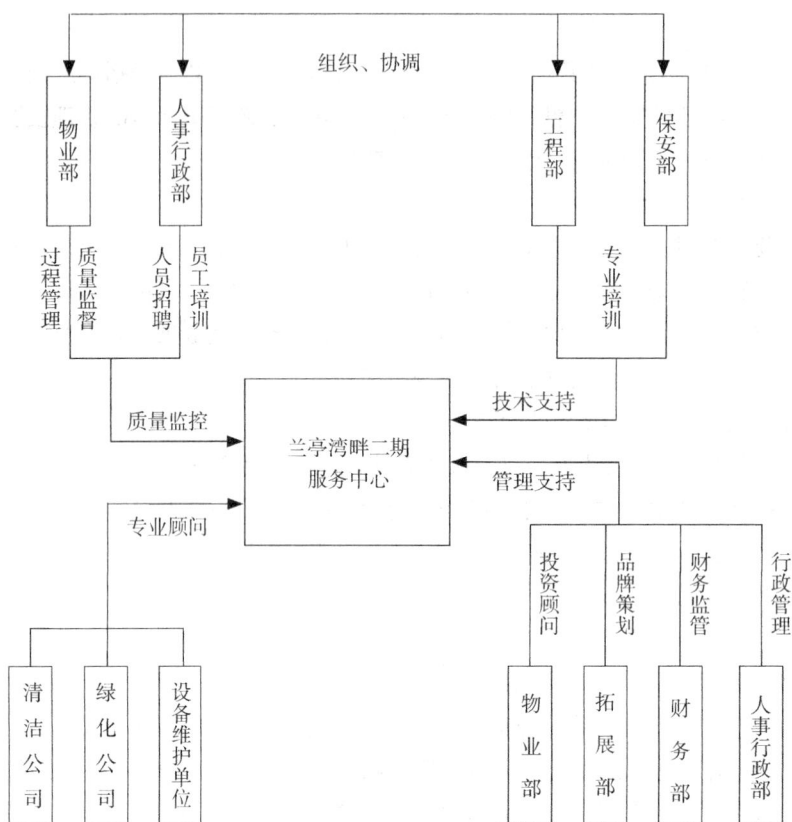

图6-2 兰亭湾畔二期物业管理组织架构及技术支持图

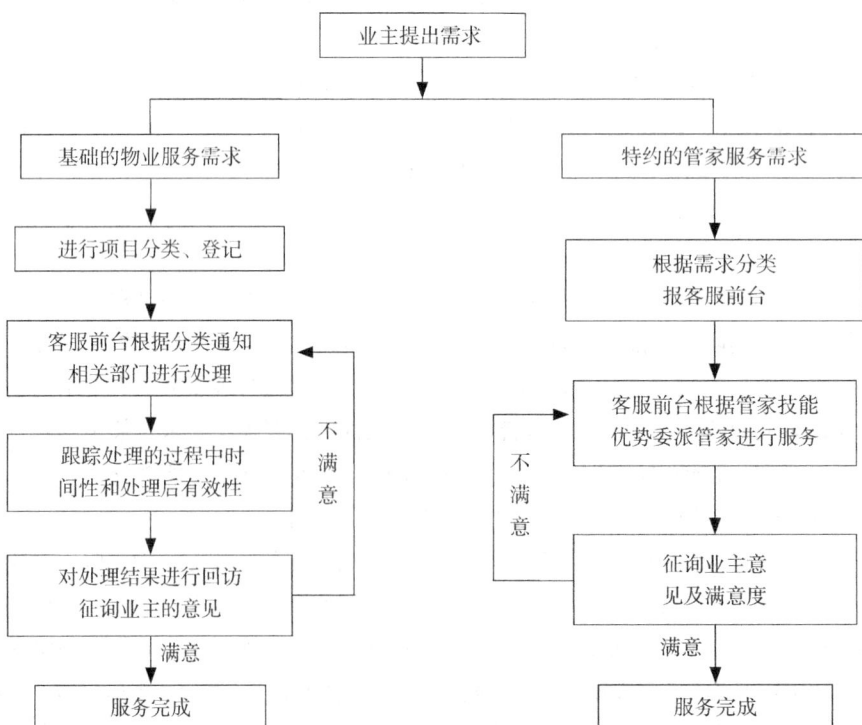

业主提出需求

基础的物业服务需求

特约的管家服务需求

进行项目分类、登记

根据需求分类
报客服前台

客服前台根据分类通知
相关部门进行处理

客服前台根据管家技能
优势委派管家进行服务

跟踪处理的过程中时
间性和处理后有效性

不满意

不满意

对处理结果进行回访
征询业主的意见

征询业主意
见及满意度

满意

满意

服务完成

服务完成

图6-3 ××物业公司业主需求管理服务流程图

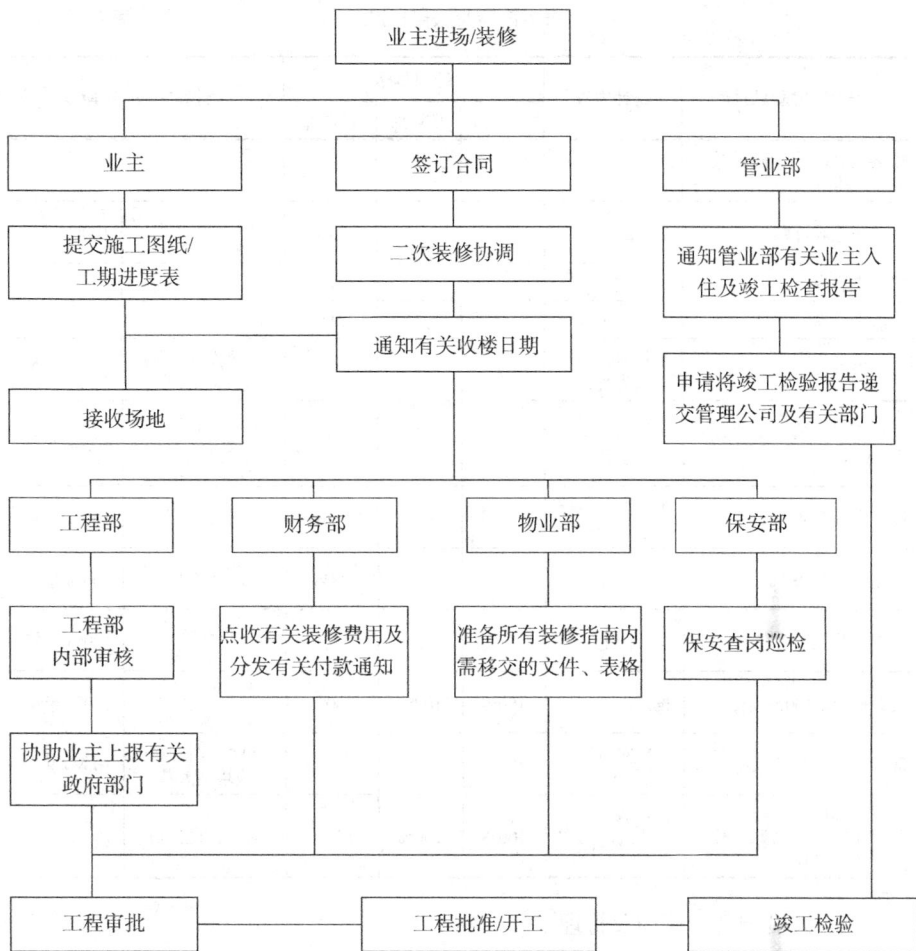

图6-4 ××物业公司二次装修管理工作流程图

5）物业管理服务目标及指标承诺

根据国家相关物业评审标准的规定，物业服务企业在投标文件中可以提出接管投标项目后将达到的总体管理目标及分项指标承诺，以及完成这些指标任务所需采取的保证措施。

物业管理服务总体目标一般是指接管项目后将达到的整体的服务效果，为达到这一整体效果，可以将总体目标按照服务内容的类别进一步分解为若干个分项目标。

作为投标的物业服务企业，针对目标物业，依照国家有关规定，向业主委员会作出对于服务内容及服务标准的相应承诺，表6-1为长沙市某物业公司投标文件中有关服务内容及服务标准的相关承诺列表。

物业管理服务目标除了分项目标外，还包括创优目标，即接管项目后多长时限内获评市优（市物业管理优秀项目）、省优、国优等。

服务内容及服务标准 表6-1

管理中心质量目标	统计方法	部门目标			计算方法 / 周期	
		行政部	品管部	客户部		
顾客综合满意率不低于95%，其中：						
安全防范满意率	半年抽样调查表统计			93%	（满意+较满意）/回收有效表格数	100%/半年
绿化满意率	同上			94%	同上	
清洁满意率	同上			94%	同上	
有效投诉率≤8%	半年对投诉记录表统计	≤2%	≤2%	≤4%	有效投诉件数/投诉总件数	100%/半年
维修服务零修、急修及时率100%	半年对派工单统计			100%	（派工单总数—不及时单）/派工单总数	100%/半年
设备完好率98%	半年对日检记录表统计			95%	正常设备数/设备总数	100%/半年
房屋完好率98%	每年末进行检查并统计			98%	完好房屋总数/房屋总套数	100%/半年
关键公共设施完好率98%	同上				正常设施数/设施总数	100%/半年
投诉处理率100%	投诉记录统计	100%	100%	100%	投诉处理件数/投诉总件数	100%/半年
员工上岗培训率100%	每年对培训记录统计	100%			实际培训人数/应培训人数	100%/季度
经理、部门的管理人员持上岗证100%，特殊工种岗位持证率100%	每年对培训记录统计	100%	100%	100%	实际持证人数	100%/半年

（3）人员配备、培训及管理

优秀的物业管理服务团队是为业主提供优质服务的前提，而完善的薪资体系、良好的职业规划及有效的管理机制，是建立一支优秀物业服务团队的基础。首先，在标书中，应充分说明接管目标物业后，各部门的岗位设置及人员配备人数，并重点介绍各部门管理人员的教育背景、职业背景及服务技能等。其次，要详细介绍企业员工培训计划，包括培训课程的设置、培训实施流程及培训方式、培训目的等。再次，结合企业自身的理念及企业文化，在标书中还应将企业的员工管理措施及激励机制展现出来，包括员工的选聘、考核、奖惩及淘汰机制等。充分展示物业企业的综合实力及服务的专业性，提高中标的成功率。

表6-2是××公司培训课程一览表。

（4）物业管理服务用房及其他物资装备配备方案

投标企业根据为投标项目提供物业服务的需要，以遵守物业管理法律法规为前提，向招标方提出物业管理服务用房及相关物资装备等要求。物资计划包括人力、物力、财力等，计划的提出与实施，应本着高效、合理、实用的原则。在人力资源配备上，应突出人员与岗位的匹配；在财力储备上，应强调拟投入前期开办费及增建改建项目的资金数额；在物资配备计划中，要包括行政办公用品、维修工具、交通工具、消防装备等计划与安排。计划与方案做得越详细，物业管理服务成本的核算也就越清晰，同时也为招标方及评委在评标、议标及定标时提供了与标底进行比较的参考依据。

×× 公司培训课程一览表　　　　　　表 6-2

序号	部门	课程	备注
1	服务处全体	项目基本概况	项目情况及周边
2		基本管理制度	人事管理制度
3		服务意识	——
4		基本礼仪礼貌及着装要求	——
5		消防培训	灭火常识及消防安全
6		危机管理	——
7		环境健康理论	——
8	人事行政部	行政系统	——
9		人事系统	——
10		培训体系	了解培训体系并实施
11	客户服务部	部门制度及岗位职责	分不同岗位进行
12		电话用语及礼貌培训	——
13		客户服务意识	——
14		租户/用户手册	——
15		报修操作流程	分为手写报单操作和计算机化操作
16		客户服务系统培训	包括客户危机管理
17		二次装修管理	配合工程部、保安部进行
18		紧急事件处理预案及职能划分	包括日常演习
19		保险索赔	配合财务部进行
20		保洁管理	包括保洁质量核查、特殊情况处理机清扫
21	工程部	部门制度及岗位职责	分不同岗位进行
22		行为、礼仪规范要求	包括入户维修
23		维修及保养	分各系统进行
24		物业验收和交接	
25		二次装修管理	配合客服部、保安部进行
26		应急维修事件处理及职能划分	包括日常演习
27	安全管理部	部门制度及岗位职责	分不同岗位进行
28		项目设备初解	
29		保安员安全训练课程	包括体能训练
30		二次装修管理	配合客服部、工程部进行
31		消防知识训练课程	包括日常演习
32		应急维修事件处理及职能划分	

（5）档案的建立与管理

物业档案资料是物业服务重要的原始资料，物业服务企业应本着集中化、有序化、信息化的原则，顺应现代化、智能化物业服务的发展趋势，从原始的纸质档案逐渐向电子档案转变。物业服务企业要实现双轨制档案保管制度，制定好各岗位、各服务项目的档案管理规定，档案资料的建立主要做好收集、整理、归档、利用四个环节。其中，建筑物原始档案资料包括产权资料、技术资料、竣工验收证明、设备施工安装资料等；业主档案包括原始的业主售楼资料、装饰装修申请资料、房屋维修资料、业主投诉建议资料等；机电设备管理档案包括原始基础资料、运行管理资料、日常运行资料和工程改造资料等。所有这些都需要进行分类，建立档案管理系统，并进行动态管理。

（6）规章制度

健全、规范的物业管理规章制度是推动物业管理和服务走上科学化、规范化和制度化轨道的动力，也是塑造品牌物业的保证。物业管理的规章制度主要包括三个方面：一是公司内部管理制度；二是公众管理制度；三是物业辖区综合管理制度。

公司内部管理制度包括：决策和领导制度（董事会制度、总经理制度），职能制度（财务部管理制度、客服部管理制度、安全管理部管理制度、工程部管理制度、综合部管理制度等），岗位制度（管理人员岗位职责、操作人员岗位职责等），内部管理运作制度（员工行为规范、员工培训制度、客户回访制度等）以及考核和奖惩等制度。

公众管理制度主要包括：业主公约、住户手册、业主管理委员会章程等。

物业辖区综合管理制度主要包括：房屋管理规则、环境卫生管理规则、门禁出入管理规则、车辆出入管理规则等。这些规则应该尽量细化并具有操作性，因为只有具备完善而规范的管理制度的投标企业，才可能为目标物业的业主提供优质而高效的服务。

（7）便民服务

社区服务的宗旨即：以人为本，服务第一。随着经济的发展和人们生活水平的提高，业主对物业服务的要求也在不断改变。物业企业除了提供基本服务内容之外，应针对业主不同年龄、不同职业、不同文化层次等的需求，提供便利、高效、专业的特色服务。物业服务企业在提供多元化服务满足业主多元化需求的同时，也需明确有偿和无偿的范围，以实现企业经济效益与社区环境效益、社会效益的和谐统一。

表6-3为××物业公司为小区业主提供的便民服务一览表。

（8）社区文化服务方案

随着人们物质和文化水平的日趋提高，人们对于体现生活质量和品位的人文环境的要求也越来越高。开展形式多样的主题活动，丰富业主的文化生活，倡导和谐、高雅的新型社区文化生活理念，创造安全舒适、环境优美的社会环境，物

××物业公司便民服务一览表　　　　表6-3

无偿服务			有偿服务		
类别	编号	项目内容	类别	编号	项目内容
商务服务	01	居室装修咨询	保洁服务	01	清洁空调（30元/台）
	02	待租汽车		02	清洁地毯（3元/m²）
	03	代办旅游手续		03	清洁玻璃（5元/m²）
	04	代订车、船、飞机票		04	拆装、清洗窗帘（3元/m²）
	05	代寄代领邮件		05	开荒保洁（6元/m²）
	06	代订报刊、杂志		…	…
	07	临时代为保管小件物品		…	…
礼仪服务	01	代联系举办喜事庆典	维修服务	01	换门锁（50元/次）
	02	代联系摄影、摄像		02	小件物品维修（50元/次）
	03	代送鲜花、礼品		…	…

业企业责无旁贷。投标企业在撰写投标书时，要将物业服务企业社区文化建设的总体构想、总体思路以及保障体系等加以介绍，特别要对拟开展的社区文化活动计划作重点介绍。社区文化活动的形式主要有以下几种：

1）利用小区的公共空间、场所以及各种传媒工具，组织开展以环境保护、社区公益、共度佳节为主题的各种活动，包括组织各类体育比赛、文娱表演、环保演讲、节日灯谜竞猜等活动，以此增进邻里之间的感情，增强业主的社区归属感和自豪感。

2）开展以促进家庭和睦、加强亲子沟通为主题的各类文明家庭、文明住宅小区创建活动，通过这些活动增进人与人之间的相互了解，倡导家庭和谐及尊老爱幼等，反映出层次高的物业管理小区的精神风貌和道德风尚。

3）开展人际交往，推进"社团"的活动。物业服务企业可以组织一个活跃的社团，开展丰富多彩的社区活动，比如儿童诗歌朗诵比赛、相亲大会、广场舞比赛等，甚至可以组织业主结伴海外观光旅游，以物业服务企业为核心，增强业主的凝聚力。

（9）物业维修养护与维修基金管理

物业维修养护是物业服务的重要内容，包括公共设施的维修养护、房屋维修管理及房屋设备的维修养护三大内容。其中，公共设施的维修养护主要包括区内道路、沟渠池井、停车场、室外照明、园林绿地等；房屋维修管理主要包括房屋承重及抗震结构部位、公共消防通道、外墙面、公共屋面、公共通道门厅楼梯间等；房屋设备的维修养护主要包括电梯设备、给水排水设备、供用电设备及空调、供暖设备等。投标企业在标书中应充分阐述物业服务企业在物业日常维修和定期养护方面的计划和实施方案。物业维修养护有时需动用业主的维修基金，投标文件应结合物业本身的特点除重点说明维修基金的建立与增值情况外，还要重点说明维修基金的管理制度，包括维修基金的管理使用程序、维修基金的用途、维修基金账目的管理制度等，制订详细的维修基金管理方案。图6-5是××物业公司设施设备维护流程图。

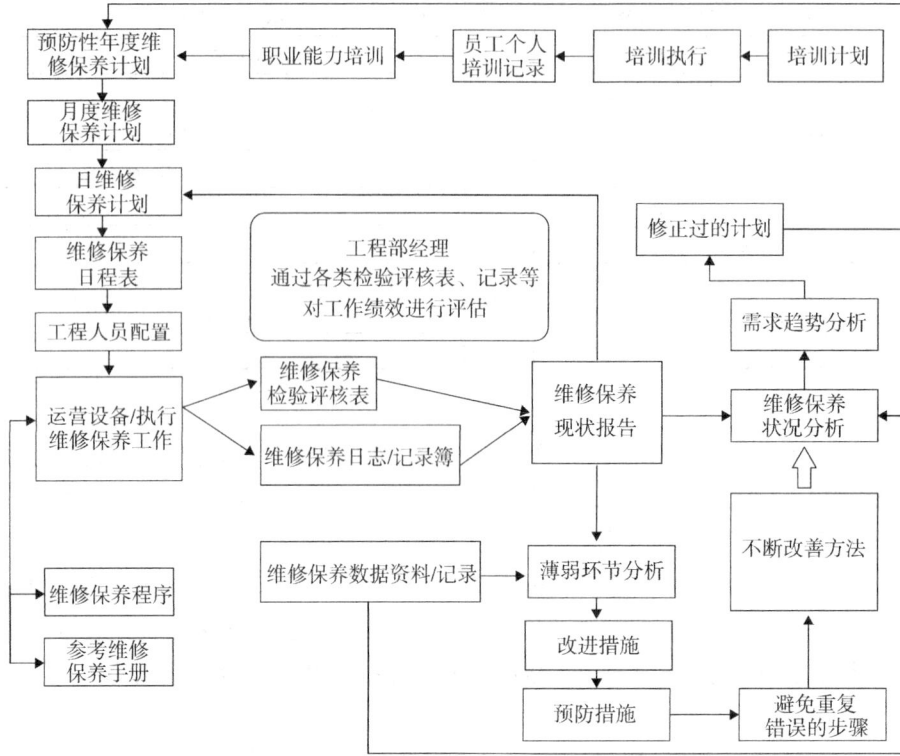

图6-5 ××物业公司设施设备维护流程图

（10）智能化系统的管理与维护

随着信息社会、知识经济的发展，智能化管理系统与物业服务工作日益紧密相连，办公自动化、小区服务信息化水平的提高，均能有效提高物业项目的档次。投标企业可以根据目标物业的定位及企业自身的实力，有针对性地提出目标项目的智能化管理方案，主要包括智能化管理系统的组成及日常运行方案以及智能化系统的保养与维护等。

（11）应急预案

危机是一种会引起潜在负面影响的具有不确定性的大事件，这种事件的后果可能对组织、财产、人员、服务和声誉造成巨大的损害。危机出现可能有三种情况：一是人为因素，二是技术因素，三是刑事案件，它们的发生都是不可预知的，因此要做好应急预案，防患于未然。

在应急预案中应建立危机管理系统，增强应急处理能力；明确各部门、各岗位工作职责，通过组织内部运行，有效控制可能出现的风险因素；积极寻找危机根源、本质及表现形式，通过组织努力降低风险；建立危机管理机构并加强定期的应急演练措施等。

表6-4为××物业公司各部门应急预案汇总表。

××物业公司各部门应急预案汇总表　　　　　　表6-4

所属部门	应急预案
客服部门	匪警的应急处理预案
	爆炸及可疑爆炸物品的紧急处理预案
	对打架斗殴等情况的处理预案
	对客户挂失财务情况的处理预案
	对死亡事件的应急处理预案
工程部门	供水、跑水应急处理预案
	天然气泄漏和空调故障应急处理预案
	电梯困人救援应急处理预案
	电梯迫降的应急处理预案
	停电临时供电应急处理预案
	防汛事件应急处理预案
	高空作业坠落事故应急处理预案
	自然灾害的应急处理预案
保洁部门	雪天清扫应急处理预案
	跑水紧急处理预案
保安部门	对抢劫、盗窃、凶杀、绑架等刑事案件应急处理预案
	爆炸及可疑爆炸物品的应急处理预案
	火灾事件应急处理预案
	防汛事件应急处理预案
	租户单元发生刑事和治安灾害事故应急处理预案

（12）物业服务费用的收支预算方案

物业服务费用收支预算是投标书的重要环节，也是招标单位及评标专家重点关注的内容。物业服务收费既直接关系到目标项目业主的切身利益，同时也是保证物业服务企业正常运作的基础。物业服务费用收支预算方案，应该在国家物业管理相关法律法规及当地政策允许的框架内，结合目标物业的服务项目、费用开支进行编制。经费预算应遵循取之于民、用之于民的原则，根据物业所需提供的服务类别、服务内容及服务档次等，分别计算费用开支，以各区域为独立核算单位，按实际开支预算，把各项服务费用按总的使用面积进行分摊计算出服务费的标准。

在标书中，可以详细将收入与支出预算分别列项，并简明扼要地提出各功能区的服务标准及服务成本，分析收入和支出的构成情况。一般包括：物业服务费用的测算及收费标准；服务收支预算表；未来三年收支预算简况；提高服务标准后，收支经费预算一览表等。还可以对物业服务费用进行方案盈亏分析，同时编制出相应的增收和节支的方法等。表6-5为一般物业企业服务费用基本收支一览表。

物业服务费用基本收支一览表   表6-5

收入测算	支出测算
目标物业的管理费用	员工工资、福利、津贴等
维修基金每年的利息收入	各项服务成本支出
自营收入	企业办公及管理费用等
其他服务收入	其他有关开支

4．附件

附件是招标文件的重要组成部分，是对标书正文内容的补充说明和细化。附件的数量以及内容根据招标文件的规定确定，此部分主要以图表、需单列的演算过程、各类证书、保函、报价单等形式出现，具体包括：

（1）企业资格证明材料。包括企业营业执照、税务登记证、组织机构代码证以及由行业主管部门颁发的企业资质等级证书、授权书、代理协议书等。

（2）企业简介。简要介绍投标企业的发展历史、资质条件及获奖证明等。

（3）项目管理人员简历。欲派往目标项目的项目负责人及主要技术人员的学历、职业背景及从事本行业的从业资质。

（4）物业服务费用的测算依据及具体演算过程。

（5）企业资信证明材料。保函、已履行的合同及商户意见书、中介机构出具的财务状况书等。

（6）企业对合同意向的承诺。包括对承包方式、价款计算方式、费用收取等情况的说明。

（7）其他有益于中标的文件、材料和相关说明等。

（8）招标文件中要求提交的其他附件。

6.2 物业管理投标文件的编写

6.2.1 物业管理投标文件的编写技巧

物业管理投标书是投标人对于投标前期工作的总结，是投标人投标意愿、投标报价与目标的集中体现，是投标单位向招标方宣传自己、推介自己的一份重要文件，其编制质量的优劣将直接影响投标结果。因此投标文件的编制应注重以下几个方面：

（1）仔细研读招标文件，充分理解招标方需求。投标人首先应对物业招标文件进行细致地分析与研究，了解招标方对于目标物业的服务要求与具体内容，针对招标物业特点，制订出针对性强、执行率高、能满足招标方需求的物业管理工作计划和服务方案。标书中所提及的内容应与现行法律、法规相一致，并与招标文件的要求相呼应，即对招标文件作出实质性的响应。

（2）针对目标物业，凸显企业优势。一些企业在编制标书时，并没有对目标项目进行深入透彻地研究，编制的标书在内容上缺乏针对性，甚至直接引用其他企业或本企业其他投标项目的标书，这样的标书不仅不能给评委留下良好印象，反而会让他们心生反感。为保证自己的竞标方案具有针对性，首先要对目标物业进行充分地实地勘探，了解未来物业的状况及物业服务的要求与期望。其次，在投标文件中凸显投标方自身的企业实力与管理经验，并有的放矢地制定彰显投标企业自身管理能力和服务水平的独具特色的物业服务方案。

（3）方案切实可行，不作过高承诺。编制标书要注意实事求是，切勿为了增加中标机率而在标书中作一些超出企业能力范围的承诺，为中标后的兑现承诺埋下隐患。投标人应本着诚实守信的原则，结合企业自身的实力，在企业能力水平范围内，设计合理的报价及服务标准，编制出切实可行且具有自身服务特色的标书。

（4）书写格式规范，投标报价合理。首先，编制投标书应使用国家统一颁布的行业标准和规范；其次，投标书的文字与图纸是投标者借以表达其意图的语言，它必须要能准确表达投标公司的投标方案，因此，简洁、明确、文法通畅、条理清楚是投标书文字必须满足的基本要求。编制投标书时，切忌拐弯抹角、废话连篇、用词模棱两可，应尽量做到言简意赅，措辞准确达意，最大限度地减少招标单位的误解和可能出现的争议。另外，图纸、表格较之于文字在表达上更为直接，简单明了，但这同样要求其编写做到前后一致、风格统一、符合招标文件的要求。最好能以索引查阅的方式将图纸表格装订成册，并和标书中的文字表述保持一致。最后，应根据招标项目的实际情况，结合企业自身的实力，科学测算相应的服务价格，合理报价。

6.2.2 物业管理投标文件的编写注意事项

1. 总体要求

在投标文件的编写过程中，应注意以下几个问题：

（1）确保填写无遗漏，无空缺。投标文件中的每一空白都需填写，如有空缺，则被认为放弃意见；重要数据未填写，可能被作为废标处理。如果在投标报价中有某一项或几项重要数据没有填写，一般认为此项费用包含在其他单价或总价中，投标人不得以此提出修改、调整报价的要求。

（2）不得任意修改填写内容。投标方所递交的全部文件均应由投标方法人代表或委托代理人签字；若填写中有错误而不得不修改，则应由投标方负责人在修改处签字。

（3）填写方式规范。投标书最好用打字方式填写，或者用墨水笔以正楷字体工整填写。除投标方对错处作必要修改外，投标文件中不允许出现加行、涂抹或改写痕迹。

（4）不得改变标书格式。若投标公司认为原有标书格式不能表达投标意图，可另附补充说明，但不得任意修改原标书格式。对招标书响应若有偏离，应作出说明，并附偏离度表。

（5）计算数字必须准确无误。投标公司必须对单价、合计数、分步合计、总标价及其大写数字进行仔细核对，确保计算及数字表述准确无误。

（6）报价合理。投标人应对招标项目提出合理的报价。高于市场的报价难以被接受，低于成本价将被作为废标，或者即使中标也无利可图。因唱标一般只唱正本投标文件中的"开标一览表"，所以投标人应严格按照招标文件的要求填写"开标一览表"、"投标价格表"等。

（7）包装整洁美观，并按规定对投标文件进行分装和密封。投标文件应保证字迹清楚、文本整洁、纸张统一、装帧美观大方，按规定的时间封装并送达，凡是以电报、电话、传真等形式进行的投标，招标方概不接受。

（8）严守秘密，公平竞争。投标人应严格执行各项规定，不得行贿、徇私舞弊；不得泄露自己的标价或串通其他投标人哄抬标价；不得隐瞒事实真相；不得做出损害他人利益的行为。否则，该投标人将被取消投标或中标资格，甚至受到经济和法律的制裁。

2．技术标编制要求

物业管理方案包括商务标和技术标两大部分。商务标主要是介绍企业基本情况、人员设备配备情况以及投标报价等；技术标主要包括投标企业对拟投标项目的管理服务方案及管理运作方案。一份内容详实、独具特色的技术标书，能在较短的时间内吸引评委的关注，从而在众多投标人中脱颖而出。因此，在技术标编制中，应该注意以下几点：

（1）专业性。标书的编制一定要体现较高的专业水准，因此，参与标书编制的人员，一定要做到五个熟悉：熟悉物业管理相关政策法规、熟悉各岗位工作运行程序、熟悉投标文件的格式及内容、熟悉企业总体情况、熟悉成本测算方法及相关材料等的市场价格。一份专业性很强的标书，能让招标方及评委在第一时间对投标企业建立信任和信心。

（2）响应性。一定要认真研读评标办法，评标办法中对技术标的评分标准一般分为若干项目并分别赋予相应的分值。技术标的编制一定要响应评分标准的要求，严格按照评分标准进行编制，不得有缺项和漏项，并在目录中明显标注出评分标准的内容，让评委在较短时间内就能找到他们所关注的内容。

（3）独特性。标书内容如果平淡无奇，没有技术亮点，也没有让人耳目一新的管理方案，就很难在评标中胜出。因此，投标人在编制标书时，一定要针对投标项目本身的特点及本企业的优势，深刻领会招标人的招标意图，深入挖掘并充分展示标书在技术、服务、管理方案等领域的创新点，做到人无我有，人有我优，使标书对招标人及评标专家产生更大的冲击力和吸引力。

（4）可行性。切忌为了凸显技术水平的先进性或管理方案的独特性，盲目提出超出能力范围的投标承诺，给中标后的具体实施带来隐患。投标方案一定要切实可行，并具有价格竞争力。

【示例二】

×××物业管理服务有限公司长沙分公司
德思勤城市广场B区前期物业服务投标文件

目　录

第一部分　前　言

　　××物业管理服务有限公司长沙分公司非常荣幸能够收到贵司就此次招标的邀请，并有机会提供投标书。本标书中，详细阐明了我们将如何协助并配合贵司做好本次招标的德思勤城市广场B区项目的物业管理工作。

　　本标书中，我们根据德思勤城市广场B区理念，在招标范围内分别提出针对特点设定的、不同的管理服务内容，并针对这些管理服务内容提出适当的管理服务方法。××物业管理服务有限公司长沙分公司将在提出管理服务的同时，做好管理服务体系，使管理有依可循，服务有规可参。

　　借此机会，××将以雄厚的实力以及现有的全球资源与贵司建立广泛的合作体系，使贵司的项目得到保值与增值。

　　××除拥有百年管理经验外，对管理服务体系、管理手段、管理思路、质量核查监控、服务设定及质量保证等方面，均具有国际第一的超前体制和思路，在同行业公司的比较之中，××不论在管理服务实力、公司总资产还是公司发展史及全球分布上均处于世界首位的位置，在国内服务质量排名中，××排名在外资公司中居于首位。在发展的240年中，××一直本着严谨、诚实的职业态度为各国各类建筑提供配套服务。

　　××作为现今全球最具影响力的房地产配套服务公司，祈望与贵司的合作，××愿分享自身在发展240年过程中积攒的管理经验，通过对项目的物业管理顾问服务，使项目的管理水平、服务水平均达到国际现代化水准。

第二部分　企业综合说明书

2.1 公司概览

　　××（纽约证券交易所代号：CBG）总部位于美国加州，是"财富500强"和"标准普尔500强"企业，为全球最大的商业地产服务公司（按2011年的营业额计算）。公司拥有员工约×××名，通过全球××多家办事处，主要为地产业主、投资者及承租者提供服务。

　　××是拥有200多年历史的全球房地产行业的领导者，客户可通过××获得多种不同的可行方案，尽享一站式策略顾问服务。以亚洲地区内超过五十个办事处为业务网络，包括柬埔寨、中国大陆、中国香港、印度、日本、韩国、马来西亚、菲律宾、新加坡、中国台湾、泰国及越南，我们能够协助客户拓展当地市场，及在迅速发展的市场中实现卓越成果。

　　我们着眼于了解客户业务、研究市场动态，这是我们在瞬息万变的市场上应变自如、与客户建立长久关系的准则。凭借我们遍及全球、覆盖区域及本地的市场网络，××为客户提供最广泛、全面的服务，满足其各种不同的需求。

　　××物业管理服务有限公司长沙分公司成立于××年×月，注册资本×××万元，是一家具有××资质的物业服务企业，专业提供高水准、全方位的物业服务。现有员工××人，其中大专及以上学历占员工总数的×，在成立不到×年的时间内，公司先后承接××个项目，其中承接投标同类项目×个，具有较为丰富的物业管理与服务经验。

　　企业营业执照和物业服务企业资质等级证书的扫描件（略）。

2.2 公司竞争力

　　1. 全球最大的商业房地产服务公司；

　　2. 总部位于美国加州洛杉矶，为"财富500强"及"标准普尔500强"企业；

　　3. 公司拥有员工约34000名，通过全球300多家办事处为地产业主、投资者及承租者提供服务；

　　4. 本地智慧及全球网络的优化组合；

　　5. 提供最全面的综合性服务；

　　6. 在世界商业中心的领先地位；

　　7. 国际化、一致性、着眼于客户的服务质量；

　　8. 全球网络及本地专长相结合；

　　9. 完善的专有数据库，确保获取市场研究最新资讯；

10. 完善的企业架构，充分发挥团队专业经验；

11. 智慧资本及信息科技资源，提供卓越的分析研究和服务工具；

12. 广泛认可的业绩记录，满足客户不同的房地产需求。

2.3 公司信誉及成果

××自成立以来，荣获无数企业荣誉，如：唯一入选财富500强的商业地产服务公司，美国绿色建筑委员会卓越领导奖，美国环保署能源之星可持续卓越大奖等，××中国区分公司遍及全国，中国区业务覆盖超过100多个中国城市，获得国优、省优项目共×××项，在业内具有良好的声誉。

××物业管理服务有限公司长沙分公司自成立以来，依托××强大的综合实力，并运用制度化、程序化、标准化等手段开展科学管理和优质服务，不断提高企业竞争实力，并能根据客户的需求，提供产品及服务的定制组合，使我们的客户，无论大、小，本地公司或跨国企业，均可得到理想的效益及回报。

各类资质及荣誉证书的扫描件（略）。

2.4 公司组织机构（略）

第三部分　拟派项目主要管理人员介绍

3.1 公司管理人员简历

公司顾问：×××

公司总经理：×××

公司副总经理：×××

公司办公室主任：×××

3.2 拟派项目项目经理及技术负责人简历（略）

3.3 拟派项目各部门主管简历（略）

第四部分　物业管理服务方案

4.1 项目概况及管理重点

4.1.1 项目概况

德思勤城市广场项目B区写字楼及公寓项目，销售为销售展示区，两者具有不同的运行模式和运行特点，客户群的要求差异也很大，如居住客户则希望人流量很少，以保障居住环境的舒适和安全；展示区则应付相对多而复杂的人流，在对客服务的第一时间内为客户创造强烈的感觉冲击。对应这些特点，我司将在管理上分出适合的分区和相对应的客户服务人员，通过不同业态所需管理服务在时间上的不同，针对性地提出所对应的管理方案。

4.1.2 项目整体管理重点

物业管理的核心业务即工程管理，包含简单的电、水、网络等生活办公元素，同时包括电梯、消防、空调等元素。这些元素在日常提供时，常常被客户忽视，但一旦在某一方面出现任何问题，即会引起较大范围的影响，从而导致强烈的投诉和不满。

从项目整体管理服务的角度上，我司确定工程管理的重要性，保证日常各个系统运转的正常，保证每个设备设施的能效以及应有的使用系数。对于高档住宅管理，安全、私密性越来越成为商务人士注重的关键点，我司配合开发商在初期即提出有关安全管理方面的建议，首先从技防上给购买者以安全的保障。在服务中，我司将选择提供带有部分商务性的公寓类服务，连同日常家居服务一并提供。管理服务品质要求酒店式星级标准。

4.2 管理服务理念及目标

4.2.1 管理理念

1. 专业精神和专业经验是保证资产服务品质的基础。
2. 细节决定服务品质的高低。
3. 完善的制度不等于完善的管理。
4. 观念和意识决定前线人员的执行力。
5. 提高员工的满意度有助于提升客户的满意度。
6. 要一直满足客户需求，就要不断完善服务品质。
7. 客户投诉有助于改善管理与服务。

4.2.2 服务策略

1. 通过卓越的前期顾问服务，使项目更加符合各客户的需求。
2. 通过颇具影响力的品牌效应，能吸引国际客户。
3. 凭借悠久、优质的管理经验，提升物业的管理品质和价值。
4. 利用强大的国际客户资源及网络，协助投资者获得最优投资回报。
5. 物业管理的核心是资产管理，最终目的是保证资产保值增值，为资产所有权人提供最佳回报。

4.2.3 管理服务目标

1. ISO 9001质量品质认证。营运期管理服务开始，我司即主导推行实施ISO 9001：2000国际质量管理体系，并在实施物业管理服务后的一年内为项目取得相应认证。
2. ISO 14000环境管理体系。从基础保洁管理至空气品质管理，我司一贯要求环境管理符合ISO 14000的要求，并为项目取得该认证。
3. 省级优秀物业管理项目。在项目实施运营管理后的两三年内，根据相关省级规范，在达到省级优秀物业管理项目评审条件后，我司将在征得业主认可的情况下申报省级优秀物业管理项目，并为本项目取得该荣誉。
4. 国优级物业管理项目。与评选省级优秀物业管理项目相同，我司将为该项目达到评审条件后进行申报，并取得该荣誉。

4.3 项目管理机构运作方法及管理制度

4.3.1 管理机构设置

1. 专案小组构架。CBRE将委派高级管理层精英针对项目的物业管理工作提出建设性的意见，根据贵司的要求进行专业、认真地工作。

我们的专案小组将确保积极的工作态度，保证资源最大化。他们的职责是为物业管理策略提供指导性意见并且在筹备阶段给予有针对性的建议。

由我司为本项目成立"项目专案小组"，小组成员由物业、工程、保安、财务、人事行政、培训等专业顾问成员组成，每月提供一次，每次两天且不少于两人，根据本项目不同阶段的需求，提供专业的巡场服务，如：根据实际需要召开顾问工作会议、提供现场顾问巡视、根据计划提供顾问培训并提供顾问工作报告等，其余时间均应以电话、电子信函等方式保持沟通联络。示例二图6-1为我司项目专案小组结构图。

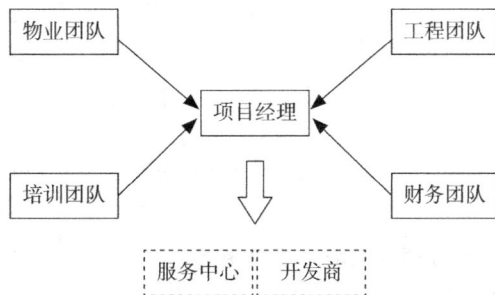

示例二图6-1 项目专案小组结构图

2. 强大的支持后盾和质量监督团队

我司在管理基础上同时建立了五大委员会，即运营委员会、质量监督委员会、工程委员会、财务及采购委员会、人事资源管理委员会，在项目管理及运营中给予适当的监管和适时辅助帮助，使项目的运营管理能在最短时间内进入良好运营管理阶段，并予以持续。对项目内可能出现的棘手事件，我司在各项目内调取了有多年管理操作经验的人员组成紧急救援小组时刻给予"救援"。紧急救援小组人员平日即在各自项目中从事管理工作，在某一项目出现紧急问题需要帮助时，我司将从小组中调遣最近的相关人员到达给予解决或建议。

委员会将在管理质量、技术力量、后备支持等方面提供协助，在项目的管理及运营方面给予保证。委员会将在项目中的各方面技术及管理骨干组织在一起讨论，从侧面对项目间的沟通起到了一定的作用，通过舒畅的沟通与协作，使团队管理运营能力加强的同时，也为各项目提供了强有力的支持。各委员除日常沟通外，也定期在总公司开展会议，讨论共性问题。

示例二图6-2为我司项目救援及后备支持团队结构图。

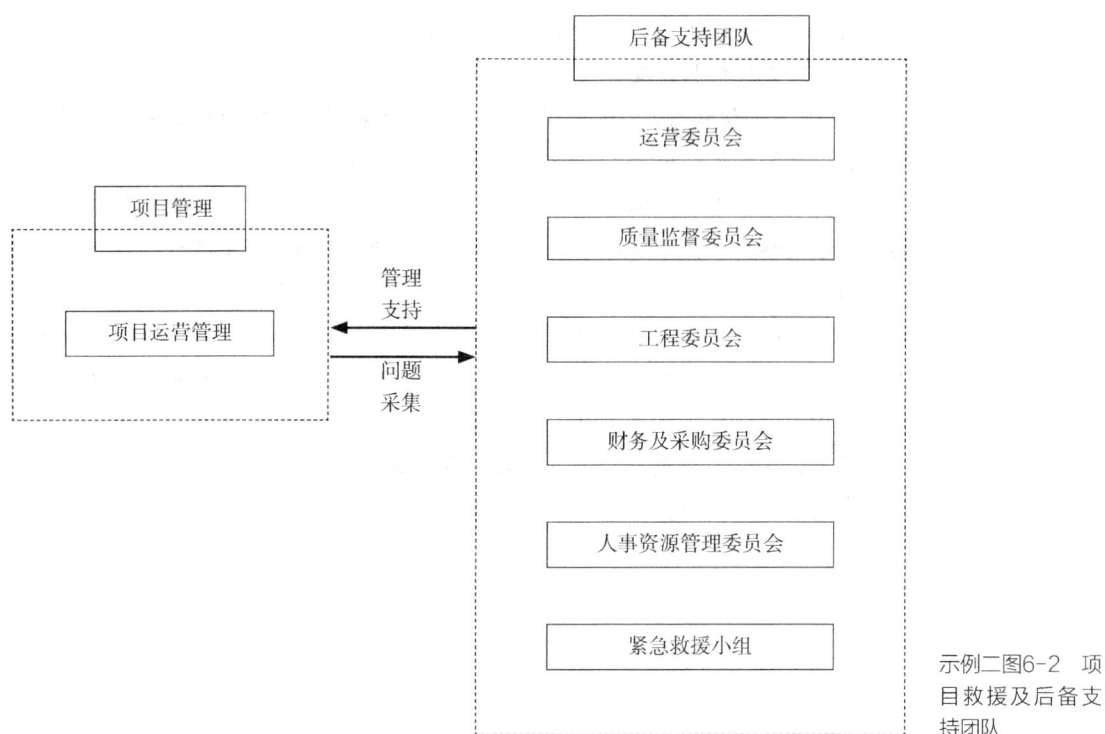

示例二图6-2 项目救援及后备支持团队

4.3.2 德思勤广场各项专业物业管理制度

1. 财务部管理制度

（1）财务部组织架构及岗位职责。

（2）财务工作职责。

（3）财务管理规定及管理制度。

（4）财务工作程序。

（5）物业管理公司财务交接项目明细。

（6）财务常用表格。

2. 客服部管理制度

（1）物业接管验收制度。

（2）入住管理制度。

（3）二次装修管理制度。

（4）业户投诉及回访管理制度。

（5）报修管理制度。

（6）空置房及租客管理制度。

（7）形象策划管理办法。

（8）前台服务作业规程。

（9）钥匙管理制度。

（10）客户档案管理制度。

（11）特约服务管理制度。

（12）商业推广活动管理制度。

（13）公共场地使用管理制度。

（14）社区文体活动管理制度。

（15）社区节日庆典装饰管理制度。

（16）社区宣传栏、标识系统管理制度。

（17）社区报纸、杂志、邮件投递管理制度。

（18）客服信息管理制度。

（19）业主满意度调查工作规程。

（20）户外广告管理制度。

3. 安全管理部管理制度

（1）安全员行为守则。

（2）安全员宿舍管理制度。

（3）安全员考勤管理制度。

（4）安全员岗位职责。

（5）安全员交接班管理制度。

（6）安全员仪容仪表、着装风纪行为规范管理制度。

（7）安全岗位检查制度。

（8）安全员班、组长竞聘上岗制度。

（9）安全员食堂管理制度。

（10）应急药箱管理办法。

（11）安全岗位操作规程。

（12）停车场管理制度。

（13）交通标识管理规程。

（14）消防安全责任制度。

（15）消防设备设施安全检查制度。

（16）消防器材使用管理规定。

（17）消防培训演练制度。

（18）消防安全档案管理制度。

（19）安全员警具管理制度。

（20）对讲机管理制度。

（21）义务消防队、消防员管理制度。

4. 清洁绿化部管理制度

（1）清洁绿化专用设备、工具管理制度。

（2）清洁绿化易耗品管理制度。

（3）清洁绿化用水管理制度。

（4）邻里中心保洁服务流程及管理规程。

（5）样板房保洁服务流程及管理规程。

（6）公共区域保洁服务流程及管理办法。

（7）化学消杀毒品管理制度。

（8）空置房清洁管理制度。

（9）固体废弃物处理办法。

（10）家政服务工作流程及管理制度。

（11）化粪池清掏管理制度。

（12）下水管清疏管理制度。

（13）花木栽植养护管理制度。

（14）绿化科普宣传管理制度。

（15）垃圾管理清运制度。

5. 工程部管理制度

（1）中央空调运行管理制度。

（2）供配电设备设施维修保养制度。

（3）给水排水设备设施维修保养制度。

（4）智能化系统维修保养制度。

1）周边防范系统；

2）闭路电视监控系统；

3）楼宇可视对讲及门禁系统；

4）小区出入口及地下车库停车场管理系统；

5）背景音乐系统；

6）多媒体箱系统；

7）电子巡更管理系统。

（5）消防设备设施维修保养制度。

（6）电梯故障处理规程。

（7）前期工程跟进管理制度。

（8）维修设备、工具、材料管理制度。

（9）居家零星维修管理制度。

（10）物业设备设施接管验收制度。

（11）工程值班管理制度。

（12）二次供水设备设施管理制度。

（13）物业本体维修管理制度。

6. 综合部管理制度

（1）行政管理手册

1）考勤管理制度（出勤、请假、加班、调休）；

2）办公环境管理制度；

3）保密制度；

4）出差管理制度；

5）车辆管理制度；

6）办公设备管理制度；

7）文书档案管理制度（电子文档管理、文件管理、人事档案管理）；

8）文件收发规程；

9）会议管理制度；

10）物资管理制度（物资请购、物资采购、物资仓储）；

11）资产管理制度；

12）工作服管理规定。

（2）人力资源管理制度

1）员工聘用制度（招聘、录用、试用、转正、调岗、辞职、辞退）；

2）岗位任职资格管理制度；

3）岗位证书管理制度；

4）人力资源调配管理制度；

5）公司内部沟通管理制度；

6）员工绩效考核评估管理制度；

7）员工奖励与惩罚细则；

8）员工培训管理制度；

9）薪资与福利管理制度；

10）企业文化建设管理办法。

4.4 物业管理服务整体设想和策划

4.4.1 物业管理区域管理服务重点、难点描述及应对方案

1. 整体分析

德思勤城市广场项目B区写字楼及公寓项目，两者具有不同的运行模式和运行特点，客户群的需求差异也很大。因此，我司将在管理上分出适合的分区和相对应的客户服务人员，通过不同业态所需管理服务在时间上的不同，针对性地提出所对应的管理方案。

（1）项目整体管理重点

物业管理中核心业务即工程管理，从项目整体管理服务的角度上，我司确定工程管理的重要性，保证日常各个系统运转的正常，保证每个设备设施的能效以及应有的使用系数。

（2）高档住宅管理

安全、私密性越来越成为商务人士或成功人士注重的关键点，我司首先从技防上给购买者以安全的保障。管理服务品质要求酒店式星级标准。

2. 运营期实质物业管理重点及应对方案

在建筑质量保证责任期内，对建筑缺陷的纠正进行监督。物业在使用的过程中，通常都会存在因考虑不周、施工问题或实际资金等方面产生的建筑缺陷，导致物业内部分元素使用不畅。我司在管理服务期间，作为管理者将对影响使用的建筑缺陷汇总并提出整改方案。在开发商或施工单位对建筑缺陷进行纠正施工时，作为管理方，我司将对施工时间、施工条件、施工人员做出等同于装修管理规定中的要求和管理，避免对楼体、设施设备或内部装修造成损失，避免影响客户的正常办公、营业和居住。

具体应对方案如下：

1）实施客户/租户装修管理；

2）操作手册和预防性维修保养计划；

3）准备和实施停车场管理计划；

4）开展和实施员工培训及人才计划；

5）采购程序的设立；

6）准备每月管理和财务报告，包括预算测算和差异说明报告。

4.4.2 项目分项物业管理指标

我公司严格按照CBRE标准执行以达到公司既定质量目标：顾客综合满意率不低于95%，具体见示例二表6-1。

绿化养护标准　　　　　　　示例二表 6-1

项目名称	项目内容	服务标准
草地、花带清洁率	无杂草、石块、树叶及剪下的枝干等	98%
草地完好率	草地无被践踏、破坏现象，及时植补完整，无黄土裸露现象	100%
绿化设施完好率	草地围栏、花池、喷泉、坐凳、园灯、警示牌等设施保持清洁完好	98%
草地生长良好率	草地不缺肥、不干死、不徒长，生长良好；平整美观、草编整齐，保持在3~8cm高	99%
花木整形修剪合格率	花木整形、修剪能满足园林功能的要求，符合花木生长规律，造型优美、景观丰富	99%
花木生长合格率	花木长势良好，及时补种，无残缺、损坏现象	99%
防止人为破坏率	劝诫行人、车辆不要践踏草地，在各个绿化地方设置各种提示标语	≤1%
病虫害防治及时率	病虫防治以预防为主，对已发病的花木、草地及时实施消灭病害、虫害	100%

4.4.3 人员培训

1. 员工培训计划

员工培训的计划性——即组织把员工培训纳入组织的发展计划之内，在组织内设有职工培训部门，负责有计划、有组织的员工培训教育工作。

示例二图6-3为我司员工培训计划流程图。

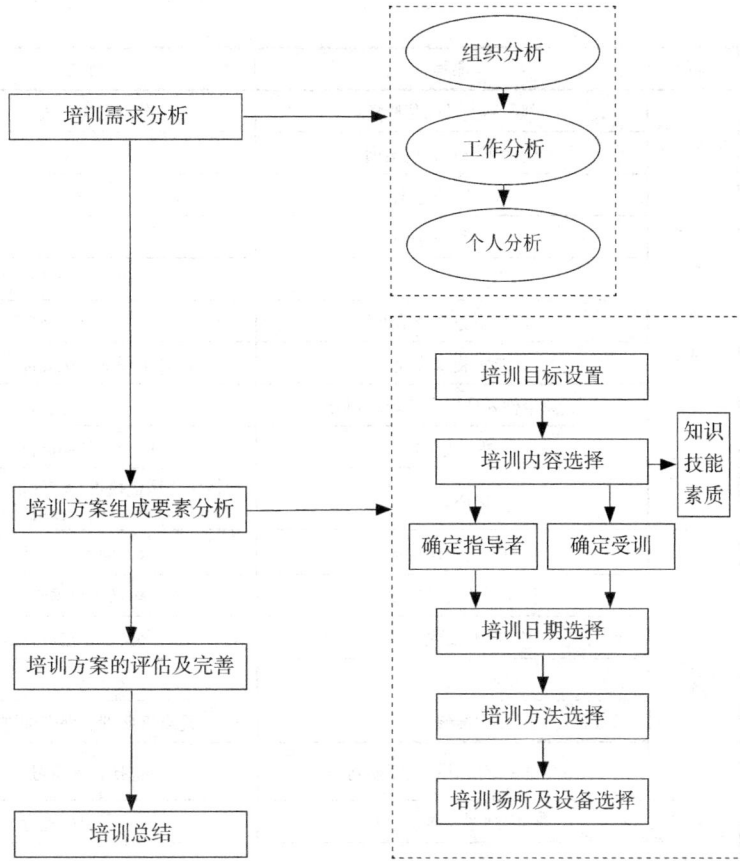

示例二图6-3 员
工培训计划流程图

2. 培训课程纲要

示例二表6-2为我司各部门培训课程体系一览表。

各部门培训课程体系一览表　　　　　示例二表 6-2

序号	部门	课程	备注
1	服务处全体	项目基本概况	项目情况及周边
2		基本管理制度	人事管理制度
3		服务意识	——
4		基本礼仪礼貌及着装要求	——
5		消防培训	灭火常识及消防安全
6		危机管理	——
7		环境健康理论	——
8	人事行政部	行政系统	——
9		人事系统	——
10		培训体系	了解培训体系并实施

序号	部门	课程	备注
11	客户服务部	部门制度及岗位职责	分不同岗位进行
12		电话用语及礼貌培训	——
13		客户服务意识	——
14		租户/用户手册	——
15		报修操作流程	分为手写报单操作和计算机化操作
16		客户服务系统培训	包括客户危机管理
17		二次装修管理	配合工程部、保安部进行
18		紧急事件处理预案及职能划分	包括日常演习
19		保险索赔	配合财务部进行
20		保洁管理	包括保洁质量核查、特殊情况（天气或紧急事件）处理机清扫
21	工程部	部门制度及岗位职责	分不同岗位进行
22		行为、礼仪规范要求	包括入户维修
23		维修及保养	分各系统进行
24		物业验收和交接	——
25		二次装修管理	配合客服部、保安部进行
26		应急维修事件处理及职能划分	包括日常演习
27	安全管理部	部门制度及岗位职责	分不同岗位进行
28		项目设备初解	——
29		保安员安全训练课程	包括体能训练
30		二次装修管理	配合客服部、工程部进行
31		消防知识训练课程	包括日常演习
32		应急维修事件处理及职能划分	——
33		火灾紧急处理办法	——

3. 培训考核

可采取多种形式对受培训人员进行考核，基本上以书面或口头两种形式进行。评估人应为部门主管，考核时间分为定时和不定时，在试用期结束、转正前进行考核，或续签劳动合同时考核，或每季度考核一次。

4.4.4 工程管理

1. 制定相关制度、流程、操作规范及紧急事件预案

（1）设备维修与养护管理制度。

（2）维修与养护计划。

（3）公共设施维护管理。

（4）设备修理计划。

（5）绿色、节能、装修管理。

2. 树立可持续维护保养的哲学观

（1）建立全面的预防性维护保养计划，包括所有建筑结构和设施设备。以这样的方式来实现24小时无故障运作，实现相对较低的运营成本。

（2）标准化的预防性维护保养和维修方案，帮助我们校准不同工种的工作人员和工作质量。

（3）通过内部或外部的检查安排这种平衡措施，以便提高日常维护保养和维修的工作质量。

（4）充分利用自身现有的资源体系，以便帮助我们作出最好的管理决策。

（5）我们将把"提供最好的服务"作为一个长期承诺。必须不时地加强对员工的适当培训。

（6）利用信息技术帮助提高总体工作水平，使工作都行之有效，事半功倍。

3. 倡导绿色和健康的理念

（1）针对不同的机械设备进行能耗模式的检查，通过深入、全面的节能减排措施来降低运营的成本。

（2）与相关的政府部门、教育机构对于"绿色建筑"这一主题进行合作，并且获得支持和项目的专用基金，有利于推动整个建筑行业的可持续发展。

（3）为了租户、访客、业主的健康而提高室内空气质量，并且获得官方机构的认证，能在市场上获得额外的竞争优势，同时获得更大的回报。

（4）获得相关绿色组织的认证，如美国绿色建筑委员会，ISO 14000。这些能使我们在市场上比别人更有竞争优势，换而言之，使我们获得更大的利润回报。

（5）利用上述优点，创造一个对于公众而言，富有社会责任感的企业口碑，从而也提升了企业的市场形象。

4.4.5 清洁绿化及保证措施

1. 清洁管理

物业的清洁水准直接反映管理的素质。我们要对清洁外包公司的工作进行严格监督和检查，并在此基础上制定详细并且合适的清洁内容。我司将与清洁公司共同制定出详细的工作标准作为依据，开展日常的监督和检查工作。

（1）盥洗室的卫生设施及清洁（商业部分）。

（2）其他公共区域清洁。

（3）室内清洁服务。

（4）垃圾清运时间及路线管理。

（5）垃圾房管理。

（6）周期清洁检查方案。

（7）保洁工具及易耗品管理和控制。

（8）楼体外观清洁。

2. 清洁服务内容及标准（以商业部分作为基础，涵盖公寓部分）

示例二表6-3为我司的大堂及公用区域清洁服务内容及标准一览表。

大堂及公用区域清洁服务内容及标准　　　示例二表 6-3

作业项目	频率	作业标准
吊顶、铝门框、2米以上墙壁擦拭	1次/周	无尘、无污渍
地垫清洗、地面抛光	3次/周	光亮、无尘、无污渍
地面养护（打蜡或晶研处理）	1次/周	光亮、地面材质无磨损
垃圾容器清洗、消毒	4次/天	无异味、无污渍
金属件清洗并上光	1次/月	无手印、无污渍
地面牵尘	不断清洁	地面光亮、无尘
地毯吸尘	2次/日	地毯平整、无污渍
墙面、踢脚（擦拭）	不断清洁	无污迹、无尘
出入门（清洁剂擦拭）	不断清洁	无手印、污迹
烟灰缸、垃圾桶、植物盆、指示灯牌	不断清洁	无杂物、手印、污迹
消防、照明、空调设备	不断清洁	无手印、污迹

3. 垃圾管理程序

（1）我司将和清洁服务公司草拟垃圾管理文件，依照文件管理。

（2）制定垃圾处置和管理办法，其中明确垃圾的范围，管理处置的原则，组织管理体制，各有关岗位职责，客户责任、义务等，对垃圾从产生源头、收运过程及后续处置进行全过程监管。

（3）物业管理服务人员通过申报、备案等措施，加强监督，营造良好的商业环境，保证垃圾处理得当，符合生态环境要求。

（4）加强垃圾分类收集，根据《中华人民共和国固体废弃物污染环境防治法》中"城市生活垃圾应当逐步做到分类收集、储存、运输和处置"的规定，要求对垃圾进行分类收集。要鼓励业主分类投放垃圾，建立业主垃圾处置点，就地处理，减少垃圾二次转移。

（5）运用市场化运作机制，组建或对外聘请专业的垃圾收运处置公司，实行覆盖整个区域的垃圾密闭收运，定时、定点处置办法。

4.4.6 客户服务及保证措施

1. 客户服务理念

提出"SERVICE"服务理念

（1）S——Smile（微笑），即要求物业服务人员无论何时何地何种情况，都要对每一位客户报以主动、真诚、自然、友善的微笑；

（2）E——Excellent（出色），即要求物业服务人员对每一项即使最细微的服务，都要作为自己的庄严使命，做得完美；

（3）R——Ready（准备），即要求物业服务人员时刻为客户提供各项服务的准备工作，务必做到忙中有序、有条不紊；

（4）V——Viewing（看待），即要求物业服务人员把每一位客户都视为需要提供服务的宾客，使之享受真正的贵宾礼仪；

（5）I——Inviting（邀请），即要求物业服务人员在每一次服务时，都要热情诚恳待客；

（6）C——Creating（创造），即要求物业服务人员主动进行服务时要善于发现缺陷，完善服务程序，提高服务技能。

（7）E——Eye（眼光），即要求物业服务人员时刻关注每位客户，让客户感受到自己始终被关心、被尊重，并主动发现客户的潜在需求，及时主动地为客户提供服务。

2. 客户服务内容

（1）礼宾式服务

1）设置客户礼宾服务总台；

2）单元内水、电和电话线路维修；

3）单元内的装饰维修、清洁服务；

4）班车服务；

5）代订报刊、杂志；

6）邮件收发；

7）提供速递服务；

8）代订机票；

9）餐饮定位服务；

10）于各大楼大堂定期设置不同香味，香味以清淡怡人为主；

11）制定客户服务相关管理规定、服务流程、操作标准及紧急事件处理预案。

（2）客户服务管理

1）客户满意程度分析；

2）建立业主反馈途径；

3）设立业主热线电话，每天收集和记录业主的诉求和建议；

4）设立业主意见箱，收集来自业主的信息；

5）建立业主拜访制度，定期与业主进行交流，并作拜访记录；

6）定期（分批、分期）召开业主座谈会，了解业主的需求和动向；

7）全员动员热情接待和收集来自业主需的诉求，并及时反馈；

8）定期向业主发放意见调查表，以了解业主的需求；

9）做好业主回馈工作；

10）汇总业主反馈的信息，并作出决策，及时回馈给业主；

11）将信息进行分类、汇总、分析，并供管理层决策使用，以确定增设更多的服务项目，务求业主满意；

12）信息及时回馈业主；

13）将汇总结果和解决措施以书面的形式通知业主。

（3）公共关系维护

1）与内业主保持紧密之联络；

2）解答及处理业主之投诉；

3）通知突发事件，如电力中断、台风警告等；

4）业主与政府联络；

5）处理各项投标及合约。

（4）住宅部分服务扩展

我司在高档住宅管理中通过与客户的交流，一站式的管家专属服务，提供给客户一致性和持续性的服务，并对所提供的服务品质负全责。通过整合本地及跨区域充足资源的专业经验，创建同客户不同凡响的合作关系。

除在本标书中已阐述的管理内容和客户服务外，在高档住宅部分，我司将结合项目定位，设置以下服务：

1）英式管家服务

入住该项目的业主对管理服务标准具有相当高的期望，故此我司在提供恒久而稳定的良好服务素质的同时，结合客户对住宅不断提高的要求，我司综合各方面资产管理及顾问经验，针对该项目亦可提供英式管家服务，若干业主配备一名全职管家，并建立一套完整及切合实际需要的管家式管理方案，确保投资能有保障及增值回报。

针对该项目业主的生活、休闲的需要及自身实际情况考虑，资产管理中心在现行所提供服务项目之基础上，建议提供如下服务项目，具体见示例二表6-4。

管家服务总览表　　　　　　　　　　　示例二表6-4

服务项目	服务项目
代收邮件EMS快件	玻璃窗清洁
小件寄存服务	地毯清洁
钥匙托管服务	地板打蜡
Morning call	清洗沙发外套
代客预约车辆	换洗窗帘
代订各种票	熨烫服务
代订旅社	委托干洗湿洗
快递服务	房屋看护服务
代理邮寄服务	临时保姆
代订报纸杂志服务	钟点工服务
代购日用品服务	24小时医疗急救
代办保险服务	房屋租赁服务
代送鲜花服务	24小时紧急援助
代请家教	房屋维修服务
代缴公共事业收费	家具维修服务
代请搬家公司	家电维修服务
室内保洁	二次装修服务

2）管家式管理之租务管理

在住宅部分，可能存在部分投资客户，此时就需要物业服务中心对其资产进行进一步管理。对租户实行管理，并提供服务。

租户在入住后，应享受同等物业服务，同时也应遵守物业管理规定，服从管理公司的管理。首先应对租户档案按照单元划分的形式进行存档，并就管理服务内容进行沟通和文件递交。对室内的设备设施，管理公司应定期巡查，保证业主利益和租户的正常使用。

在租户管理中，我们应保证：租户不会对物业资产造成破坏，甚至出现转租、买卖的行为；租户遵守管理规定，享受物业服务。租户对物业的满意程度也将影响到建筑的保值性能和环境档次。

业主可委托其专属管家提供租务管理服务，管家在委任期间内可代表其行使以下职责：

① 政府部门必需的各项手续

a. 去税务局申报业主所应缴纳的租金税金；

b. 去当地的警署办理治安管理许可证；

c. 去房产交易中心办理房屋租赁证；

d. 去银行开具完税证明并办理相关的境外汇款业务。

② 租赁期的管理

a. 商榷出租及续租事宜；

b. 安排租客或中介看房；

c. 根据业主的意愿商谈房屋的出租事宜；

d. 提供相关的租赁合同；

e. 跟进原租客的续租事宜。

③ 房屋的交付/验收事宜

办理房屋的交付/验收，记录相关数据。

④新租客的管理

修正、管理、指导和监督新租客对原内部装饰的变更。

⑤各种付款通知书的签发

a. 每月按时签发租金、管理费等的付款通知书；

b. 对于不按时付款的租客定期发送催缴通知书并计算滞纳金。

⑥欠款的管理

a. 监督各项应收账款；

b. 及时催缴各项欠款。

⑦ 安排修缮房屋的各项设施

a. 进行定期检查，确保房屋内的各项设施的完备；

b. 定期安排机电设施的维修及保养。

⑧ 提供定期的报告

a. 定期汇报财务收支情况;

b. 及时提供租客变更的信息;

c. 定期提供市场分析报告。

⑨租赁后期的管理

a. 房屋的交付/验收事宜;

b. 验收房屋的内部设施是否完好;

c. 租客退租时审核各项费用的结算情况。

⑩ 押金的返还

a. 审核原租客各项费用的结算情况;

b. 验收房屋的内部设施是否完好;

c. 退回预收的各项押金。

3)空置房屋管理

在公寓部分中,不排除有部分业主并非长期居住在当地的情况。空房管理服务即在业主离开时,物业受托对其房屋进行一系列管理,包括定期察看内部设备情况、定期通风、打扫等。业主返回前只需通知物业,即可在返回的第一时间享受家居生活。

3. 客户接待服务标准及举措

(1)客服接待服务标准

1)宏愿

为各客户提供真诚的款待及宾至如归的服务。

2)使命

成为物业管理的先驱及领导者,为客户提供喜出望外及殷切款待的服务。

3)承诺

员工,不论他们的工作岗位及工作地点如何,都会全情投入为客户提供优质的管理服务中。而我们会不断提高服务水准及为员工增值,务求要为客户提供喜出望外又热忱的高水准服务。

4)力臻完美

我们的成功依赖于客户对我们专业服务之认同,而员工的仪表及其服务态度对公司的形象有着直接的影响。端庄优雅的仪表及友善和蔼的态度可以令受款待的客人对公司及员工留下良好而深刻的印象。因此,我们特别为员工制定了严格的礼仪指引和标准,以协助各员工树立良好的形象,及为我们的尊贵客户提供宾至如归的服务。

(2)具体举措(略)

4.4.7 安全管理、车辆管理及保证措施

1. 安保及消防管理

我司一贯重视安全管理工作,将秉承"安全第一"的管理思想,把项目的治安保卫工作放在首位。根据项目的地理环境和特点,制定相应的治安防范措施,

以确保项目范围内因物业管理责任而造成的刑事案件发案率为零,火灾发案率为零,汽车丢失率为零。

(1)安保管理制度

安保是现代物业管理最重要环节之一,完善安保系统是防止罪案发生的第一步。具备适当安保配备,于入伙前协助并派遣顾问人员到工地视察,配合物业的发展范围,制订适当的安保计划及人手编制,以达相辅相成之效。

1)通过良好的安保培训,确保安保系统的严密;

2)确保管理员与物业内部的工作人员,均有清楚工作证件用以识别;

3)安排保安岗位24小时有人值班;

4)安排管理员工于指定时间巡逻项目各处。如有大量物品搬离,有关人士必须事先知会管理处并作好登记;

5)发出停车证予拥有车位的业主,以识别及控制停车场的使用。

(2)消防设备和器材的管理

1)消防设备设施和器材严格按照现行规范配备到位;

2)巡逻区保安员和工程部维修技工在巡视检查和日常维保过程中对消防设施的故障问题等及时向监控中心申请,由工程部负责修复;

3)工程部负责对消防系统的定期维护保养和检修,同时配合消防监督员组织的消防系统功能试验,以保证设备处于完好临战状态;

4)消防器材的配备由消防监督员负责。

(3)消防管理制度

1)对于现代化物业,消防系统的可靠性至关重要,在物业规划阶段,已经就消防系统作出整体的设计,我司将着重在系统验收、定期保养维护及测试、规章制度及紧急措施方面,作出适当的安排;

2)对监控员的业务知识、各级员工的防火知识进行培训,同时做好对业主的宣传教育工作;

3)制订相应各种情况下的紧急措施及工作指引,在业主/客户手册中作详细说明,尽量减少由意外造成的损失;

4)制订消防演习时间表及演习方案,报消防部门审批,并邀请有关部门到场参观指导;

5)严格验收系统,对各项图纸及使用操作说明作系统地分析并妥善保存;

6)为各项系统的保养及测试制订年度、季度及每月和每日的工作计划,并严格监管各级员工认真执行;

7)对物业内部动用明火加强管理(商业部分);

8)制定电气焊及喷灯工作防火安全制度。

(4)安全管理措施

商业秘密作为能够为企业带来巨大经济利益的无形资产,是激烈的市场竞争中保持竞争优势及持续发展的核心。鉴于办公与居住区的特点及对企业商业决策、技术信息、经营信息等业主信息商业秘密的安全保护的重要性，我司特制定相关防范措施以在日常管理中，协助业主方加强防止泄密工作。

（5）防范商业秘密泄露或被侵犯的措施

企业要防范其商业秘密泄漏或被侵犯，我司将配合贵司建立一套完整的商业秘密保护体系。这一保护体系涉及企业人力资源管理和知识产权保护等诸多方面，管理企业应将其与贵司整体的制度建设结合起来。

（6）车辆管理

1）在出入车道转弯处应留有足够空间，不应在转弯处布置车位，既不便于车辆停入车位，在车辆驶出时又容易发生碰撞。应减少在柱子之外布置车位，尤其是在转弯处，或加装警示牌，提示司机转弯处有停车位，必要时加装反光镜；

2）为创造良好的车辆管理系统，我司在车辆管理方面做到人车分流，保证车辆和交通管理的安排非常合理，既可使业主感觉停车方便，又可以保证路面的洁净；

3）对外围环境进行统一规划、统一设计、统一施工，保证其专业化、科学化、合理化；

4）对车辆实行24小时统一管理；

5）对不同车辆有不同的停放要求和管理规定；

6）配备专责保安员在出租车停车带进行出租车的协调；

7）对不同车辆有不同的停放要求和管理规定。

4.4.8 二次装修监管

物业的二次装修监管非常重要，我司将制定严格的管理规则，以便所有业主共同遵守，避免在装修时对物业主体结构、机电主系统产生影响，及干扰已入住业主的正常生活。

1. 二次装修监管方案和措施

（1）客服部与工程部为用户办理装修申请

1）业主提交二次装修申请表；

2）与业主承包商会面，了解具体装修程序；

3）承包商提交二次装修图纸；

4）工程部审批用户所提交资料；

5）工程部对业主资料提出整改意见。

（2）业主到客户服务部办理的手续

1）办理装修期间临时出入证；

2）办理《施工许可证》；

3）办理动工证，配备灭火器；

4）配备电表并记下电表读数加封；

5）提供《装修手册》《施工管理条例》；

6）业主进入装修阶段，工程部定期检查装修情况，保安部经常性检查安全事项，客务部经常督导装修卫生情况并协调用户与各部门的关系。

（3）业主装修完毕手续

1）提交竣工图，报管理处审核；

2）工程部提交审核意见；

3）工程部验收客户装修完的设施；

4）对于损坏的公共设施将按价从装修押金中扣除；

5）工程部验收完毕将填写竣工验收单，并签署意见、盖章；

6）业主将验收单、临时出入证、工程部签署的意见书送财务部，财务验明后，归还出入证押金。

（4）签订协议

1）装修队伍责任书；

2）装修协议；

3）室内装修保证书。

（5）施工现场监督

装修现场监督是二次装修管理的关键。一切的协议规定要靠现场监督来落实。工程部应派出专人对施工现场进行定时和不定时监督检查。

2. 其他监管运作表格（略）

4.4.9 应急预案

1. 建立危机管理体系

危机是一个会引起潜在负面影响的具有不确定性的大事件，这种事件的后果可能对组织、财产、人员、服务和声誉造成巨大的损害。危机出现可能有三种情况：一是人为因素，二是技术因素，三是刑事案件，他们的发生都是不可预知的。

（1）建立危机管理系统，增强管理应急处理能力。

（2）熟悉工作职责，通过组织内部运行有效控制可能出现的风险因素。

（3）寻找危机根源、本质及表现形式，通过组织努力降低风险。

（4）危机管理机构和定期的应急演练措施。

2. 建立各部门危机应急预案

（1）客户服务部门

1）匪警的应急处理；

2）对客户挂失财务情况的处理；

3）对死亡事件的处理；

4）对打架斗殴等情况的处理；

5）对爆炸及可疑爆炸物品的紧急处理；

6）设备、设施突发事故的紧急处理：

a. 漏水、跑水处理；

b. 天然气泄漏和空调故障情况；

c. 停电事故；

d. 电梯困人的应急处理；

e. 电梯迫降的应急处理。

（2）保洁部门

1）雪天清扫应急方案；

2）跑水紧急处理预案。

（3）工程部门

1）电梯困人救援应急处理预案；

2）热力站事故处理应急处理预案；

3）制冷机房事故处理应急处理预案；

4）停电临时供电应急处理预案；

5）备用柴油发电机应急预案；

6）消防泵房应急处理预案；

7）停水临时供水应急处理预案；

8）供水、跑水应急处理预案；

9）防汛事件应急处理预案；

10）自然灾害的应急处理；

11）高空作业坠落事故应急处理。

（4）保安部门

1）当值中遇到不执行规定、不听劝阻的处理；

2）对醉酒滋事或精神病人的处理；

3）当值中拾到遗失物品的处理；

4）打架斗殴的处理；

5）对抢劫、盗窃、凶杀、绑架等刑事案件的应急处理；

6）租户单元发生刑事和治安灾害事故的处理；

7）对发生交通意外事故的处理办法；

8）对突然死亡事件的处理；

9）对突发性水浸和室内水浸的处理办法；

10）爆炸及可疑爆炸物品的紧急处理预案；

11）对租户挂失财务的处理程序；

12）发现贩毒、吸毒嫌疑者的处理；

13）对发现食物中毒的处理；

14）自然灾害的应急处理；

15）火灾事件紧急处理程序；

16）防汛事件紧急处理程序。

4.4.10 档案管理

1. 档案资料的建立与管理

房地产的产权备案和权属登记是不同性质的工作，权属登记是政府行政部门的行业管理，产权备案是物业管理中十分重要的一个环节。根据国家规定，产权人应按照城市房地产行政主管部门核发的所有权证规定的范围行使权利，并承担相应的义务。物业管理就是使产权人的权利得到保障，并承担所应承担的义务。物业的公共设施和房屋公共部位，是多个产权人共有的财产，其维修养护费用应由共有人按产权份额比例分担。为准确界定每个产权人拥有产权的范围和比例，维护其合法权益，建立了产权备案制度。产权备案制度实施物业管理必须要做到而且要做好。

我司对于档案的管理非常重视，在实践过程中，我们摸索出一套在行业内足以称豪的资料管理体制。

（1）统一的档案盒，统一的专业文件柜，统一A4大小的纸张，统一的白色透明文件夹，彩色打印的档案盒背书让人一目了然；盒内所装资料科目根据各管理中心所管理物业的不同，各管理中心又分别对档案资料的目录进行了分类。

（2）专人管理。此类资料由客户服务部专人负责保管。

（3）分门别类。产权产籍以及业主档案资料分门别类进行管理。

（4）借出有记录，未还有追问。对于所有来借资料的单位或个人，均有记录。

（5）档案资料的建立主要抓住收集、整理、归档、利用4个环节。可能完整地归集从规划设计到工程，从地下到楼顶，从主体到配套，从建筑物到环境的全部工程技术维修资料，尤其是隐蔽工程的技术资料。经整理后按照资料本身的内在规律和联系进行科学的分类和归档。可按建筑物分类，如设计图、施工图、竣工图、设备图等；也可按系统项目分类，如配电系统，供水排水系统、消防系统、空调系统等。

（6）业主或租户入住以后，应及时建立他们的档案资料，例如业主的姓名、家庭成员情况、工作单位、联系电话、地址、信箱号码、收缴费情况，物业的使用或维修情况等。

（7）物业档案资料由工程部负责收集。资料需细致到业主装修家中的电路图、平面图等。由公司行政部门分类管理，按建筑物分类，可分为规划图、设计图、施工图、竣工图、设备图等。

（8）物业档案资料是对前期建设开发成果的记录，是以后实施物业管理时工程维修、配套、改造必不可少的依据，是更换物业服务企业时必须移交的内容之一。

2. 档案资料的分类

（1）产权资料

1）项目批准文件；

2）用地批准文件；

3）建筑执照；

4）拆迁资料。

（2）技术资料

1）竣工图：包括总平面图、建筑、结构、设备、附属工程有隐蔽管线的全套图纸；

2）地质勘察报告；

3）工程合同及开、竣工报告；

4）工程预决算；

5）图纸会审记录；

6）工程设计变更通知及技术核定单位（包括质量事故处理记录）；

7）隐蔽工程验收签证；

8）沉降观测记录。

（3）竣工验收证明

1）钢材、水泥等主要材料的质量保证书；

2）新材料、构配件的鉴定合格证书；

3）水、电、暖、通、卫生器具、电梯等设备的检验合证书；

4）砂浆、混凝土试块试压报告。

（4）设备施工安装资料

1）各部门日值班记录的资料；

2）设备台账资料；

3）设备运行维护档案；

4）财务台账；

5）各类检查记录；

6）业主投诉记录；

7）业主回访记录；

8）绿化原始档案及整改记录；

9）排水维修及整改记录；

10）化粪池清理记录；

11）水箱或二次供水池清杀记录。

4.4.11 社区文化，精神文明建设的具体措施

为了体现亲情社区、文化社区的项目定位，物业服务处将建立专职运作机构，落实专职人员，规划亲情社区、文化社区的系统方案。同时发动业主、社会及政府相关部门组成智囊团，按年度制订每月、每周的工作计划指引，广泛宣传开展丰富多彩的社区文化活动。

重视整合社会资源，利用项目原有的相关配套，使社区文化参与性更广泛，营造出和谐的社区氛围，使社区文化引导、约束、凝聚、娱乐、激励、改造的功能充分展示出来。

1. 基本内容

（1）开展精神文明建设，制定社区业主精神文明公约，教育业主要自觉遵守社区的各项规章制度，遵守和维护公共秩序，爱护公共财产，提倡业主邻里互助、文明居住、文明行为。

（2）完善、充实社区娱乐场所和文体活动设施，开展丰富多彩的文体活动，丰富业主的业余生活，密切邻里感情，协调人际关系，提高业主的参与意识，促进安定团结和社会和睦。

（3）建设高雅的社区文化，培育健康的社区精神。

2. 具体形式

（1）业主入住后，利用宣传栏、宣传橱窗、黑板报等多种形式，对《业主手册》《临时管理规约》《精神文明公约》《装修管理规定及注意事项》和居民文化生活等内容及时向业主宣传。

（2）宣传《市民行为道德规范》，鼓励业主争做文明市民。宣传环保，倡导环保，奖惩激励结合。组织业主开展一次社区环保活动，如"树木领养"、"拥有一片家园"等活动，激发业主共同关心、维护社区优美环境。搞好装修环保宣传，入住前向业主通知，集中安排环保装修培训，防止装修噪声污染、环境污染的发生。

（3）将文化建设纳入物业管理日常工作中，设立专人负责，拟定社区文化管理制度，负责各项文化宣传活动，定期更新宣传橱窗等。

（4）运用传播文化的工具和娱乐设施，如图书馆、电子显示屏、社区报、背景音乐等，开展联络感情活动。

（5）与社区共同开展文化娱乐活动，充分利用社区内的文体活动设施，每年举行一至两次大型活动，如各种形式的舞会、趣味游戏、棋类、牌类活动等，注重文明居住，邻里团结互助，无纠纷。

3. 社区活动计划

我们根据项目的配套设施情况、季节及管理中心预算适时开展丰富多彩的社区文化活动，包括：

（1）文化讲座。如：学习讲座、书画讲座、家政讲座、插花艺术讲座、家居防盗讲座、防火安全讲座、环保讲座、摄影讲座、救急讲座、交友技巧讲座、中国民间医疗食用讲座、亲子、睦邻心得讲座等。

（2）义务咨询。如：保健咨询、简易医疗咨询、房产法律咨询等。

（3）在管理区域内开展多种多样的业主及管理服务处联谊活动，创造一个高品位的居住氛围。如：春日联谊郊游乐、球类、田径、游泳竞技、远足、攀岩、风筝、烧烤乐、冬日嘉年华、优质咖啡、香茗品尝小聚、图案设计庆新年等。

（4）举办培训班。可以举办英语、计算机、公文写作、烹调等培训班，对业主进行文化、技能的培训，使业主掌握更丰富更全面的技术。

4. 白金社区解决方案

我司在日常管理中将启用先进的白金社区解决方案，以期以高效率的服务方式解决业主所提出的各种投诉及服务需求。

白金社区提供多语种在线平台解决方案，为物业使用人和物业管理公司提供强大的交流平台。同时还提供了创新的中央互动平台，通过使用在线的商业工具创造利润。

（1）居民

社区网站居民可以通过互动交流平台与物业管理公司进行交流（发布维护信息，提供建议并参与在线调查），物业使用人可以查看最新的社区信息和活动，发布分类广告，查看当地和社区商务列表并参与社区论坛和相册分享。

社区为每个公寓都提供了一个个性化的公寓网站，每位物业使用人都可以设置并编辑自己的网页，分享相片、视频、店铺、电子邮件并创建个人博客、展示个人在线信息源。居民也可以获得自己的电子邮件地址。

白金社区还提供了相当灵活的信息预定系统，根据需要定制最适合的预定方式，无论你身处在家、办公室或者任何地方，您都可以登录到社区系统，在线查看并预订到自己需要的项目，如体育活动、家政服务或者预定社区提供的会议室。

（2）物业管理

物业管理公司通过中央平台控制社区主网站和公寓网站的信息。同时还可以通过维护平台、意见箱、调查和论坛等查看并反馈居民的意见和建议。

（3）商业

通过白金社区提供的创新的在线商业工具，社区平台将可以展示商业列表，提供在线交易/订购，并允许投放广告。由白金社区提供并管理的在线商业工具将为社区创造源源不断的利润流。

（4）白金社区全套解决方案包括：

1）硬件/网站托管；

2）软件，基础设施，维护和更新；

3）咨询，培训和技术支持；

4）社区宣传和培训活动；

5）宣传资料；

6）网络和商业方面。

第五部分　物业服务成本费用核算

5.1 B区写字楼及裙楼商业物业服务费测算

5.1.1 服务费测算总表（示例二表6-5）

费用构成测算总表（单位：元/月）　　　示例二表6-5

公共服务支出（元/月）			甲级写字楼成本（人民币）	总计（人民币）	成本百分比（%）
1 管理、服务人员的工资和按国家政策规定提取的费用					
	1.1	管理人员薪金	421,466.87	421,466.87	25.49%
	1.2	员工制服	4,500.00	4,500.00	0.27%
2	公共设施维修及保养费		64,500.00	64,500.00	3.90%
3	绿化费用		1,000.00	1,000.00	0.06%
4	公共水电费		878,629.21	878,629.21	53.15%
5	清洁等相关费用		94,370.12	94,370.12	5.71%
6	办公费		15,360.00	15,360.00	0.93%
7	折旧费用		6,290.95	6,290.95	0.38%
8	保险		4,583.33	4,583.33	0.28%
9	不可预见开支		44,871.02	44,871.01	2.71%
10	合理利润		55,000.00	55,000.00	3.33%
11	营业税金（上述各项之5.60%）		62,669.86	62,669.86	3.79%
	总开支：		1,653,241.35	1,653,241.35	100.00%

写字楼及裙楼商业每月管理费测算收费标准值：25.04元/月·m²

5.1.2 物业服务成本预算细案　　　　（单位：元/月）

1. 项目总管理处开支

每月预算支出（¥）

（1）总管理处

总物业经理　　1　×　18000　18000　　18000

（2）综合服务部

综合部经理　　1　×　8000　8000

会计　　　　　1　×　5000　5000

出纳　　　　　1　×　4200　4200

行政人事专员　1　×　4500　4500　　21700

（3）客服部

客服经理　　　1　×　8000　8000

客服领班　　　2　×　6000　12000

租务专员　　　1　×　5000　5000

大堂前台接待　2　×　4500　9000

客服助理　　　6　×　5000　30000　　64000

（4）安管部

安管经理　　　1　×　8000　8000

安管主管　　　1　×　5500　5500

消防主管	1	×	5500	5500	
安管领班	4	×	5000	20000	
安管员	16	×	4000	64000	103000

（5）工程维护部

工程经理	1	×	10000	10000	
工程领班	2	×	5000	10000	
高压值班电工	4	×	4500	18000	
空水技工	4	×	4500	18000	
综合维修技工	3	×	4500	13500	69500
附加39.2%作为养老、医疗、公积金等保险及津贴					108270.4
附加年终双薪（平均每月值）					22740.47
误餐费用					14256.00
				员工薪资合计	421466.87

2. 员工制服   4500.00   4500.00

3. 公共区域设施设备保养费

给水排水系统	1666.67	
消防系统外包维保费用	4166.67	
电梯维保费	45000.00	
中央空调主机维保费	7333.33	
变配电系统	2083.33	
中央空调水处理外包费用	1250.00	
泛光照明灯具和外围灯具更换	3000.00	
		64500.00

4. 公共水电费用

闭路监控系统及消防系统电费	8748.00	
室外公共照明含泛光照明	2640.00	
给水系统耗电费	4867.50	
写字楼室内公共照明	8696.16	
电梯运行电费	45950.00	
管理用房和机电设备房照明能耗、办公设备用电	7251.20	
泛光照明灯具和外围灯具更换	3000.00	
电梯机房空调运行费用		
写字楼公共卫生间用水费用		
办公用水	431.73	
绿化用水	2398.50	
中央空调运行费用	794646.12	
		878629.21

5. 清洁费用

保洁费	81120.12	
大堂租摆费用	1000.00	
另计生活水箱清洗费用	250.00	
		82370.12

6. 办公室

固定电话费	800.00	
手机补贴	1600.00	
招聘费用	1000.00	
宿舍费用（含水电费，三餐）	7500.00	
外联费用	1500.00	
办公费用	2160.00	
交通费	800.00	
		15360.00

7. 节日布置费用	5000.00	5000.00
8. 折旧费用	6290.95	6290.95
9. 保险（公共财产险和公众责任险）	4583.33	4583.33
10. 外包外墙清洗平均每月费用（每年洗两次）		8000.00
11. 其他（按上述支出总额计提3%不可预见之开支）		44871.02
12. 法定税费		62669.86
总成本费用		1598241.36
13. 合理利润		55000.00
总费用		1653241.36

5.1.3 B区写字楼及裙楼商业物业人员架构

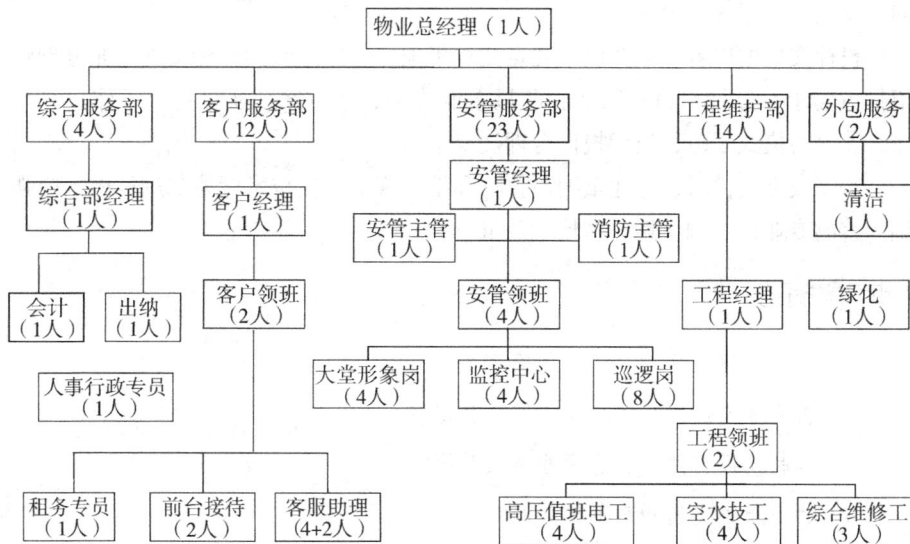

示例二图6-4 B区写字楼及裙楼商业物业人员架构图

其中：总经办　　　 1　人

综合服务部　　　 4　人

客服部　　　　　 12　人

安管部　　　　　 23　人

工程部　　　　　 14　人

外包服务　　　　 2人

总人数　　　　　 56人

5.2 B区公寓物业服务费测算（略）

第六部分　结束语

德思勤城市广场作为长沙市高端商住标志性建筑，管理好该广场具有重要的历史意义，同时对促进长沙市物业服务水平的提升也大有裨益，我们公司有信心、有能力为德思勤城市广场提供高水平高质量的物业管理与服务。

最后，祝本次物业管理招标投标工作圆满成功！

本章小结

物业管理投标文件是指物业服务企业为取得投标项目的管理权，根据招标文件和相关法律法规，在充分理解和领会招标文件的内容并经过周密分析和调研的情况下，编制并递交给招标组织的就投标物业的服务及价格等责任作出承诺的应答文件。一份完整的投标文件一般包括封面、投标致函、标书正文及附件四部分。其中，标书正文就是对物业服务方案的阐释，包括前言与企业简介，物业服务总体设想与承诺，人员配备、培训及管理，物业管理服务用房及其他物资装备配备方案，档案的建立与管理，规章制度，便民服务，社区文化服务方案，物业维修养护与维修基金管理，智能化系统的管理与维护，应急预案，物业服务费用的收支预算方案等项内容。

投标文件的内容应强调以下几点注意事项：①仔细研读招标文件，充分理解招标方需求；②针对目标物业，凸显企业优势；③方案切实可行，不作过高承诺；④书写格式规范，投标报价合理。

编制投标文件时，应注重编写技巧和编写规范，在技术标编制过程中，应强调内容的专业性、响应性、独特性及可行性。

思考与讨论

1. 物业管理投标文件应包括哪些主要内容？

2. 物业管理投标文件的编写技巧有哪些？

3. 编制投标文件应注意哪些事项及要求？

4. 物业服务支出费用包括哪些？

7

物业管理的
投标报价

本章要点及学习目标

　　了解物业服务费测算的依据、应遵循的原则及定价成本监审过程；熟悉物业服务费的构成及物业服务费计费方式；掌握物业服务管理的成本价格构成及测算方法；掌握投标报价策略与投标方案优选方法；掌握多种投标技巧，避免报价失误。

案例导入

错算物业服务费导致亏损

　　2011年，G物业服务企业接管了北方一个高档居住物业项目，但第一年就处于亏损之中。查阅该项目当时的投标策划书，物业服务费测算项目完整无遗漏，并且投标报价也包含了12%的利润。但是，怎么会亏损呢？经进一步分析发现，导致亏损的主要因素是取暖费计算有误。该楼盘属于小区供暖，并且采用蒸汽供暖系统。该供暖方式较传统热水锅炉供暖具有投资省、加热快的优点。G物业服务企业以往从未遇到，项目投标时，工作人员没有进行深入细致地调研，凭经验套用传统热水锅炉供暖的计费方法。结果蒸汽供暖存在能源浪费大、维护成本高的缺点，蒸汽供暖比热水锅炉供暖多浪费能源约30%。据测算，一个供暖期该项目供暖一项就支出倒挂21万元左右。同时，该物业项目采用包干制计费方式，规划的年利润才19万元，在这种情况下，企业不可能不亏损。一年后，G物业服务企业与业主大会商议欲提高物业服务费标准，遭到业主大会反对，被迫撤出该项目。G物业服务企业利益与声誉双损失。

　　【评析】应该精确、细致测算物业服务费，避免漏算或错算，精确完成物业服务成本的核算，这样才能保证中标后的利润，促使企业良性循环，不断发展。G物业服务企业没有组织专业人员或机构对整个项目服务费进行细致而精确的测算，且工作人员缺乏专业技能和工作责任心，存在个人主观臆断情形，导致成本增加，企业亏损。

7.1　物业服务费的测算

7.1.1　物业服务费的测算依据及原则

　　物业服务费，又称物业管理费。它是物业服务企业接受物业所有人或使用人的委托，依据物业服务委托合同，对物业的房屋建筑及其设备、市政公用设施、绿化、卫生、交通、治安和环境容貌等管理项目进行维护、修缮和整治，并向物业所有人或使用人提供综合性服务所收取的费用。物业服务费测算包括物业服务计划期内的收入测算、支出测算以及分期经费测算和盈亏分析。其中，物业服务企业的收入主要来源于公共性管理服务收费、商业用房的出租费、停车场等公共设施经营收入、有偿服务收费。

　　1. **物业服务费的测算依据**

　　（1）《中华人民共和国价格法》、《物业服务收费管理办法》、《物业管理条例》以及各地方政府制定的物业服务收费管理办法。

　　（2）招标文件以及标前会议问题答疑等招标补充通知。

　　（3）开发建设单位的规划建设思路以及入住业主的需求。

（4）物资询价及分包询价结果，已掌握的市场价格信息。

（5）有定价权限的政府价格主管部门会同房地产行政主管部门根据物业服务等级标准等因素，定期公布的相应基准价及其浮动幅度。

（6）竞争态势的预测和盈利期望。

（7）投标企业物业服务的成功经验。

2. 物业服务费的测算原则

"合理、公开以及费用与服务水平相适应"的原则是《物业服务收费管理办法》中规定的核心原则，既符合市场经济原则，更符合质价相符原则。为弥补服务费的不足，物业服务企业还可开展多种创收活动。特约服务就是创收的一个方面，它体现着"谁受益、谁付费"的原则。物业服务企业除收取成本费外，还将收取适当的服务费。

物业服务收费应根据物业类型、收费性质，分别实行政府指导价和市场调节价。普通住宅的公共服务收费及停车管理等专项服务收费，实行政府指导价；普通住宅以外的住宅及各类非住宅物业的公共服务收费，实行市场调节价；特约服务费，实行市场调节价。

物业服务收费实行政府指导价的，有定价权限的政府主管部门应当会同房地产行政主管部门根据物业管理服务等级标准等因素，制定相应的基准价及其浮动幅度，并定期公布。具体收费标准由业主与物业服务企业根据规定的基准价和浮动幅度在物业服务合同中约定。实行市场调节价的物业服务收费，由业主与物业服务企业在物业服务合同中约定。

3. 主管部门物业服务定价成本监审

为提高政府制定物业服务收费的科学性、合理性，合理核定物业服务定价成本，根据《政府制定价格成本监审办法》《物业服务收费管理办法》等有关规定，国家发展和改革委员会、建设部于2007年9月10日颁布了《物业服务定价成本监审办法（试行）》，于2007年10月1日正式实施。本办法适用于政府价格主管部门制定或者调整实行政府指导价的物业服务收费标准，对相关物业服务企业实施定价成本监审的行为。物业服务定价成本监审工作由政府价格主管部门负责组织实施，房地产行政主管部门应当配合价格主管部门开展工作。

（1）物业服务定价成本监审应遵循的原则

1）合法性原则，计入定价成本的费用应当符合有关法律、行政法规和国家统一的会计制度规定。

2）相关性原则，计入定价成本的费用应当为与物业服务直接相关或者间接相关的费用。

3）对应性原则，计入定价成本的费用应当与物业服务内容及服务标准相对应。

4）合理性原则，影响物业服务定价成本各项费用的主要技术、经济指标应当符合行业标准或者社会公允水平。

（2）核定依据

核定物业服务定价成本，应当以经会计师事务所审计的年度财务会计报告、原始凭证与财册或者物业服务企业提供的真实、完整、有效的成本资料为基础。物业服务定价成本是指价格主管部门核定的物业服务社会平均成本，由人员费用、物业共用部位、共用设施设备日常运行和维护费用、绿化养护费用、清洁卫生费用、秩序维护费用、物业共用部位、共用设施设备及公众责任保险费用、办公费用、管理费分摊、固定资产折旧费用以及经业主同意的其他费用组成。

7.1.2 物业服务计费方式

《物业服务收费管理办法》第九条规定，业主与物业服务企业可以采取包干制或酬金制等形式约定物业服务费用。包干制和酬金制是两种不同的计费方式，下面简要介绍这两种计费方式。

1. 包干制

包干制是指由业主向物业服务企业支付固定物业服务费用，盈余或者亏损均由物业服务企业享有或者承担的物业服务计费方式。实行包干制时，物业服务费用的构成包括物业服务成本、法定税费和物业服务企业利润。

包干制是物业服务企业按照和业主双方约定的物业服务收费标准来收费，不论管理的好坏，经营的亏盈，均由物业服务企业承担，而与业主无关。实行包干制的前提是对物业服务费标准双方事先要有约定和承诺，即包干的具体额度。通常，对有政府指导价的物业类型的物业服务收费实行包干制，但是当业主方对物业服务收费的测算和市场行情不甚明了时，往往对包干的额度把握不定，此时不宜实行包干制。

2. 酬金制

酬金制是指在预收的物业服务资金中按约定比例或者约定数额提取酬金支付给物业服务企业，其余全部用于服务合同约定的支出，结余或者不足均由业主享有或者承担的物业服务计费方式。

实行物业服务费用酬金制时，预收的物业服务资金包括物业服务支出和物业服务企业的酬金。预收的物业服务支出属于代管性质，为所交纳的业主所有，物业服务企业不得将其用于物业服务合同约定以外的支出。如果物业服务收费采取酬金制方式，物业服务企业或者业主大会可以按照物业服务合同约定聘请专业机构对物业服务资金年度决算和物业服务资金的收支情况进行审计。

酬金制的实质是实报实销制，物业服务企业按双方协商确定的预算预收基本费用，一个会计年度结束后进行决算并向业主多退少补。在这种模式下，物业服务企业只拿与业主事先约定好的酬金部分（酬金可事先约定提取比例或固定额度）。由于预收的物业服务支出是代管性质，所以采取酬金制的物业服务支出不应交纳营业税等相关税金。

3．包干制和酬金制的优缺点

（1）包干制的优缺点

首先，包干制执行起来较为简单，适于小型的物业服务企业采用。其次，在业主委员会成员专业水平有限，精力有限的情况下，实行包干制避免了对物业服务企业进行账目监督和审计等工作，简便易行。第三，由于包干制中节省的开支可能成为物业企业的利润，所以在一定程度上可以刺激物业服务企业进行管理方式的创新，以节约成本。

物业服务质量的好坏主要靠企业自律，为了获取更高的利润，物业服务企业收到钱后可能会不花或者少花，往往会导致物业服务企业为了降低管理成本而对工作草率了事。其次，包干制的成本限制，使得物业服务企业对需要进行及时维修的工作，往往产生拖延或只做小修小补，不作彻底解决，对物业的使用寿命和价值都会产生一定影响。第三，实行包干制的物业服务企业在费用不足时，只有依靠多元化经营维持企业的利润，不利于物业管理专业化。

（2）酬金制的优缺点

首先，酬金制费用更加透明，业主对物业服务企业的费用支出可以监控，更加体现了业主的自主管理。其次，物业服务企业服务支出的多少对企业利润没有直接影响，有了固定的酬金，则企业不必考虑多元化经营，有利于企业管理的专业化。第三，酬金制体现了物业服务企业对业主"管家"式的服务关系，减少了物业服务企业和业主在物业收费方面的矛盾。

但是，酬金制需要对物业服务企业进行账目监督和审计，要求业主对物业管理有较高的认识水平和专业水平。其次，物业服务企业出于利润的驱动，可能会提高酬金支付的基数，即物业服务支出。由于业主在专业知识方面处于相对劣势地位，所以很难找到有理、有利、有效的压缩开支的根据，由此可能带来物业服务费用的攀升。

从上述分析可看出，包干制简便易行，对业主的要求不高，节省了业主的管理成本，但是会存在更多的非市场行为，不利于业主和企业之间的沟通和谅解。对物业服务企业提高管理技能和专业化发展有一定的阻碍作用，在一定程度上制约着物业服务行业的发展。酬金制更体现了市场经济的要求，更透明化，有助于企业自我管理，有利于物业服务企业专业化水平的提高，但是酬金制对业主的要求较高。从目前我国物业管理发展的阶段来看，两种收费方式都有其存在的理由和必要性，而酬金制是物业收费方式的发展方向。

7.1.3 物业服务费的构成

物业服务计费方式的不同将导致物业服务费构成的不同和计算上的差异。实行包干制计费的，物业服务费用的构成包括物业服务成本、法定税费和物业服务企业的利润。实行酬金制计费的，预收的物业服务费包括物业服务支出和物业服务企业的酬金。

其中，物业服务成本或者物业服务支出构成一般包括以下部分：①管理服务人员的薪金，包括工资、津贴、福利、保险、服装费用等；②公共物业及配套设施的维护保养费用，包括外墙、楼梯、步行廊、升降梯（扶梯）、中央空调系统、消防系统、保安系统、电视音响系统、电话系统、配电器系统、给水排水系统及其他机械、设备、机器装置及设施等；③物业管理区域清洁卫生费用；④物业管理区域绿化养护费用；⑤物业管理区域秩序维护费用；⑥办公费用；⑦物业服务企业固定资产折旧费用；⑧物业共用部位、共用设施设备及公众责任保险费用；⑨经业主同意的其他费用。

物业共用部位、共用设施设备的大修、中修和更新、改造费用，均应当通过专项维修资金予以列支，不得计入物业服务支出或者物业服务成本。

物业服务企业应当向业主大会或者全体业主公布物业服务资金年度预决算并每年不少于一次公布物业服务资金的收支情况。业主或业主大会对公布的物业服务资金年度预决算和物业服务资金的收支情况提出质询时，物业服务企业应当及时答复。物业服务收费采取酬金制方式，物业服务企业或者业主大会可以按照物业服务合同约定聘请专业机构对物业服务资金年度预决算和物业服务资金的收支情况进行审计。

7.1.4 物业服务费的计算

1. 人员费用的计算

人员费用是指管理服务人员工资、按规定提取的工会经费、职工教育经费，以及根据政府有关规定应当由物业服务企业缴纳的住房公积金和养老、医疗、失业、工伤、生育保险等社会保险费用。工会经费、职工教育经费、住房公积金、养老保险费、医疗保险费、失业保险费、工伤保险费、生育保险费等社会保险费的计提基数按照核定的相应工资水平确定。工会经费、职工教育经费的计提比例按国家统一规定的比例确定，住房公积金和社会保险费的计提比例应当地政府规定比例确定，超过规定计提比例的不得计入定价成本。医疗保险费用应在社会保险费中列支，不得在其他项目中重复列支。其他应在工会经费和职工教育经费中列支的费用，也不得在相关费用项目中重复列支。人员费用的测算公式可表述为：

$$P_1 = \sum_{i=1}^{n}(N_i \times W_i \times 12) + \sum_{i=1}^{n}B_i + \sum_{i=1}^{n}F_i$$

$$(i=1, 2, \cdots, n) \qquad (7-1)$$

式中　　P_1——年日常综合管理费中人员费用的预算额；

　　　　N_i——年需聘用的第i类日常管理服务人员数；

　　　　W_i——第i类人员的人均工资；

　　　　B_i——每年按规定缴纳的各类社会保险费；

F_i——每年按规定提取的福利费。

（1）基本工资（元/月）

基本工资标准应根据当地工资水平以及企业性质、效益、工作岗位等因素确定。一项物业一般需要管理员、保安员、楼管员、水电工、电梯维修工、环卫员等专业人员。各专业人员的月平均工资可按下列公式计算：

某类专业人员的月平均工资=∑（本专业某种来源的人力资源月平均工资×构成比重）

【例7-1】某物业预计需保安员20名，其中本企业职工8名，月人均工资2200元，劳务市场招聘12人，月人均工资1200元，则保安员的月人均工资为多少。

【解】　2200×40%+1200×60%=1600元

（2）福利费（元/月）

福利费包括：

福利基金——按职工工资总额的14%计算；

工会经费——按职工工资总额的2%计算；

教育经费——按职工工资总额的1.5%计算；

社会保险费——包括医疗保险、工伤保险、养老保险、失业保险、住房公积金等。其中失业保险按工资总额的2%计算，其他各项按地方规定由物业服务企业自行确定。

（3）加班费（元/月）

通常按人均月加班2天，乘以日平均工资（月平均工资除以22天）计算。每月按22个工作日计。

（4）服装费（元/月）

按每人每年2套测算，将年服装费总额除以12个月，测算出每月服装费。根据以上测算，求出每月每平方米建筑面积的工资及福利费。

每平方米建筑面积工资及福利费＝（工资+福利费+加班费+服装费）/总建筑面积

2. 物业共用部位、共用设施设备日常运行、维护费用的计算

物业共用部位、共用设施设备日常运行和维护费用是指为保障物业管理区域内共用部位、共用设施设备的正常使用和运行、维护保养所需的费用。不包括保修期内应由建设单位履行保修责任而支出的维修费，应由住宅专项维修资金支出的维修和更新、改造费用。

物业共用部位的维修养护费用包括楼盖、屋顶、外墙面、承重结构、楼梯间、走廊通道、门厅等维修养护费用。

共用设施的日常维护费用包括共用的上下水管道、落水管的维护费，中央空调维护费，高压水泵房维护费，室外道路维护费，化粪池维护费，污雨水井检查及清理养护费，游泳池维修养护费，网球场、羽毛球场维修养护费，共用照明及天线维护费，摩托车、自行车棚维护费，标示牌、宣传栏、围栏维护费，蓄水池维护、消毒等费用。

共用设备维护包括楼内电梯维修保养年检，生活水泵（含水管、阀门）日常维护，消防设备的日常维护，园区变电配电设备维护，系统维护等。

共用水电费包括围墙灯、高杆灯、投光灯、彩灯运行用电，电梯运行用电，生活水泵运行用电，智能系统运行用电，消防设备运行用电，其他设备运行用电，消防用水，绿化用水，其他用水等，其中不含经营性的清洁用水和游泳池等用水。

如果存在智能化管理还应包括智能网络运行维护费，闭路监控设备维护费，通信器材维护费，管理中心设备维护等智能化设备维护费用。

（1）共用水电费

1）公共照明系统电费 = $\sum$（各照明电器的总功率 × 每日开启时间）× 360 × 电费单价。

2）给水排水设备系统电费 = 给水排水设备用电总功率 × 每日开启时间 × 360 × 电费单价。

3）共用设备设施水费 = 共用设备设施用水量 × 水费单价。

4）电梯电费 = 电梯总功率 × 电价 × 电梯使用率 × 30；

电梯使用率 = 平均每天开启时间/24小时；

电梯使用率可通过统计方法进行估算，大约在0.3～0.6之间。

5）中央空调用电量可用公式（7-2）计算：

$$Q = \{n_{主} \times W_{主} \times b_{主} + (n_{泵} \times W_{泵} + n_{塔} \times W_{塔}) \times b_{辅}\} \times T \times 30 \times 12 \qquad (7-2)$$

式中　Q——中央空调年用电量；

$n_{主}$、$b_{主}$、$W_{主}$——主机台数、主机的负荷系数、主机的功率；

$n_{泵}$、$W_{泵}$——水泵台数、水泵功率；

$n_{塔}$、$b_{辅}$、$W_{塔}$——冷却塔电机台数、辅机的负荷系数、冷却塔电机功率；

T——每天空调工作时间。

（2）共用部位、共用设备设施的日常维修养护费用

此项费用可以根据各地区政府规定的收费标准、各种不同物业的历史资料和经验数据测算取得。

3. 物业管理区域清洁卫生费用的计算

物业管理区域清洁卫生费用是指保持物业管理区域内环境卫生所需的购置工具费、消杀防疫费、化粪池清理费、管道疏通费、清洁用料费、环卫所需费用等。可采用公式（7-3）计算：

$$P_3 = \sum_{i=1}^{8} F_i \qquad (7-3)$$

式中　P_3——物业管理区域年清洁卫生费用；

F_1——年垃圾处理费；

F_2——年化粪池、窨井清掏费；

F_3——年公共卫生间维护、管理费；

F_4——年垃圾袋、垃圾房及相应设备运行、维护费；

F_5——年保洁工具损耗、清洁用品消耗费；

F_6——年除"四害"费用；

F_7——年水箱清洗消毒费；

F_8——其他费用。

4. **物业管理区域绿化养护费用的计算**

绿化养护费是指管理、养护绿化所需的绿化工具购置费、绿化用水费、补苗费、农药化肥费等。不包括应由建设单位支付的种苗种植费和前期维护费。绿化养护费预算的测定，也是先将构成绿化养护费的各项费用支出依经验测算出来，然后汇总相加。用公式可表示为：

$$P_4 = \sum_{i=1}^{5} F_i \qquad (7\text{-}4)$$

式中　P_4——物业管理区域年绿化养护费用；

F_1——年绿化用树木、花种及材料费、工具费、补苗费；

F_2——年绿化用水电费（可列入共用水电费中）；

F_3——年园林绿化保养、修剪、施肥、喷药等费用；

F_4——年机具维修、损耗、用油费；

F_5——年园林景观再造费。

5. **物业管理区域秩序维护费的计算**

秩序维护费是指维护物业管理区域秩序所需的器材装备费、安全防范人员的人身保险费及由物业服务企业支付的服装费等。其中，器材装备不包括共用设备中已包括的监控设备。用公式可表述如下：

$$P_5 = \sum_{i=1}^{4} F_i \qquad (7\text{-}5)$$

式中　P_5——物业管理区域年秩序维护费用；

F_1——年保安置装费；

F_2——年保安设备系统维护费；

F_3——年日常保安工器具装备费（警棍、电池、电筒等购置费）；

F_4——年安全防范人员的人身保险费。

物业服务企业若将物业的保安服务任务分包给专业保安公司，此项费用为分包报价加上物业服务企业的管理服务费。

6. **办公费用的计算**

办公费是指物业服务企业为维护管理区域正常的物业管理活动所需的办公用品费、交通费、房租、水电费、取暖费、通信费、书报费及其他费用。在核算办公费时，可采用如下公式计算：

$$P_6 = \sum_{i=1}^{9} F_i \tag{7-6}$$

式中：P_6——物业服务企业年办公费用；

F_1——办公用低值易耗品及办公设备保养费；

F_2——办公电话、手机等通信费；

F_3——车辆使用费（包括油费、维修费、折旧费）；

F_4——公关交际费、接待费；

F_5——公益宣传广告费、广告栏及其维护费、广告宣传材料费；

F_6——人员培训教育费、人员专业培训费、新设备应用培训费；

F_7——办公用水、用电费；

F_8——节日装点费；

F_9——其他业务费用。

7. 物业服务企业固定资产折旧费

物业服务企业固定资产是指在物业服务小区内由物业服务企业拥有的、与物业服务直接相关的、使用年限在一年以上的资产。物业服务企业的固定资产分为办公用房、闭路监控等专用设备、家具设备、电器设备、一般设备等几大类。

物业服务企业固定资产折旧采用年限平均法，折旧年限根据固定资产的性质和使用情况合理确定。企业确定的固定资产折旧年限明显低于实际可使用年限的，应当按照实际可使用年限调整折旧年限。一般来说，办公设备5年，家具和装饰5年，机动车8年，砖混建筑40年，钢筋混凝土建筑70年。固定资产残值率按3%～5%计算。个别固定资产残值较低或者较高的，按照实际情况合理确定残值率。此方法假设在固定资产的折旧年限期间每年的折旧额相等，其每年的折旧额的计算公式为：

$$D = \frac{C(1-R)}{N} \text{ 或 } D = \frac{C-S}{N} \tag{7-7}$$

式中　D——每年的折旧额；

C——建筑物的重新建造成本或设备原值；

S——建筑物或设备残值；

R——建筑物或设备残值率；

N——折旧年限。

【例7-2】某幢平房的建筑面积为200m²，有效经过年限为20年，预期经济寿命为40年，重置价格为1600元/m²，残值率为3%。请用直线法计算该房屋的折旧总额，并计算其现值。

【解】已知：t=20年，N=40年，C=1600×200=320000元，R=3%；该房屋的折旧总额E和现值V计算如下：

$$E = \frac{C(1-R)t}{N}$$

$$=320000 \times （1-3\%） \times 20/40$$

$$=155200元$$

$$V = C - E$$

$$=320000-155200$$

$$=164800元$$

8. 物业共用部位、共用设施设备及公众责任保险费的计算

此费用是指物业服务企业购买物业共用部位、共用设施设备及公众责任保险所支付的保险费用，以物业服务企业与保险公司签订的保险单和所缴纳的保险费为准。

一般来说，物业类别可以分为居民住宅物业、商业写字楼物业及公共设施物业三大类。其中，针对居民住宅物业、商业写字楼物业、公共设施物业的主推险种为物业管理责任险、办公室综合保险或财产保险。相关险种为公众责任险、雇主责任险、电梯责任险、餐饮场所责任保险、机动车辆停车场责任保险、现金保险、计算机保险、机动车辆、团体人身意外伤害保险。

面对众多保险，《物业服务收费管理办法》规定只能是物业共用部位、共用设施设备及公众责任保险费用可计入物业服务费用计算中。其中，物业共用部位、共用设施设备保险费用是指为了减少各种自然灾害和意外事故对物业共用部位、共用设施设备造成损害的风险由物业服务企业支付的保险费用。公众责任保险费用是指为了减少由物业服务企业负责管理、维护的公共设施及设备由于管理商的疏忽或过失造成第三者人身伤亡或财产损失的风险而支付的保险费用。如第三者在小区游泳池内溺水、物业区域内运动设施由于失修或其他原因伤人等。

物业共用部位、共用设施设备及公众责任保险费用，根据物业服务企业与保险公司签订的保险单和所缴纳的年保险费按照房屋建筑面积比例分摊。物业服务企业收费时，应将保险单和保险费发票公示。按照相关规定物业服务企业应当代替业主缴纳上述保险。

物业服务企业在确定物业保险费用预算时，首先要选择好险种，险种的选择是由所接管物业的类型、使用性质决定的，同时也考虑到业主的意愿和承受能力。业主如有异议，必须经过业主管理委员会或业主大会讨论决定，并形成法律文件。保险费预算可按下列公式计算：

$$P_8 = \sum_{i=1}^{n}(M_i X_i) \tag{7-8}$$

式中　　P_8——保险费预算额；

　　　　M_i——投保的第i种保险种类的计算基数；

　　　　X_i——第i种保险种类的保险费费率。

9．经业主同意的其他费用

此费用是指业主或者业主大会按规定同意由物业服务费开支的费用，主要包括社区文化支出、不可预见费等费用。

10．法定税费

物业服务费中包含的法定税费主要包括营业税、城市维护建设税和教育费附加等。目前，此项费用的计算为前九项费用与法定税率的乘积。法定税率总体上约为5%~6%。

（1）营业税

1）计税依据

物业管理单位代有关部门收取的热化费、水费、电费、燃气费、有线电视收视费、维修基金、房租的行为，属于营业税"服务业"税目中的"代理"业务。因此，对物业管理单位代有关部门收取的上述费用不计征营业税，对其从事此项代理业务取得的手续费收入应当征收营业税。对其从事物业服务取得的其他全部收入，应按照服务业税目5%税率计算征收营业税。

2）代收费用

① 对物业服务企业不征营业税的代收基金，系指建设部、财政部《关于印发〈住宅共用部位共用设施设备维修基金管理办法〉的通知》（建住房〔1998〕213号）中规定的"住宅共用部位共用设施设备维修基金"。

② 对物业服务企业不征营业税的代收房租，凭其与代收房租委托方实际房租转交结算发生额认定。

③ 对物业服务企业超出上述认定范围的代收款项，一律视同其相关业务收入或价外收入，照章征收营业税。

④ 物业服务企业从事物业服务取得收入后，必须向付款方开具由地方税务机关统一印制的服务专业发票。

3）计算公式

$$年应纳税额=目标物业的年营业额 \times 税率$$

（2）城市维护建设税

城市维护建设税的计税依据是纳税人实际缴纳的营业税税额。按物业服务企业所在地区是市区、县镇、农村而有所不同，其税率分别为7%、5%、1%。

计算公式：

$$年应纳税额=目标物业年应缴营业税税额 \times 税率$$

（3）教育费附加

教育费附加的计税依据是纳税人实际缴纳营业税的税额，附加率为3%。

计算公式：

$$年应缴教育费附加额=目标物业年营业税税额 \times 费率$$

11．公司利润

利润也称净利润或净收益，即物业服务企业收入和费用的差额。利润是物业服务企业完成招标文件和投标文件中规定的任务应收的酬金。利润是企业最终的追求目标，企业的一切生产经营活动都是围绕着创造利润进行的。利润是企业扩大再生产、增添机械设备的基础，也是企业实行经济核算，使企业成为独立经营、自负盈亏的市场竞争主体的前提和保证。因此，对于物业服务企业来说，无论采用包干制还是酬金制，合理确定利润水平对企业的生存和发展是至关重要的。

随着市场经济的发展，将给予企业利润计算更大的自主权，按目前国内的通行做法，利润率应是实际发生服务费用的5%~15%。

在投标报价时，企业可以根据自身的实力、投标策略，以发展的眼光来确定一个合适的利润水平，既使本企业的投标报价具有竞争力，又能保证其他各方面利益的实现。

12. 物业管理服务费用实例

下面是G花园物业管理费用测算的实例。

G花园物业管理费用测算

测算依据：

（1）国家发展和改革委员会和建设部联合发布的《物业服务收费管理办法》（发改价格［2003］1864号）。

（2）××省发改委和××省建设厅印发的《××省物业服务收费管理实施细则》（×发改收管联字［2004］982号）。

基本数据：

一、G花园目前管理面积：240885m²。

二、城市住宅小区物业服务企业人员配置参考表（表7-1）。

城市住宅小区物业服务企业人员配置参考表　　　　表7-1

小区面积	管理人员	保洁人员	治安员	维修人员	人员总数
5万平方米	5	5	7	3	20
10万平方米	8	12	14	5	39
15万平方米	10	16	20	8	54
20万平方米	17	30	30	15	92

1. 物业管理服务人员的基本工资、社会保险和按规定提取的福利费：共计266040元/月。

（1）物业服务企业人员基本工资（表7-2）

物业服务企业人员基本工资　　　　　表7-2

职务	人数	工资标准（元）	月工资总额（元）
管理人员	20	2500	50000
工程人员	17	2000	34000
保安员	35	1600	56000
保洁员	30	1200	36000
合计	102		176000

（2）按规定提取的福利费

按规定提取的福利费=176000×0.5=88000元

注：0.50包括福利费14%；工会经费2%；教育经费1.5%；养老保险22%；失业保险2%；工伤及意外伤害1%；医疗保险7.5%。

（3）服装费

每人按冬夏两季4套衣服平均600元/人，两年半使用期计算。

服装费=102×600/30=2040元

2．物业共用部位、共用设施设备的日常运行、维护费用：共计36398元/月。

（1）公共照明系统的电费和维修费：26188元/月

楼内公共照明系统电费=公共区域照明灯总数（楼道灯）×功率×每日预计开启时间×30天×电价=119×7×0.04×3×30×0.486=1457元

楼外公共照明系统电费=公共区域照明灯总数×功率×每日预计开启时间×30天×电价=（58.4+3.97）×10×30×0.757=14164元

路灯共计187个，总功率58.4kW；草坪灯265个，总功率3.97kW；

喷泉水系电费=7.5×6×3×30×5×0.757/12=1277元

共14台泵，按每次启用6台泵计，每台功率7.5 kW，每年开5个月，每天平均开3小时计算。

弱电系统电费=1000×0.5×30×0.486=7290元

安防、可视对讲、温感报警等弱电设施设备，按每户每日平均0.5度电计算。

维修费：2000元

（2）给水排水设施的费用：6829元/月

消防泵的电费=（45+45+4）×3×0.757=213元

按每月消防设施启动3小时计算，消防泵2台，功率45kW；消防稳压泵1台，功率4kW。

排污泵的电费= 5.5×8×5×0.757=167元

按每月开启5小时计算，排污泵8台，每台功率5.5kW。

消防水箱清洗费=550×2.5/12=115元

消防水箱500t，每年清洗1次用水50t。

外排水清污费=200×20×2/12=667元

200个下水井，每次清洗每个井约20元，一年2次。

喷泉、水系用水损耗费用=10000×2/12=1667元

损耗是指蒸发与渗漏，每年损耗约10000t，所用地下水（含电费）2元/t。

维修费：4000元。

（3）共用建筑、道路维修费：1000元

（4）不可预见费（按上述费用总和的5%～10%计）

34017×7%=2381元

3. 物业管理公共区域清洁卫生费：共计6648元/月

（1）清洁器械、材料费（拖布、笤帚、手套、清洁剂、垃圾袋等）按价值和使用年限折算出每月值=每年12000元/12月=1000元/月

（2）垃圾桶购置费=200×400/36=2222元

垃圾桶约200个，每个400元，3年使用期。

（3）垃圾清运费=每年36000元/12月=3000元

（4）保洁用水=0.03×119×30×3.2=343元

经实际测算，6层楼道清洁一次用水0.03t。

（5）消杀费=每年1000元/12月=83元

4. 物业管理公共区域绿化养护费用：共计5600元/月

（1）绿化工具费（锄头、草剪、喷雾器等）=每年1000元/12月=83元

（2）化肥、除草剂、农药、补苗、汽油费用=每年15000/12月=1250元

（3）绿化用水费=80000/100×32×2/12=4267元

绿化面积约80000m²，经实际测算，1t水约浇100m²绿地，按每月浇4次水，按本地区需浇水8个月计共32次，绿化用水约2元/t。

5. 物业管理公共区域秩序维护费用：共计3410元/月

（1）保安系统设备电费=（80+30）×0.486×30=1604元

监控、巡更、背景音乐、卫星接收等每天80度电；消防监控室每天30度电。

（2）保安系统日常运行费用=每年5000元/12月=417元

对讲机电池、频道占用、登记表卡、停车道闸等。

（3）日常保安器材装备费=50000/36=1389元

对讲机、消防用品、警用物品总计50000元，按三年使用期计算。

6. 行政办公费：共计24263元/月

（1）通信费用：3500元

（2）文具、办公用品费用：5000元

（3）车辆使用费：6000元

（4）节日装饰费（含彩灯电费）：500元

（5）公共关系费：1000元

（6）办公室采暖费：办公面积1085m²（会馆地下440m²、地上645m²）

$$1085 \times 23.5/12 = 2125元$$

（7）书报费：100元

（8）社区文化宣传费：800元

（9）培训费：500元

（10）办公区、员工生活区电费：每月3000度

$$3000 \times 0.486 = 1458元$$

（11）办公区、员工生活区用水：每月冷水400t，热水100t

$$400 \times 3.2 + 100 \times 10 = 2280元$$

（12）其他杂费：1000元

7．物业服务企业固定资产折旧费：共计3333元/月

（1）办公设备：电脑、办公桌椅、复印机、文件档案柜、保险柜等约50000元

（2）工程用具：各专业用具，水工用具、电工用具约20000元

（3）绿化、保洁专业用具约30000元

（4）办公、生活用房装修费约10000元

（5）员工生活用具（床、床上用品、炊事用具、更衣柜等）约50000元

（6）其他40000元

以上物品按5年折旧，残值率为0%：

$$固定资产折旧费 = 200000/60 = 3333元$$

8．物业共用部位、共用设施设备及公众责任保险费用：2500元/月

$$每年30000元/12 = 2500元$$

9．物业公司利润：17410元/月

按上述1~8项费用总和（348192元）的5%计算

$$348192 \times 5\% = 17410元$$

10．法定税费：20108元/月

（按营业额缴纳营业税5%、城市建设维护税按营业税的7%、教育费附加按营业税税额的3%计，合计营业额的5.5%）

$$365602 \times 5.5\% = 20108元$$

每月管理费用支出385710元

$$物业费 = 385710/240885 = 1.60（元/（m^2 \cdot 月））$$

注：以上测算未考虑收费率问题。

7.1.5 物业服务费的定价方法

政府在确定公共性管理服务的价格时，通常采用的是三种分摊办法，即按户分摊、按建筑面积分摊和按用水量分摊。在市场经济条件下，物业服务企业应根据自己的经营战略目标和市场供求状况，及时调整自己的价格策略，确定自己的服务价格。通常，物业服务企业所定的服务价格，必须介于两者之间：成本是定

价的下限，消费者对物业服务价值的感受是定价的上限。物业服务企业必须考虑竞争者的价格及其他内在和外在因素，在两个极端之间找到最适当的价格，具体如图7-1所示。

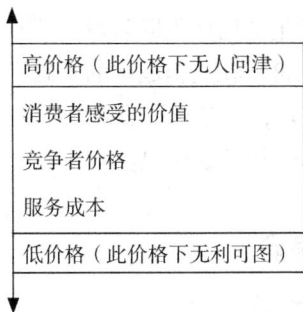

图7-1 定价过程中须考虑的三个因素

大体上，物业服务企业对物业服务的定价只侧重于其中某一方面，主要有以下几种常用的定价方法。

1. 成本加成定价法

成本加成定价法（即：完全成本加成定价法），是指物业服务企业按市场行情在估算了平均成本的基础上，加上一定百分比的加成来制定服务商品价格的方法。加成的含义就是一定比例的利润，也就是管理酬金。按目标利润率计算利润额，即得出价格。成本加成定价法计算公式如下：

价格=单位成本+单位成本×成本利润率=单位成本×（1+成本利润率）

【例7-3】某物业管理公司某项服务费用支出实际成本为48152.6元/月，建筑面积35870m^2，物业管理公司如确定目标利润率为10%，则每m^{2}要承担服务费用的标准为多少？

【解】　　　　48152.6÷35870=1.34（元/m^2）

1.34×（1+10%）=1.47（元/m^2）

此时算出的数据不能作为物业管理最终的投标报价，还需进行审核和调整。审核主要从两个方面进行：一是计算过程中的问题，看有无错算、漏算的地方；二是将其与类似物业相比，分析并验证其合理性。调整就是再分析各个竞争对手的实力，对报价进行必要的调整。最后在充分考虑竞争对手可能采取的投标策略及其报价的基础上，制定本企业的投标策略和报价技巧，由企业的决策者作最后决策。

（1）成本加成定价法优点

1）计算方法简便易行，资料容易取得。

2）根据完全成本定价，能够保证企业所耗费的全部成本得到补偿，并在正常情况下能获得一定的利润。

3）有利于保持价格的稳定。当消费者需求量增大时，按此方法定价，产品价格不会提高。而固定的加成，也使企业获得较稳定的利润。

4）同一行业的各企业如果都采用完全成本加成定价，只要加成比例接近，所制定的价格也将接近，可以减少或避免价格竞争。

（2）成本加成定价法缺点

1）完全成本加成法忽视了产品需求弹性的变化。不同的产品在同一时期，同一产品在不同时期（产品生命周期不同阶段），同一产品在不同的市场，其需求弹性都不相同。因此产品价格在完全成本的基础上，加上一固定的加成比例，不能适应迅速变化的市场要求，缺乏应有的竞争能力。

2）以完全成本作为定价基础缺乏灵活性，在一些情况下容易作出错误的决策。

3）不利于企业降低产品成本。

2. 差别定价法

差别定价又称"弹性定价"，是一种根据顾客支付意愿而制定不同价格的定价法，其目的在于建立基本需求、缓和需求的波动和刺激消费。当一种产品对不同的消费者，或在不同市场上的定价与它的成本不成比例时，就产生差别定价。

差别定价策略是实际应用中较典型的定价策略之一，也称为歧视性定价，是对企业生产的同一种产品根据市场的不同、顾客的不同而采用不同的价格。一般来说，只要对不同类型的顾客就同一种产品采用不同的价格，或经营多种产品的企业对具有密切联系的各种产品所定的价格差别同它们的生产成本的差别不成比例时，就可以说企业采用了歧视性定价。比如工业用电和生活用电的价格不同，而每度电的生产成本是一样的。与采用统一价格相比，歧视性价格不仅更接近一个特定顾客愿意支付的最高价格，也可能服务于不能按统一价格购买的顾客，或者诱使他们消费得更多，从而获取较大的利润。

（1）差别定价的条件

1）市场必须是可以细分的，而且各个市场细分时必须表现出不同的需求程度。

2）以较低价格购买某种产品的消费者没有可能以较高价格把这种产品倒卖给别人。

3）竞争者没有可能在企业以较高价格销售产品的市场上以低价竞销。

4）细分市场和控制市场的成本费用不得超过因实行价格歧视而得到的额外收入。

5）价格歧视不会引起消费者反感。

6）采取的价格歧视形式不能违法。

（2）差别定价的种类

1）一度差别定价：一度差别定价是差别定价的最极端形式，也是企业最能盈利的一种定价方法。在物业管理领域，是指具有垄断地位的物业服务企业在提供物业服务之前，根据不同消费者可以承受和接受的最高价格的情况，来确定的不同的服务价格。一度差别定价在实际中很少使用，因为它要求物业服务企业十分了解市场需求曲线和各个消费者的购买意愿。例如某小区住宅楼25栋，其中18栋为商品房，7栋为安居房。如果按统一的物业管理价格收费，则商品房住户的缴费率很高，而安居房住户的缴费率却不让人满意。为了解决这一问题，物业服务企业通过与业主委员会多次协商，把商品房住户的服务价格提高了10%，把安居房住户的服务价格降低了10%，同时在服务内容和质量上表现出差异性。结果表明，这种定价是成功的。

2）二度差别定价：是一度差别定价的不完全形式，根据单个消费者购买的数量大小来定价，就是我们常说的数量折扣。这种定价形式常用于公用事业（电、水、煤气等）。例如，美国曾经按不同的月用电量Q收费（P为单价）：

① $1 \leq Q \leq 100$千瓦小时，$P=0.12$美元/千瓦小时；

② $101 \leq Q \leq 400$千瓦小时，$P=0.10$美元/千瓦小时；

③ $Q > 400$千瓦小时，$P=0.08$美元/千瓦小时。

3）三度差别定价：最常见的差别定价。根据需求的价格弹性的不同来划分顾客或市场。就是说，对价格弹性大的市场，价格定得低一点；价格弹性小的市场，价格定得高一点。

市场通常可以根据以下三种因素来划分：

① 地理位置不同：如一种产品在国内和国外市场上定不同的价格，国内价格（弹性小）>国外价格（弹性大）。

② 产品用途不同：如电话用户分为企业用户和居民用户，企业费用（弹性小）>居民费用（弹性大）。

③ 消费者的个人特征：如按年龄不同来划分电影市场，成人票价（弹性小）>儿童票价（弹性大）。

3. 高峰定价法

高峰定价法（也称高峰负荷定价法）是时间差价的一种形式。在对某些公共企业的产出的需求可能会随时间而大幅度变动的情况下，会出现高峰负荷定价问题。高峰负荷定价最适合于供应缺乏弹性的产品。此时，供应商完全能预测需求的增长，因而能够进行系统化的价格上调。

采用高峰定价法需要物业服务企业具备三个条件：首先，服务是不能储存起来过后再使用的；其次，在不同时间内提供的服务必定要使用同一生产设施；第三，在不同的时间内，需求的特点呈现显著的不同。

如在电力生产中，超产或贮存产出是不可能的或代价极高的。解决的方法一般是在不同的时期收取不同的价格，如南方电网实行的阶梯电价，在高峰期与非高峰期收取不同的价格。实行高峰负荷定价也可以改进整个社会资源配置的效率，因为高峰负荷定价使价格接近于边际成本，这将使消费者剩余与生产者剩余的总额最大。每年的"春运"期间，铁路、公路、民航提高票价也属于一个典型的高峰负荷定价问题。

高峰定价法在物业管理领域的表现为：物业服务企业向那些在高峰期内要求

得到服务的顾客索取高价，而对那些在低峰期内消费的顾客索取低价。例如，某商业物业10楼设有健身房。该健身房在开放的很长时间内，一直是固定价格，定价为3元／人·小时。实际运营中发现，每天晚上和双休日顾客盈门，而平时却很冷清。结果一度经济效益不好，并有一定程度的亏损。面对这种情况，物业服务企业采用了高峰定价法。经过研究，在不同时间分别制定了不同的价位。在每天晚上和双休日定价为5元／人·小时，其余白天时间为2元／人·小时。调整价格后，黄金时间光顾的人减少了一些，但其余时间来的顾客却明显增多。总体核算起来，净收入增加。

4. 对比定价法

对比定价法即指同类物业中具有可比性的某一物业计费标准完善，执行效果好，其他物业管理费的计费标准就可通过逐项对比，逐一确定每项管理支出和收费的方法。物业服务企业在确定投标物业服务价格时，可参照同一地区或经济发展水平接近地区的同类物业，如果发现两者的规模、服务水平、物业类型及规模等相当或类似，就可认为两者之间的服务价格应该相当或相似，通过对比进行价格的调整及确定。

5. 经验法

经验法是指在掌握不同类型物业管理费计费标准及执行效果后，根据以往经验确定目标物业的服务价格。该方法简单、实用，避免了其他物业服务定价方法的弊端。但新的物业服务收费管理办法出台后，此法的应用受到了一定程度的限制。

6. 综合法

综合法是指综合上述诸方法的优点，对多种计费方案反复比较、修改，最后制定最佳服务价格的方法。因为该方法吸收了上述各种方法的优点，所以具有很强的实用性，在实际中被广泛应用。

7.2 物业投标报价策略与决策

7.2.1 物业投标策略与决策的含义及意义

1. 物业投标策略与决策的含义

所谓投标策略，是指物业服务企业在投标竞争中的指导思想、系统工作部署及其参加投标竞争的方式和手段。其中，投标报价的指导思想就是投标单位从自身的经营条件和优势出发，结合现阶段的业务状况，决定在何种方针的指引下参加投标，通过竞争所力求达到的利益目标。所以说，指导思想是报价策略的核心要素，是选择竞争对策、报价技巧的依据。系统工作部署主要指精心安排，制订实施计划，落实责任，强化监控，随时准备因情况的突变而采取应急措施。

所谓投标决策，是投标选择和确定投标项目并制订投标行动方案的过程，是一种有约束条件的最优化。投标决策包括三方面内容：一是针对项目招标，是投标还是不投标；二是倘若去投标，是投什么性质的标；三是投标中如何采用以长制短、以优胜劣的策略和技巧。投标决策的正确与否关系到能否中标和中标后的效益，关系到物业服务企业的发展前景和职工的经济利益。

投标策略与投标决策经常容易被混淆，其实这是两个相互联系、不同范畴的概念。投标策略贯穿在投标决策之中，投标决策包含着投标策略的选择和确定。在投标与否的决策、投标项目选择的决策、投标积极性的决策、投标报价、投标取胜等方面，都无不包含着投标策略。投标策略作为投标取胜的方式、手段和艺术，贯穿于投标决策的始终。

2. 物业投标策略和投标决策的意义

随着物业服务市场的逐渐成熟，招标投标方式将逐渐成为物业服务企业取得物业服务项目的主要手段。目前，我国的物业管理市场是买方市场，竞争十分激烈。在这种情况下，制定正确的投标决策和投标策略便显得尤为重要，这主要表现在以下三个方面。

（1）争取竞标成功

投标策略是物业服务企业在投标竞争中成败的关键。正确的投标策略，能够扬长避短，发挥自身优势，在竞争中立于不败之地。

（2）获取经营收益

投标决策和投标策略是影响物业服务企业经济效益的重要因素。物业服务企业如果能采用正确的报价策略，以合理价格中标，就有可能获得既定的经营收益。

（3）实现经营目标

正确的投标决策和投标策略，能够保证物业服务企业扩大市场份额，达到规模经济，实现企业发展战略。

7.2.2　投标决策的内容

投标决策是物业服务企业经营决策的组成部分，指导着投标全过程。物业服务市场的投标决策一般可以划分为投标决策前期和投标决策后期两个阶段。其中，投标决策的前期阶段在购买资格预审资料前完成，其主要根据招标公告（或投标邀请书），以及本企业的实际情况，并参考对竞争对手、招标物业、业主情况的调研结果，决定是否投标。投标决策的后期阶段，具体是指从申报资格预审至封送投标文件前完成的决策研究阶段。这个阶段的主要工作有三：一是决定投什么性质的标，是风险标还是保险标，是盈利、保本标还是亏损标；二是对报价方案作出分析；三是确定在投标竞争中采用何种对策等。投标决策包括以下几个方面的内容。

1. 选择投标项目

由于物业服务市场竞争激烈，物业服务企业选择投标与否的余地非常小，一般情况下，基于扩大市场份额、积累实战经验以及提高企业知名度等方面的考虑，只要接到业主委员会或开发商的投标邀请，物业服务企业都应积极响应参加投标。

当然，物业服务企业面对投标机会也会有选择判断的过程。一般来说，物业服务企业决定是否参加某项物业的投标，首先要考虑当前经营状况和长远经营目标，其次要明确参加投标的目的，然后分析中标可能性的影响因素。

2．确定报价策略

物业投标的成功与否，不仅仅取决于科学严谨的报价预算过程，更重要的是合理的投标决策和策略。投标时，根据物业服务企业的经营状况和经营目标，既要考虑物业服务企业自身的优势和劣势，也要考虑竞争的激烈程度，还要分析投标项目的整体特点，按照物业的类别、管理条件等确定报价策略。当前物业服务企业在报价中应用最多的是以下三种策略：

（1）生存型报价策略

生存型报价策略是以克服企业生存危机为目标，较少考虑利润，甚至不考虑利润而争取中标。社会、政治、经济环境的变化和物业服务企业自身经营管理不善，都可能造成物业服务企业的生存危机。这时物业服务企业应以生存为重，采取不盈利，甚至赔本也要夺标的态度。只要能暂时维持生存渡过难关，就会有东山再起的希望。但长期采用低价投标甚至亏本投标的办法来参与市场竞争，并不利于物业服务企业长期稳定的发展，一般的企业要慎用。

（2）竞争型报价策略

竞争型报价以竞争为手段，以开拓市场、低盈利为目标，在精确计算成本的基础上，充分估计其他参与竞标企业的报价目标，以有竞争力的报价达到中标的目的。物业服务企业处于以下几种情况下，应采取竞争型报价策略：投标项目风险小、技术要求不复杂、工作量大、社会效益好的优质物业服务项目；经营状况不景气，近期接受的投标邀请较少；竞争对手有威胁性；试图进入新的地区或服务领域；开拓新的物业类型；附近有本企业其他正在管理的物业项目等。目前大多数企业采用的是竞争型报价策略，也就是保本微利策略。通过保本微利的价格竞争优势，占领市场份额，更适用于规模大、远期效益好的项目或业主大会委托业主委员会组织的招标项目。

（3）盈利型报价策略

投标报价充分发挥自身优势，以实现最佳盈利为目标，对效益较小的项目热情不高，对盈利大的项目充满自信。在以下几种情况下，物业服务企业可采用盈利型的报价策略：物业服务企业在该地区已经打开局面，知名度较高，品牌效益较好；信誉度高，竞争对手少；具有技术优势或者管理优势，投标目标主要是扩大影响；管理条件差、难度高、服务量大、服务费用支付条件不好、服务质量要求苛刻项目等。

3．进行风险决策

风险和利润并存于物业管理投标中，物业服务企业在招标投标中应该对风险做全面的分析和预测，并尽可能采取措施来转移和防范较大风险。决策者应全面地考虑期望的利润和承担风险的能力，在风险和利润之间进行权衡并做出选择。物业服务企业在投标决策中遇到风险时，常常采用以下四种基本方法进行处理：回避、降低、转移和自留。

（1）回避风险

在投标决策中，对于经核算明显亏损或业主执行条件不好难以继续合作的物业项目，物业服务企业有时不惜以放弃投标和拒签合约来解决。但风险回避更多是针对那些可以回避的特定风险，如防止人才外流、队伍老化等人力资源风险以及技术和管理落后等风险。

（2）降低风险

所谓的降低风险就是采取有效的措施减轻预期风险发生的概率。人们可以采取多样化经营、获得更多的决策信息等措施来降低风险。

1）多样化经营

物业服务企业在开展业务时，由于受管理能力和资金条件的限制，只能决定从事普通住宅小区或智能化商业大厦的某一类专一化物业管理，或者部分从事住宅小区管理、部分从事智能化商业大厦管理。但是，物业服务企业无法知道明年中标物业类型情况，为了使企业的经营风险降至最低，物业服务企业可能会通过多样化经营来降低风险，即把物业服务企业的服务范围拓展到两个及以上的物业类型。

2）获得更多的决策信息

当决策者掌握的决策信息有限时，其作出的决策将具有很大的风险，相应的收益可能较低。如果决策者能通过一定的手段获得更多的信息，增加决策所需的信息，决策风险将因此而降低，相应的收益可能会提高。这种由于获得了更多的信息，而减少或消除了决策的不确定性所增加的收益，就是信息的价值。

为此，物业服务企业应在投标前做好信息的收集及整理工作，以更好地降低决策的风险。这些信息包括宏观政治、经济及行业发展环境以及招标项目条件、投标企业条件及竞争者分析等。

（3）转移风险

转移风险就是将某些风险因素通过采取一定的措施转移给第三方。物业管理投标中常见的转移风险的形式主要是分包和保险。分包除了可以弥补总包人技术、人力、设备、资金方面的不足，扩大总包人的经营范围外，对于有些分包项目，如果总包的物业服务企业自己承担会亏本，可以考虑将它分包出去，让报价低同时又有能力的分包商承担，这样总包的物业服务企业既能取得一定的经济效益，同时还可转嫁或减少风险。另外，购买保险也是目前企业采用最为普遍的转移风险的方式。

（4）自留风险

风险并非都是可以转移的，有的即使可以转移也是不经济的。因此，物业服务合同双方当事人签订合同的一项基本原则就是利益共享、风险共担，所以说自留一部分风险也是合理的。

7.2.3　投标策略及技巧

追求经济效益是物业服务企业的第一要务。但盈利有多种方式，掌握项目前期的报价技巧显得尤为重要。投标技巧是指在投标报价中采用一定的手段和技巧，使业主或开发商可以接受，而中标后能获得更好的利润。物业服务企业在投标时，应该将精力主要放在制订先进合理的技术方案和实现较低的公共服务费上，以争取中标。但是还有一些投标技巧有助于增加中标概率，现介绍如下。

1. 不平衡报价法

不平衡报价法是国际工程投标报价常见的一种方法，现在已被广泛应用于各行业的投标报价中。它是指一个物业项目的投标报价，在总报价基本确定后，如何调整内部各个项目的报价，以期既不提高总价，不影响中标，又能在结算时得到更理想的经济效益。不平衡报价法归纳起来有两个目的：一是尽可能早地实现收益，二是尽可能多地实现收益。下面举例说明。

【例7-4】某房地产开发商开发了10万m²的住宅小区，欲通过招标投标方式寻找物业服务企业，在管理服务费报价时要求对已入住房屋和空置房屋分别报价。开发商估算空置率为20%，但某投标企业估算其实际为10%，物业管理公司预测和判断出这一失误后，采用了不平衡报价，使物业管理公司每年多赚取了12万元（见表7-3和表7-4）。

【解】

平衡和不平衡报价表（报价时）　　　　　表7-3

报价项目	房地产开发商的估算（万m²）	平衡报价（万元）		不平衡报价（万元）	
		单价 元/(月·m²)	合计 (万元/年)	单价 元/(月·m²)	合计 (万元/年)
已住房屋	10×80%=8	2	192	2.2	211.2
空置房屋	10×20%=2	1	24	0.2	4.8
总计		216		216	

平衡和不平衡报价表（年终结算时）　　　　　表7-4

报价项目	年终结算时实际的空置面积（万m²）	平衡报价（万元）		不平衡报价（万元）	
		单价 元/(月·m²)	合计 (万元/年)	单价 元/(月·m²)	合计 (万元/年)
已住房屋	10×90%=9	2	216	2.2	237.6
空置房屋	10×10%=1	1	12	0.2	2.4
总计		228		240	

通常在物业服务项目报价时采用的"不平衡报价法"有下列几种：

（1）将可以及时结账的项目报高些，以利于资金周转，后期收费项目的报价可适当降低。

（2）预计今后工作量会增加的项目，单价适当提高，这样在最终结账时可多获取经济效益。

（3）暂定项目要视情况具体分析。因为这一类项目要在招标方就目标物业确定中标人并签订委托服务合同后，再由业主决定是否委托服务，以及由谁来进行管理。如果暂定项目不分包，继续由中标企业管理，则可对其报的价格高一些。如果暂定项目分包，则该暂定项目可能由其他的物业服务企业来管理，则不宜报高价，以免抬高总报价。

（4）在议标方式中，招标人（业主委员会或开发商）一般要压低报价。这时应该首先压低那些工作量小的单价，因为这些工作对总标价的影响不大，却会给招标方带来价格大幅度降低的错觉。

（5）在综合性物业服务项目的投标中，在国家或地方允许的前提下，可采取提高经营性物业服务而适当降低非经营性物业服务项目的收费标准，以达到收入不减少又能提高中标概率的目的。当然，采用该法也存在一定的风险，特别是在写字楼等高档物业的管理中，如果完不成规定的管理经营指标，可能要承受较大的罚款风险等。

不平衡报价一定要建立在对于报低单价的项目的工作量风险仔细核对的基础上，同时，降低和提高报价一定要控制在合理幅度内，以免引起招标人的反对，甚至导致废标。

2. 多方案报价法

在邀请招标或议标方式中，由于招标文件不明确或项目本身有多方案存在，投标人对项目原方案提出在经济上、技术上更合理可行的方案，即准备两个或两个以上的报价，最后与招标方进行协商处理。

其具体做法是：在标书上报两个价，一是按招标文件或合同条款报的价；二是加以解释："如招标文件或合同条款可作某些改变时，则可降低多少的费用"，使报价成为最低的，以吸引业主修改招标文件或合同条款。还有一种办法是对物业服务项目中一部分没有把握的工作，注明采用按成本加若干酬金结算的方法。当然这种方法仅适用于招标文件中没有对报价方式及报价数目作严格限定的前提条件下。

3. 突然降价法

在竞争激烈的商战时代，报价是一项极为保密的工作。在投标过程中，竞争对手往往相互刺探，打听对方报价。所以，在开始编标做价时，可适当做高一些。在投标截止日前临送达时，可突然将总价降低若干个百分点，令竞争对手猝不及防。

采用突然降价法而中标，因为开标只降低总价，所以在签订合同后可采用不平衡报价的思想调整管理收支预算表内的各项单价或价格，以期取得更高的效益。

4．增加推荐方案法

有时招标文件中规定，投标人可以提出推荐方案。物业服务企业通过提出新的方案，特别是通过在新方案中强调改善管理服务质量和节省费用等方面的优势，获得招标人的好感，促成自己的方案中标。值得注意的是，对原招标方案一定要报价，以供业主比较。增加推荐方案时，不要将方案写得太具体，保留方案的关键技术，以防止其他企业效仿。同时要强调的是，推荐方案一定要比较成熟，否则有可能后患无穷。

5．降价系数调整法

投标企业在填写管理经费收支预算报价单时，每一分项的报价都增加一定的降价系数，而在最后撰写投标致函中，根据最终决策，提出某一降价指标。例如，先确定降价系数为8%，填写报价单时可将原标价除以（1-8%），得出填写价格，填入报价单并按此计算总价和编制投标文件。直至投标前数小时，才做出降价最终决定，并在投标致函内声明："出于友好的目的，本投标人决定将计算标价降低×%，即本投标报价的总价降为××元，随同本投标文件递交的投标函的有效金额相应地降低为××元。投标人愿意按本致函中的报价代替报价单中汇总的价格签订合同。"

6．开口升级报价法

这种方法是以低报价作为协商的突破口。投标方可以对物业的图纸或说明书进行分析，把物业管理中的一些难题抛开作为活口，将标价降至无法与之竞争的数额（在报价单中应加以说明）。以低价来吸引业主，从而赢得与业主商谈的机会，利用活口进行升级加价，以达到最后盈利的目的。

7．先亏后盈法

先亏后盈法（无利润算标法）是指投标人为了开辟某一市场而不惜代价的低价中标方案。一些自身拥有雄厚实力或有国家或大财团做后盾的企业，为了想占领某一市场或想在某一地区打开局面，或为以后的公司发展打下基础，有时会采取先亏后盈的方法。即为了达到中标的目的，不惜代价去争取，拟打算用后期的盈利去弥补先期的亏损。适用这种方法的物业服务企业必须要求具备良好的资信条件，提出的管理方案要先进可行，并且标书做到"全面响应"。与此同时，要加强对公司优势的宣传力度，让招标人对拟定的施工方案感到满意。否则即使报价再低，招标人也不一定选用。相反，评标人会认为标书存在重大缺陷。

8．附带优惠法

招标者评标时，除了考虑报价和管理水平外，还要分析其他条件，如投标企业是否提供某种优惠服务等。所以在投标时主动提出优惠条件，有助于增大中标的胜算。

9．争取评标奖励法

有的招标文件规定，对于某些技术规格指标的评标，投标人提供优于规定指标值时，给予适当的评标奖励。投标人应对某些重要或关键指标适当地制定优于规定的标准，以此获得适当的评标奖励并争取在竞标中获得最终的胜利。当然，如果技术性能优于招标规定，很可能导致报价相应上涨，评标奖励也有可能因此失去意义。

7.3 投标项目的优选方法

7.3.1 评分法

拟投标的物业服务企业在投标前，首先应该对自己企业的自身条件进行认真分析，按照招标文件中规定的评分标准和各项因素，列出若干项需要考虑的指标，在每次投标前都围绕这些指标进行分析，并客观地作出决策。这种分析方法称为评分法。常用的有单纯评分法和加权评分法两种。

1. 单纯评分法

使用单纯评分法的分析步骤如下：

（1）物业服务企业针对自己企业的客观条件列出若干项投标时需要考虑的指标。

（2）按照指标对物业服务企业完成该项目的相对重要性，分别为其确定权数。

（3）用指标对投标项目进行衡量，可将各项指标分为很好、较好、一般、较差、很差5个等级，给各等级赋予定量实质，比如分别赋值为1.0、0.8、0.5、0.3、0.1得分。

（4）将各项指标权数与等级相乘，求出该指标得分。

（5）将总得分与过去其他投标情况进行比较，或与物业服务企业预先设定的可接受的最低分数线比较。表7-5为用单纯评分比较法选择投标项目的过程。

用单纯评分比较法选择投标项目　　　　表7-5

投标考虑的指标	权数(w)	等级 c 很好 1.0	较好 0.8	一般 0.5	较差 0.3	很差 0.1	指标得分 w×c
技术水平	0.15	√					0.15
物质装备实力	0.10		√				0.08
管理的条件	0.25		√				0.20
对风险的控制能力	0.10			√			0.05
与竞争对手实力比较	0.10			√			0.05
未来可能获得的机会	0.10					√	0.01
劳务和材料条件	0.15	√					0.15
智能化管理水平	0.05		√				0.04
$\sum w \times c$							0.73

表7-5是一个应用例子，它有两个作用：一是对某一个招标项目的投标机会作出评价，即利用本公司过去的经验，确定一个$\sum w \times c$值，如为0.8以上即可投标，上述物业投标的实际值为0.73，小于0.8，故放弃投标；二是可用以比较若干个同时可以考虑投标的项目，选择$\sum w \times c$值最高的一项或几项作为重点，投入足够的投标资源。

在选择投标项目时，应注意不能单纯看$\sum w \times c$值，还要分析一下权数大的几个项目，也就是要分析重要指标的等级，如果太低，也不宜投标，否则可能无法胜任投标项目的管理。

2. 加权评分法

用加权评分法选择投标项目的分析步骤如下：

（1）比如，设8条标准的理论总价值为100，按照8条标准各自对于物业管理的相对重要性，确定权数R_i，权数总和为100。

（2）根据物业服务企业的现状和可能采取的措施，对照招标项目，看物业服务企业能达到8条评价标准的水平，确定出各条标准的价值系数（P_i），使其值$0 \leq P_i \leq 1$。

$$V_i = P_i R_i$$

$$V = \sum V_i = \sum P_i R_i$$

（3）事先决定出物业服务企业可以参加投标的价值标准，若投标机会价值大于可投标价值标准，则可以参加投标。

（4）做出评价结果。因该物业投标的实际价值82.5，大于可投标价值标准80.0，所以，支持投标。表7-6为用加权评分法选择投标项目的过程。

用加权评分法选择投标项目 表7-6

投标考虑的指标	权数 R_i	价值系数 P_i	实际价值 $V_i = R_i P_i$
1. 技术水平	15	1.0	15.0
2. 物质装备实力	10	0.9	9.0
3. 管理的条件	25	0.9	22.5
4. 对风险的控制能力	10	0.6	6.0
5. 与竞争对手实力比较	10	0.6	6.0
6. 未来可能获得的机会	10	0.5	5.0
7. 劳务和材料条件	15	1	15.0
8. 智能化管理水平	5	0.8	4.0
$\sum V_i = R_i P_i$			82.5

7.3.2 决策树法

决策树是模仿树木生枝成长过程，以方框和圆圈为节点，并由直线连接而成的一种树枝形状的结构，其中方框代表决策点，圆圈代表机会点。从决策点画出的每条直线代表一个方案，叫做方案枝，从机会点画出的每条直线代表一种自然状态，叫做概率分枝。决策树的画法如图7-2所示。

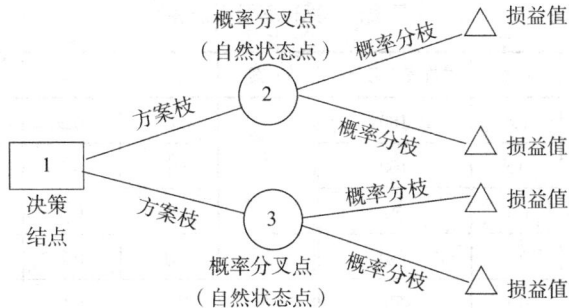

图7-2 决策树

（1）先画一个方框作为出发点，又称决策结点。

（2）从决策结点向右引出若干条直（折）线，每条线代表一个方案，叫方案枝。

（3）每个方案枝末端，画一个圆圈，叫概率分叉点，又称自然状态点。

（4）从自然状态点引出代表各自然状态的直线称概率分枝。在括弧中注明各自然状态发生的概率。

（5）如果问题只需要一级决策，则概率分枝末端画一个"△"，表示终点。终点右侧写上各该自然状态的损益值。如果还需第二阶段决策，则用决策结点"□"代替终点"△"，再重复上述步骤画出决策树。

决策树法用树状图表示决策过程，是一种相对简便易行的风险型决策分析法，可帮助决策者对行动方案作出选择。当物业服务企业不考虑竞争对手的情况，仅根据自己的实力决定某些招标物业是否投标及如何报价时，则适用于决策树法进行分析。

一般来说，使用决策树法进行分析决策需具备以下五个条件：

（1）确定决策者希望达到的目标（利润最大或亏损最小）。

（2）存在可供选择的两种或两种以上的行动方案。

（3）存在两种或两种以上不以人的意志为转移的自然状态，如效益的好、中、差等。

（4）不同行动方案在不同自然状态下的相应损益值可以计算出来。

（5）各种自然状态出现的概率，决策者可以预测或估算出来。

下面举例说明决策树方法在物业管理投标决策中的应用。

【例7-5】某物业管理公司面临A、B两项物业投标，受本企业资源所限，只能选择其一参与投标，或者均不投标。根据过去类似物业投标的经验数据，A物业投高标的中标概率为0.4，投低标的中标概率为0.7，编制招标文件的费用为5万元；B物业投高标的中标概率为0.2，投低标的中标概率为0.9，编制招标文件的费用为4万元。各方案管理的效果、概率及损益情况见表7-7。请问：该公司如何运用决策树法作出正确的投标决策？

各投标方案概率及损益表　　　　　　　　　　　　　表7-7

方案	效果	概率	损益值（万元）	方案	效果	概率	损益值（万元）
A高	好	0.4	180	A低	好	0.2	100
	中	0.5	100		中	0.7	50
	差	0.1	50		差	0.1	0
B高	好	0.3	150	B低	好	0.2	80
	中	0.4	80		中	0.6	30
	差	0.3	30		差	0.2	−20
不投标			0	不投标			0

【解】

1. 从以下几个方面进行分析：

（1）要求熟悉决策树法的适用条件，能根据给定条件正确画出决策树。

（2）能正确计算各机会点的数值，进而作出决策。

（3）不中标情况下的损失费用为编制招标文件的费用。

（4）决策树的绘制是由左向右，而计算是自右向左，最后将决策方案以外的方案枝用两短线排除。

2. 画出决策树，标明各方案的概率和损益值，如图7-3所示。

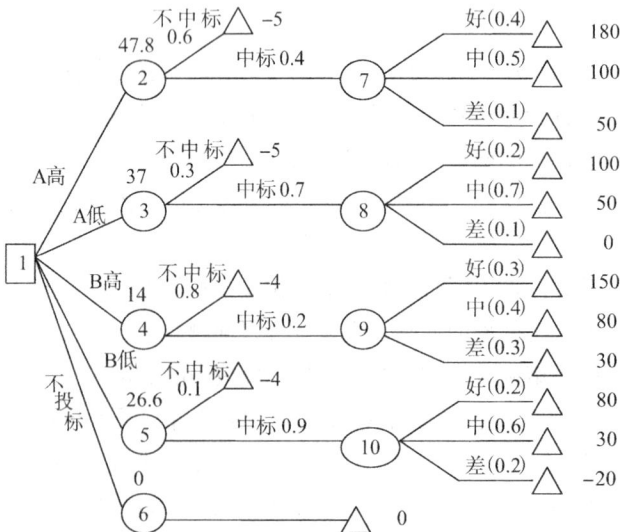

图7-3　决策树解题

3．计算图中各机会点的期望值（将计算结果标在各机会点上方）

点7：$180 \times 0.4+100 \times 0.5+50 \times 0.1=127$

点2：$127 \times 0.4-5 \times 0.6=47.8$

点8：$100 \times 0.2+50 \times 0.7=55$

点3：$55 \times 0.7-5 \times 0.3=37$

点9：$150 \times 0.3+80 \times 0.4+30 \times 0.3=86$

点4：$86 \times 0.2-4 \times 0.8=14$

点10：$80 \times 0.2+30 \times 0.6-20 \times 0.2=30$

点5：$30 \times 0.9-4 \times 0.1=26.6$

点6：0

4．选择最优方案。

因为点2的期望值最大，故应选择A物业投高标。

7.4 如何避免报价失误

7.4.1 防止标书中制约条款方面的计价失误

报价时物业服务企业必须充分理解招标文件的内容，不放过任何一个细节。因为招标方会聘请有经验的代理公司编制严密的招标文件，对物业服务企业的制约条款几乎达到无所不包的地步，物业服务企业基本上是受限制的一方，招标书中关于投标人的责任肯定会十分苛刻。物业服务企业如果对标书中的制约条款研究不透彻，就盲目地决定参加投标，必然会加大中标后的风险，而且在今后执行过程中，由于合同条款等因素也会造成不可避免的经济损失。所以，下面是应当特别予以注意的对标价计算可能产生重大影响的因素。

1．管理期限

管理期限长短对设计方案的选择、物资设备的投入、管理人员的配备等均有影响，在计算报价时应分情况充分考虑。

2．维修基金的使用方式

维修基金的所有权归属于全体业主，必须经业主委员会批准，物业服务企业方可接受委托操作使用。如果物业维修基金留存计划有出入，维修基金的支付方式不利于物业服务企业，造成维修基金常常不到位，就意味着物业服务企业垫支运作，可能造成企业资金周转困难，并且因为垫付周转资金带来的利息也会增加企业的经营成本。

3．保函的要求

保函包括投标保函、预付款保函、履约保函、维修保函等。保函值的要求、允许开具保函的银行的限制、保函有效期的规定等对物业服务企业计算保函手续费用和用于银行开具保函所需抵押资金的占用有重要影响。

4．保险

标书中是否指定了保险公司、保险种类、保险最低金额等，这些均与保险费用的计算有关。

5．物业服务费收取的方式和条件

业主或开发商每次缴纳管理服务费用的时间规定，付款回扣及拖延付款滞纳金的计算等，都将影响物业服务企业在投标报价时其流动资金及利息费用的计算。

6．货币

涉外物业项目业主如果是外国企业或居民，其支付或结算如果采用外汇，其兑换方式或汇率将对报价有一定的影响。

7．不可抗力因素

地震、火灾等不可抗力因素造成的损害，将涉及公共部位、公共设施维修和养护问题。

8．评标奖励和管理考核惩罚的规定

如果招标文件中设有评标奖励，达到要求将会使报价降低，物业服务企业应充分考虑这种奖励与为获得奖励所支出成本之间的差额。在投标中所作出的承诺，如果考核不合格将会在中标后遭遇怎样的惩罚，其对利润的影响又会是多少，这些都应予以特别注意。

9．各项费用价格的调整条件、范围、方法

物价上涨、汇率变化、法律变化等会对各项费用的数额产生很大的影响，在招标文件中这些方面的规定如果不利于投标企业，在计算报价时应权衡利弊，并采用增加不可预见费来谨慎规避这一风险。

7.4.2 防止项目漏报以及忽视服务范围要求造成的失误

投标企业一旦中标，进驻接管的物业管理项目，一般会对物业进行整治。例如，对新建的物业，可能要进行垃圾清理、道路清扫、设备查勘、环境绿化等。对原有物业，则可能要拆除违章建筑、维修路面等。所以，物业服务企业可根据招标文件和拟管物业的实际情况把一切费用计入总报价中，不得有任何遗漏或归类的错误。另外，投标企业还要注意不要忽视标书中规定的分包计价方法，物业服务企业在投标时应注意标书中对某些专业项目，由物业服务企业自己指定分包商还是必须由业主指定的企业进行分包。如果属于后者，一般招标文件会规定物业服务企业对这些企业应提供何种条件，承担何种责任，以及文件规定的分包商计价方法，对此应仔细研究。

7.4.3 避免忽视设备、材料及物业管理标准造成的失误

仔细审核招标文件中对于相关物业设备及材料，如纯净水供水系统、控制中心的设施设备等是否有供货商的明确要求。如需由物业服务企业提供，则依据物业服务的标准或招标文件的规定编制出细目表，归类说明材料设备的规格、型号、技术数据、技术标准并估算出需求量，以便及时向国内外询价，保证其准确性。另外，招标文件中一般都有物业服务标准的条款，如委托房屋、设施设备应达到国家验收标准，或在几年内达到国家物业管理优秀小区标准。这些有关物业服务标准的要求必然对投标报价的计算产生影响，要引起投标企业的重视。如果企业为了中标而压低报价，一旦造成服务质量不符合招标文件中规定的标准，将承担相应的违约责任。

7.4.4 充分调研和论证，提高投标报价的严肃性

在项目的选择上，许多物业服务企业具有很强的盲目性，有的未经充分的调研和论证就仓促决策，有的未对项目的风险进行科学的预测和分析，甚至有的连投标项目的概况都不清楚就轻易投标接管，这类盲目决策的大型项目将给企业带来巨大的经济损失。另外，不少大型的物业服务项目普遍存在着不同程度的投标报价失误现象，一是漏报、错报、重复报价；二是询价不准确，管理服务人员的人工费，材料设备的交货价与招标价误差很大；三是物业服务费计算失误。因此要进行充分的前期调研和可行性论证，提高投标报价的严肃性。

7.4.5 重视物业服务企业获得补偿的权利

按照惯例，合同文件一般都有关于投标企业获得补偿的相应条款，即投标企业如果遇到各种不可预见的情况而导致费用增加时，物业服务企业可以援引合同条款而得到合理的补偿。但是某些招标项目的合同文件，往往故意删去这一类条款，甚至写明物业服务企业不得以任何理由索取合同价以外的补偿，这就意味着物业服务企业要承担很大的风险。

如果合同文件中没有提及相关补偿条款，物业服务企业投标时就不得不增大不可预见费用，而且应当在投标致函中适当提出，以便在今后投标和商签合同时争取修订。除索取补偿外，物业服务企业也要承担违约罚款、损害赔偿等责任。物业服务企业一定要在投标前充分关注和估量责任及赔偿限度等规定带来的风险，并采取适当的措施加以防范。

7.4.6 注重利用合同条款做自我保护

在招标投标中，许多物业服务企业法律意识淡薄，在合同条款中不注意列入保护自己的内容，以致引起纠纷甚至带来巨大的经济损失。投标企业应注重利用合同条款来保护自己，特别应防止下列情形发生：对合理的条款如人工费用上涨和物价上涨因素缺乏力争到手的招数；除关键性条款失误外，还对潜伏性的破坏性损失、有名无实的条款等不注意研究对策；在执行合同中缺乏索赔意识和索赔能力；对分包商管理不严等。

7.4.7 提高人员素质，注重过程规范

投标报价专业技术性强，并且相当复杂。同时由于招标投标体制在我国建立的时间不长，致使物业管理招标投标的发育还不是很成熟，还存在许多不规范之处。许多报价人员甚至连招标投标的基本知识都不具备，不熟悉物业管理报价的基本方法和报价技巧，缺乏编制报价的实践经验，标底价格的制定具有很大的盲目性。报价不稳定、大起大落，这样必然会出现不同程度的投标报价失误现象。报价工作必须有长期稳定的专职人员参加，组成有物业管理报价经验的固定班子，不断总结经验，提高报价水平，以适应物业管理投标工作的需要。

本章小结

物业管理投标报价的核心是确定物业服务成本，测算物业服务费。物业服务费用的构成包括物业服务成本、法定税费和物业服务企业的利润。物业服务计费方式通常采用包干制和酬金制。物业服务费测算要遵循相关依据和原则。

物业投标报价的定价方法有：成本加成定价法、差别定价法、高峰定价法、对比定价法、经验法、综合法等。物业费的计算一般采用成本加成定价法。

确定物业服务成本和利润并非意味着已形成最终的物业投标报价，而是要根据特定的投标策略与投标决策确定最后投标报价。投标策略与投标决策是两个相互联系的不同范畴的概念。投标决策包括选择投标项目、确定报价策略、进行风险决策等内容；投标策略是投标竞争中的指导思想、系统工作部署及其参加投标竞争的方式和手段，通过不平衡报价法、多方案报价法、突然降价法、增加推荐方案法、降价系数调整法等多种投标技巧的有效利用辅助中标。评分法和决策树法等量化分析法有助于优选物业服务投标项目与投标方案。

报价时要防止标书中制约条款方面的计价失误，防范项目漏报以及忽视服务范围要求造成的失误，避免忽视设备、材料及物业管理标准造成的失误，重视物业服务企业获得补偿的权利。此外，要充分调研和论证，提高投标报价的严肃性，注重利用合同条款做自我保护，提高人员素质，注重过程规范，尽可能地避免报价失误的发生。

思考与讨论

1．物业服务计费方式有哪几种？各自有何优缺点？

2．列举出各类物业服务项目公共服务费用的组成。

3．对比列出几种物业服务费定价法的适用范围和优缺点。

4．不平衡报价法的含义是什么？如何运用这一方法？

5. 试论物业服务企业应如何进行投标报价决策？

6. 物业服务企业降低风险的方法有哪些？

7. 某物业管理公司面临A、B两项物业投标，因受本单位资源条件的限制，只能选择其中一项物业投标，或者两项物业均不投标。根据过去类似物业投标的经验数据，A物业投高标的中标概率为0.3，投低标的中标概率为0.6，编制投标文件的费用为3万元；B物业投高标的中标概率为0.4，投低标的中标概率为0.7，编制投标文件的费用为2万元。各方案管理的效果、概率及损益情况见表7-8。问：用决策树法算出该物业管理公司应按哪个方案投标？

各投标方案概率及损益表　　　　　　　　表7-8

方案	效果	概率	损益值（万元）	方案	效果	概率	损益值（万元）
A高	好	0.3	150	A低	好	0.2	110
	中	0.5	100		中	0.7	60
	差	0.2	50		差	0.1	0
B高	好	0.4	110	B低	好	0.2	70
	中	0.5	70		中	0.5	30
	差	0.1	30		差	0.3	−10
不投标			0	不投标			0

8

物业管理的
开标、评标与定标

本章要点及学习目标

　　了解物业管理开标、评标、定标、授标的基本流程；熟悉评标
程序、方法及评标报告的编制；掌握物业服务合同的主要内容和合
同示范文本；掌握订立物业服务合同应遵循的原则以及合同的变更、
解除与续约等。

案例导入 ————————————————————————————————

评标专家不认真评标导致结果错误

2014年9月25日，某办公楼物业服务对外招标项目在会议中心进行评标工作。该项目采用综合评标法，分商务标和技术标两阶段评标。评标委员会的组成分别由商务组5人（业主1人，专家库专家4人）和技术组7人（业主2人，专家库专家5人）组成。甲投标单位在参加项目投标后，于2014年10月14日对该项目评标委员会（技术组）在评标过程中的行为提起投诉。具体原因为：①有评委打压甲公司的得分优势，将甲公司技术标得分降至50多分；②乙公司投标在商务标得分落后的情况下，有评委帮助其修改，使乙商务标分数增加；③本项目评委会成员对同一水准的技术标评分相差非常大，甚至有评委给乙公司技术标打100分。经查，确实存在个别评委故意打压甲公司得分，而人为拉高乙公司得分情形。最终，给予该评委严肃处分，取消该评委评标资格，并从专家库中剔除，更换该项目评标委员会组成，该项目重新启动评标。

【评析】评委水平及素质参差不齐，责任心和纪律性明显打折扣。根据《评标专家和评标专家库管理暂行办法》第七条第三款规定，专家必须具备："能够认真、公正、诚实、廉洁地履行职责"，并且第十四条规定专家负有"客观公正地进行评标"的义务。该项目个别专家没有认真进行评标，导致结果错误。这就要求我们对专家入库时严格审查，使其必须具备良好的职业素养和职业道德。同时，加强项目评标细则的建设。

8.1 开标

开标是指招标单位在规定的时间和地点，在有投标人出席的情况下，当众公开拆开投标资料，宣布投标人的名称、投标价格和投标文件中其他主要内容的过程。

开标一般在公证员的监督下进行。我国国内开标方式有以下三种：

第一，在有招标单位自愿参加的情况下，公开开标，但当场不宣布中标结果；

第二，在公证员的监督下开标，确定预选中标户；

第三，在有投标单位自愿参加的情况下，公开开标，当场确定预选中标人。

招标单位可根据实际情况任选其中一种。

8.1.1 开标的时间与参加人员

《招标投标法》第三十四条规定，开标应当在招标文件确定的提交投标文件截止时间的同一时间公开进行，开标地点应当为招标文件中预先确定的地点。

《招标投标法实施条例》第四十四条也规定，招标人应当按照招标文件规定的时间、地点开标。

1．开标时间

开标时间和提交投标文件截止时间为同一时间，应具体确定到某年某月某日的几时几分，并在招标文件中明示。法律之所以如此规定，是为了杜绝招标人和个别投标人非法串通，在投标文件截止时间之后，视其他投标人的投标情况，修改个别投标人的投标文件，从而损害国家和其他投标人利益的情况。招标人和招标代理机构必须按照招标文件中的规定，按时开标，不得擅自提前或拖后开标，更不能不开标就进行评标。

2．开标地点

开标地点应在招标文件中具体明示。开标地点可以是招标人的办公地点或指定的其他地点。开标地点确定应具体到要进行开标活动的房间，以便投标人和有关人员准时参加开标。

3．开标时间和地点的修改

如果招标人需要修改开标时间和地点，应以书面形式通知所有招标文件的收受人。严格地说，一般要求这个通知时间是在招标文件要求提交投标文件截止时间至少15日前。

4．参与开标人员

在招标文件规定的日期、时间和地点，由招标单位的法人代表或其指定的代理人主持开标仪式。届时所有投标人参加，并邀请有关主管部门、经办银行代表和公证机关出席。开标会议可邀请公证部门对开标全过程进行公证。

8.1.2　开标的程序

《招标投标法》第三十六条规定："开标时，由投标人或者其推选的代表检查投标文件的密封情况，也可以由招标人委托的公证机构检查并公证；经确认无误后，由工作人员当众拆封，宣读投标人名称、投标价格和投标文件的其他主要内容。招标人在招标文件要求提交投标文件的截止时间前收到的所有投标文件，开标时都应当当众予以拆封、宣读。开标过程应当记录，并存档备查。"按照惯例，公开开标一般按以下程序进行：

（1）招标人宣布开标会议开始，并由招标单位工作人员介绍各方到会人员，宣读会议主持人及招标单位法定代表证件或法定代表人委托书。

（2）会议主持人检验投标物业服务企业法定代表人或其指定代理人证件、委托书。

（3）主持人重申招标文件要点，宣布评标标准与办法。

（4）开标。由投标人或者其推选的代表检查投标文件的密封情况，也可以由招标人委托的公证机构检查并公正。经确认无误后，由工作人员当众拆封，招标人根据招标文件的要求，核查投标文件的完整性、文件的签署、投标保证金等。

其中属于无效标书的，须经评标小组半数以上成员确认，并当众宣布。但提交合格的"撤回通知"和逾期送达的投标文件不予启封。

（5）开始唱标。招标人在截止时间前收到的所有招标文件要求提交的投标文件，开标时都应当当众予以拆封、宣读。唱标顺序应按各投标人报送投标文件的先后或以抽签方式进行。由唱标人逐一宣读开标一览表中的有关要点并由记录人逐一登记。登记表册的内容一般包括投标单位、投标报价、物业服务的质量等级、投标保证金、附加条件、补充说明、优惠条件，以及招标人或投标人认为有必要的其他内容。登记表册由读标人、记录人、公证人和投标企业的法人代表或其指定的代理人签名后作为开标的正式记录，由招标单位保存备查。开标记录一般应记载下列事项，并由主持人和其他工作人员签字确认：①案号；②招标项目的名称及数量摘要；③投标人的名称；④投标报价；⑤开标日期；⑥其他必要的事项。

（6）当众启封公布标底。招标人编制标底的，开标时必须当众启封并公布标底，以使每位投标人做到心中有数，明确自己报价的位置。开标时是否公布标底，要根据招标文件中说明的评标原则而定。当然，当各投标书的报价均属无效报价时，标底价应暂不公布，并宣布招标失败。

8.1.3　废标的处理

开标时如果有下列情况之一，即视为无效标书：

（1）标书未密封。合格的密封标书，应将标书装入公文袋内，除袋口粘贴外，在缝口处用白纸条粘贴并加盖骑缝章。

（2）投标书（包括标书情况汇总表、密封签）未加盖法人印章和法定代表人或其委托代理人的签字（或印鉴）。

（3）标书未按规定的时间、地点送达。

（4）未按规定格式填写，内容不全或关键字迹模糊辨认不清，无法评估。

（5）标书情况汇总表与标书相关内容不符。

（6）标书情况汇总表经涂改后未在涂改处加盖法定代表人或其委托代理人签字（或印鉴）。

（7）招标文件要求提交投标保证金，但在开标前未交或少交规定数额的保证金，或保证金的有效期不符合招标文件规定的标书。

（8）投标人递交两份或多份内容不同的投标文件，或在一份投标文件中对同一招标项目报两个或多个报价，且未声明哪一个有效，按招标文件规定提交备选投标方案的除外。

（9）投标人名称或组织机构与资格预审时不一致的。

（10）联合体投标未附联合体各方共同投标协议的。

8.2 评标

评标是指按照规定的评标标准和方法，对各投标人的投标文件进行评价、比较和分析，从中选出最佳投标人的过程。评标是招标投标活动中十分重要的阶段，评标是否真正做到公开、公平、公正，决定着整个招标投标活动是否公平和公正。评标的质量决定着能否从众多投标竞争者中选出最能满足招标项目各项要求的中标者。

8.2.1 评标委员会的组建

评标委员会应具有一定的权威性，一般由招标单位邀请有关的技术、经济、合同等方面的专家组成。我国《招标投标法》第三十七条规定："依法必须进行招标的项目，其评标委员会由招标人的代表和有关技术、经济等方面的专家组成，成员人数为五人以上单数，其中技术、经济等方面的专家不得少于成员总数的三分之二。前款专家应当从事相关领域工作满八年并具有高级职称或者具有同等专业水平，由招标人从国务院有关部门或者省、自治区、直辖市人民政府有关部门提供的专家名册或者招标代理机构的专家库内的相关专业的专家名单中确定；一般招标项目可以采取随机抽取方式，特殊招标项目可以由招标人直接确定。与投标人有利害关系的人不得进入相关项目的评标委员会；已经进入的应当更换。评标委员会成员的名单在中标结果确定前应当保密。"

评标委员会成员不得与投标单位有直接经济业务关系。评标过程中的有关评标情况不得向投标人或与招标工作无关的人员透露。凡招标申请公证的，评标过程应在公证部门的监督下进行，招标投标管理机构派人参加评标会议，对评标活动进行监督。由于评标工作是人为因素影响最大的一个环节，因此评标委员会必须依法组建。

8.2.2 评标原则

评标活动的基本原则是"公开、公平、公正、科学、择优"。评标委员会应按照这一原则要求，公正、平等地对待各投标人。同时，在评标中恪守以下原则：

1. 客观性原则

评标委员会要严格按照招标文件要求的内容对投标人的投标文件进行认真评审，评标委员会对投标文件的评审仅依据投标文件本身，而不依靠投标文件以外的任何因素。

2. 统一性原则

评标委员会要按照统一的评标原则和评标办法，用同一标准进行评标。

3. 独立性原则

评标工作在评标委员会内部独立进行，不受外界任何因素的干扰和影响。评委对出具的评标意见承担个人责任。

4．保密性原则

评委及熟知情况的有关工作人员要保守投标人的商业和技术秘密。

5．综合性原则

评标委员会要综合分析、评审投标人的各项指标，而不以单项指标的优劣评定中标人。

8.2.3 评标程序

评标的过程一般要经过初评、详评和现场答辩评审三个阶段。初评又称为投标文件的符合性鉴定，详评主要是对标书进行技术评估和商务评估，现场答辩评审阶段是在评标委员会对各投标单位送交的标书评议以后进行的。

1．初步评审

初步评审即投标文件的符合性审查。初审的目的是为了从所有标书中筛选出符合最低要求的合格标书，淘汰那些基本不合格的标书。初审的内容，是检查投标文件是否实质上响应招标文件的要求，评审标准是投标文件应该与招标文件的所有条款、条件规定相符，无显著差异或保留。初审一般包括如下内容：

（1）投标人资格审查

投标人资格审查一般会在资格预审中完成，但也有采用资格后审的。投标人采用资格后审办法对投标人进行资格审查的，应当在开标后由评标委员会按照招标文件规定的标准和方法对投标人的资格进行审查。

（2）投标文件的完整性

投标文件是否包括了招标文件中规定应递交的全部文件，如是否按要求提交了整体策划、管理方式计划、人员配备、管理规章制度、各项指标承诺、社区文化、经费收支预算、职能管理、维修养护等招标文件要求的所有内容和相应的资料。如果内容残缺，则无法进行客观、公正的评价，只能按废标处理。另外，还应检查是否提交招标文件规定的必须提交的相关支持文件和资料。

（3）投标文件的有效性

评标过程中，投标文件涉及以下情况的为废标：

1）评标委员会发现投标人以他人的名义投标、串通投标、以行贿手段谋取中标或者其他弄虚作假方式投标的，该投标人的投标应作废标处理。

2）在评标过程中，评标委员会发现投标人的公共服务费用报价明显低于其他投标报价或者在设有标底时明显低于标底，使得其报价可能低于其成本的，应当要求该投标人做出书面说明并提供相关证明材料。不能合理说明或者不能提供相关证明材料的，评标委员会有理由认定其报价扰乱正常价格竞争，其投标应作废标处理。

3）评标委员会应当审查每一投标文件是否对招标文件提出的所有实质性要求和条件作出响应。未能在实质上响应的投标，应作废标处理。

评标委员会可以书面方式要求投标人对投标文件含义不明确、对同类问题表述不一致或者有明显文字和计算错误的内容作必要的澄清、说明或者补正。举行澄清会有利于加快评标进程，是常采用的方法。在开澄清会时，评审人员应向投标人代表提出主谈人签字的完整的问题清单。经过口头澄清后，投标人代表应正式提出书面答复，并由授权代表正式签字。这些问题清单与书面答复均作为正式文件，并具有与投标文件同等的效力。澄清、说明或者补正应以书面方式进行，不得超出投标文件的范围或者改变投标文件的实质性内容。投标人拒不按照要求对投标文件进行澄清、说明或者补正的，评标委员会可以否决其投标。

评标委员会根据规定否决不合格投标或者界定为废标后，因有效投标不足三个使得投标明显缺乏竞争的，评标委员会可以否决全部投标。

投标人少于三个，或者有效投标不足三个使得投标明显缺乏竞争的，或者最低评标价大大超过标底或合同估价，招标人不愿或无能力接受，评标委员会决定否决所有投标，应当宣布此次招标失败，招标人可以选择依法重新招标、调整招标方式或不再进行招标。因招标人的原因使投标人蒙受损失的，招标人应当承担缔约过失责任。

（4）报价计算的正确性

初步评审仅审核报价是否有计算或累计上的算术错误。若出现的错误在规定的允许范围内，由评标委员会予以改正，并请投标人签字确认。如果投标人不接受改正后的投标报价，其投标将被拒绝，其投标保证金将被没收。当错误值超过允许范围时，按废标对待。

修正计算错误的原则如下：投标文件中用数字表示的数额和用文字表示的数额不一致的，以文字数额为准；总价金额与单价金额不一致的，以单价金额为准，但单价金额小数点有明显错误的，应以总价为准，并修改单价。对不同文字文本投标文件的解释发生异议的，以中文文本为准；副本与正本不一致的，以正本为准。

经过初审，只有合格的投标文件才有资格进入下一轮的详评。评标委员会应当按照投标报价的高低或者招标文件规定的其他方法对投标文件排序。以多种货币报价的，应当按照中国银行在开标日公布的汇率中间价换算成人民币。

一般情况下，评标委员会会将对新名单中的前几名作为初步备选的潜在中标人和详评阶段的重点考虑对象。

2. 详细评审

初步评审后，评标委员会应当根据招标文件确定的评标标准和方法，对初审合格的投标文件作进一步评审、比较。详评的重点，应该围绕投标文件中有关管理方案、管理质量、人员素质、报价的合理性等方面进行详细评定和比较。

（1）技术评估

技术评估的目的，是确定和比较投标人完成目标物业服务的技术能力，以及它的可靠性。技术评估主要包括以下几个方面：

1）管理方案的合理性

物业管理最重要的就是管理水平，因此在评标时应着重考虑投标企业的管理计划与措施是否恰当、管理机构的设置是否合理、技术力量是否足够、规章制度是否完善、管理标准定位是否准确等，这些都直接影响到服务费用和工作效率的高低以及物业管理质量的优劣。

2）服务质量的优劣性

物业服务质量的优劣已成为评价一个物业服务企业管理服务水平高低的重要标志。评委一般通过两种途径考量投标企业是否有能力提供优质的服务质量：一是通过对该投标企业以往的管理水平和业绩的调查了解，二是通过对标书中的各项指标的承诺及为完成承诺指标采取的措施、对房屋和设备设施的保养和检修水平、技术力量的配备等方面加以分析。

3）人员素质的高低

物业服务企业要想提供优质完善的服务，除具有良好的运作体系外，还需拥有足够数量的专业技术人才和综合管理人才。物业服务企业人员的素质具体体现在其业务水平、敬业精神和精神风貌几个方面。

4）企业信誉的高低

企业信誉的高低对于物业服务企业中标后是否毁约、能否适当履行合同和管理好物业有很大关系，所以它已经成为各类物业管理评标中的一个十分重要的因素。

一个具有良好社会信誉的物业服务企业具有以下几个特征：①无投诉记录；②所管住宅小区被评为全国或省市优秀物业管理小区；③所管出租物业的租金和出租率高于同类物业同期水平；④接受某物业的管理后一直未被解聘；⑤社会反响良好。

（2）商务评估

商务评估主要是从服务成本和经验等方面对各标书进行报价数额的比较，同时对价格组成各部分比例的合理性进行评价。分析投标报价的目的在于鉴定各投标报价的合理性、准确性、经济效益和风险等，并找出报价高与低的主要原因。商务评审中还应充分考虑投标企业保函接受情况、财务实力、资信程度等问题。

3．现场答辩评审

开现场答辩会是评标过程中的一个重要环节，应事先在招标文件中说明，并注明所占的评分比重。一般来说，各投标单位答辩人限于经理、管理处主任两人。答辩时由投标企业答辩人介绍本公司的基本情况、管理业绩及投标书的主要内容，再由评委进行提问，提问内容限于标书和拟管理物业的管理事项。根据答辩评分标准，以及答辩人的仪容仪表、时间掌握、语言简洁、逻辑性强、回答准确、情况熟悉、工作思路及综合印象等项内容由评委评出答辩分。

（1）答辩中常遇到的问题：项目的基本情况和相关数据，财务预算的合理性和合法性，目标和承诺的实现方式，管理工作的流程，人力资源问题等。

（2）答辩中回答的技巧：用数据说话，用法规政策说话，陈述以往成功的经验和方法，自信果断和技巧性拖延相结合。

【示例一】

×月×日，北京某次物业管理招标在××花园成功举办。招标会上，由多位专家和客户代表组成的评委会针对每一家竞标单位都进行了"连珠炮"式的现场提问，其中很多问题都是物业管理工作的焦点、热点话题。

关注焦点1：方案的可行性

提问：在标书中你们提到，保安有××人，目前北京保安分为两类：一类是自己组建、培训保安人员进行管理，一类是分包给专业保安公司。你们是外包，请问，你们将如何保证对保安人员的控制管理，又怎么能保证小区安全？第二个问题是你们在标书中对社区文化建设提出了很多设想和安排，如"三八"节活动和秧歌队等，这些活动对于外销度假公寓是否合适？

回答：关于保安外包的问题，我们在聘请保安人员的时候，要跟当地的公安部门取得联系，由他们来推荐专业的保安公司，在对保安人员的控制问题上，我们将与保安公司签订规范的物业服务合同，我们会在合同中注明由保安员及保安公司失误造成损失的赔偿问题；第二，我们要求保安公司提供保安员详细的个人资料，而且由保安公司作出承诺，保安员所发生的问题由保安公司来承担。

我们在制定标书时，并不了解××花园的客户群，所以我们制定的社区活动就比较全，当然在真正接管后，我们要根据当时的客户群，来进行文化活动的组织及安排。

点评：这也是我们标书的一点点失误。

关注焦点2：管理理念

提问：你再说一下物业管理达到的目标是什么？

回答：物业管理的目标是要使新建的物业保值增值，为客户提供一个满意的居住空间，这是我们最大的愿望。

点评：良好的理念及超前的意识是优秀物业企业的标志，一个对物业管理模式没有深入认识、对行业的转变没有把握的公司也无法成为优秀的物业企业。

关注焦点3：费用问题

提问：你们的标书中提出了许多特约性服务，有些项目是收费的，这些项目又是管理人员利用工作时间完成的，而管理人员的工资已经从管理费中支付，那么，特约服务的收益应该归谁所有？

回答：特约服务的开展有两种，一种是由管理公司完成的，这部分特约服务的成本要单独核算。第二种是由管理公司派人来完成，自身只是一个组织者，这样，收益中将有一部分作为管理人员的收入，因为我们毕竟做了服务，另一部分将作为这个社区的管理资金。

提问：你们提到，如果服务达到标准的话，希望能够提高收费标准，并且希望能够提高薪金。您能不能在今天这个场合就这个问题作一个最诚恳的表示，这个要求有没有可能取消？第二个，在×家物业企业里面，你们公司是有偿服务列表最细，收费最高的，你是否考虑，像其他一些服务公司一样，把收取的这些费用拿来回报业主？

回答：在××花园全部达到市优或者国优的条件下，适当提高收费标准，同时管理公司的酬金适当提高，应该说这是我们的希望。我相信，如果我们做出成绩来，业主自然会对我们的成绩给予肯定，我想这肯定不仅仅是口头上的，也包括实际上的。我想，能否提高是需要我们业主大会共同商议的。如果作为条件的话，我们取消这个要求。如果是建议，我们还是保留。

第二个问题，有偿服务所得能不能全部返还××花园，对这个问题我仍然不太想给予肯定的承诺，为什么呢？我们设想一下，××花园将会有公司派出的大量管理干部和工作人员，在业主休息的时候，他们还在工作，在你们节假日的时候他们还在工作，他们这么辛苦，如果他们的努力换来了××花园物业的保值和增值，能够被社会认可，业主能够享受到非常好的服务和环境，这样的情况下，可不可以给他们一些报酬？我想这是可以的。

提问：标书上已提出物业管理费的参考指导价为×元，你们做出×元的标准，是基于什么样的理由？

回答：我公司申报的每平方米每月×元的服务标准，与标书上提出的每平方米每月×元，差距为×元，当时从微利物业的指导思想上来讲，我们认为，应该根据××花园的全部支出项目的实际需要来测算，在标书上我们提到了九项，在资料有限的情况下，我们首先按照目前的现有资料提出全部支出项目，之后按照可供销售的面积××万平方米倒推回来计算出×元钱。我认为，作为一家物业管理公司，在接管一家物业管理项目的时候，首先应明确这家物业的定位是什么档次，之后根据他服务的项目制定切实可行的支出项目。

关注焦点4：操作程序的可行性

提问：你们公司是通过ISO 9002认证的企业，将深圳所有标准都搬到北京是否符合ISO 9000体系认证？在南北方管理差异上，你们作了那些考虑，如绿化，南北方气候不同，保养成本不同；取暖在南方根本没有？

回答：我们是将这种方法和理念带来北京，同时我们的ISO 9000体系认证已进入到了C版，改动了三次，在全国各小区都按这个版本在执行，应该没问题。我们管理的××大厦，顺利通过试点小区考评，某某市管理的项目在省检中获全省第一，年终通过国家优秀示范小区考评。标准一旦制定，改版前，必须按此标准执行。××花园属于高档小区，完全可以套用标准，这也是我们管理的长项。清洁标准中有一条是楼梯间砖用白纸巾擦拭20厘米无污渍。如果我们能中标，我们保证这样的标准服务能够实现。

北京和深圳在绿化、取暖上确实有差异，但和某市的××大厦应该无区别。××大厦也是一座高层楼宇。我们有×个持锅炉证的高级技师，管理锅炉没有问题。

关注焦点5：人员问题

提问：你们公司在北京同时接管了几个项目，但你们的管理骨干储备、人员素质能不能跟上需求？这关系到贵公司在深圳、上海、广州所实现的优秀物业管理能否在北京成为现实。

回答：我们公司最大的优势在于员工的培训和骨干员工的培养。我们的上级单位是××总公司，××总公司在国内共有××万人，从这般庞大的队伍中，选出××人做骨干还是绰绰有余的；另一方面，凡是借调出来的骨干，要进行×个月的系统培训，现在我们公司已在深圳市投资××万元建成一个电教化培训教室，骨干培训不成问题。第三，现在我们公司在深圳共有××人，副主任、工程师以上的骨干有近××人，在深圳，管理一个××万平方米的小区，有×名管理人员加×名财务管理人员即可。所以说，每个小区有×名管理人员即可，所有这些，都为今后的业务扩展储备了丰富的人才资源。

8.2.4 评标方法

评标方法大体分为四类，即分值评审法（包括综合评分法、性价比法）、价格评审法（包括最低评标价法、最低投标价法、价分比法等）、综合评估法、分段评标法。目前，物业管理的评标多采用以下三种方法。

1. 最低投标价法

最低投标价法也称合理最低投标价法。此方法一般适用于管理技术、性能标准较简单，或者招标人对其管理技术、性能标准没有特殊要求的招标物业项目。根据最低投标价法，能够满足招标文件的实质性要求，并且经评审的最低投标价的投标，应当推荐为中标候选人。采用此法有一个基本原则，即在当地政府物业服务收费指导价的限度内，在符合物业服务定位的前提下，要保证服务质量优良，收费合理，业主满意接受的标准。

采用最低投标报价法完成评审后，评标委员会应当填制"标价比较表"，并编写书面的评标报告，提交给招标人定标。标价比较表见表8-1。

标价比较表　　　　　　　　　　　　　　　　表8-1

投标企业	企业A	企业B	企业C	……
投标报价				
经评审的最终投标价格				
对投标报价的调整记录				

2. 综合评估法

对不宜采用最低投标价法的招标物业项目，一般应当采取综合评估法进行评审。根据综合评估法，最大限度地满足招标文件中规定的各项综合评价标准的投标，应当推荐为中标候选人。衡量投标文件是否最大限度地满足招标文件中规定的各项评价标准，最常用的是百分制的打分方法，需量化的因素及其加权应当在招标文件中明确规定。评标委员会对各个评审因素进行量化时，应当将量化指标建立在同一基础或者同一标准上，使各投标文件具有可比性。对技术部分和商务部分进行量化后，评标委员会应当对这两部分的量化结果进行加权，计算出每一投标的综合评估价或者综合评估分。根据综合评估法完成评标后，评标委员会应当拟定一份"综合评估比较表"，连同书面评标报告提交招标人。综合评估比较表见表8-2。

综合评估比较表   表8-2

各项指标		技术标 A1＿＿＿		商务标 A2＿＿＿			信誉标 A3＿＿＿		
序号	投标人名称	投标报价（万元）	对技术标/商务标偏差的调整及说明	经评审的最终投标价（万元）	技术标得分（J）	商务标得分（S）	信誉标得分（X）	评标总分（$J \times A1 + S \times A2 + X \times A3$）	评标结果
1									
2									
……									

3. 两阶段评标法

所谓两阶段评标法，就是把物业服务评标过程分为两次开标、两次筛选、两次竞争。在投标时物业服务企业将技术标与商务标分两袋密封包装，评标时先评技术标，进行服务质量的比较，即各物业服务企业根据目标物业的定位而制定的管理服务方案，由评委会对其进行评定、打分。技术标未通过者，商务标原封不动地退还给投标人。技术标合格者，再打开并评定商务标，即评定管理服务收费标准。

对商务标（报价）的评定方法，应事先在招标文件中确定，通常有以下三种方法：

（1）以最低收费标准者为商务标得分最高者。

（2）以进入第二轮角逐的所有物业服务企业报价的算术平均数作为基准价，报价最接近基准价者，商务标得分最高。

（3）以进入第二轮角逐的所有物业服务企业有效报价的算术平均数与标底依照招标文件中确定的权重比例计算出标底合成价，报价最接近标底合成价者，商务标得分最高。

虽然评标分为两个阶段进行，但二者又是不可分割的整体，一般确定技术标和商务标的总分为100分。如何在技术水平与报价之间权衡，通过评标选出满意的物业管理者，主要体现在招标文件中确定的技术标和商务标的权重，这主要由招标人依据目标物业的特点和招标人自身的偏好来确定。

两阶段评标法对那些把价格压得很低，服务管理质量措施不到位，策划不合理的物业服务企业，在开技术标时就将其淘汰了，从而有效地找到了招标人在高水平服务与低收费标准的最佳切入点。两阶段评标法比一次评标法更科学，它将引导物业服务企业首先把目标锁定在管理服务的水平和质量上，然后再考虑收费标准，这样做一方面更有利于招标人择优，另一方面对推动物业管理健康发展更为合适、合理、科学。

8.2.5 评标报告的编写

评标报告是评标委员会根据全体评标成员签字的原始评标记录和评标结果编写的报告，是定标的主要依据。评标委员会完成评标后，应当向招标人提交书面评标报告，并推荐合格的中标候选人。

评标报告应当包括基本情况和数据表，评标委员会成员名单，开标记录，符合要求的投标一览表，废标情况说明，评标标准、评标方法或者评标因素一览表，经评审的评分比较一览表，经评审的投标人排序，推荐的中标候选人名单与签订合同前要处理的事宜以及澄清、说明、补正事项纪要等。

评标报告由评标委员会全体成员签字。对评标结论持有异议的评标委员会成员可以书面方式阐述其不同意见和理由。一般来说，评标委员会成员拒绝在评标报告上签字且不陈述不同意见和理由的，视为同意评标结论。评标委员会应当对此做出书面记录。向招标人提交书面评标报告后，评标委员会即告解散。评标过程中使用的文件、表格以及其他资料应当即日归还招标人。评标委员会推荐的中标候选人应当限定在1~3人，并标明排列顺序。

8.2.6 评标范例

《×××项目前期物业管理》评标标准及评委评分表

评分标准：本项目将对"商务标"、"技术标"和现场答辩部分分别进行评审打分，所有分值均保留小数点后1位。其他分值部分按招标文件规定计取。

一、"商务标"部分

1. "商务标"部分评分值占总分值的45%，按百分制计分，其中价格分为45分，综合分为55分。

2. 将各投标人的投标报价累计总和除以投标文件总个数，得出投标报价平均值，该平均值即为基准价格值。投标报价在基准价格基础上超过±50%范围以外的为废标（如有出现超过±50%的，将去掉该报价后重新计算基准价格）。

如果项目物业有多种类型，则按照每种物业类型的报价分别计算基准价格值，然后再计算出每个投标人的每种报价价格分值，累加除以所报价物业类型的个数，得出最后价格分。

投标报价的平均值，应在所有投标人的有效投标报价中去掉1个最高价、1个最低价后，再行计算。如出现2个相同的最高价、1个最低价或者2个相同的最低价、1个最高价，则将在去掉这3个报价后再计算投标报价平均值。

3. 价格分按45分值减去投标报价对应基准价格百分比应扣分值。具体扣分分值见表8-3。

偏离基准价格扣分标准   表 8-3

偏 离百分比	±5.00%以内	±5.01% ~ ±15.00%	±15.01% ~ ±25.00%	±25.01% ~ ±35.00%	±35.01% ~ ±45.00%	±45.01% ~ ±50.00%
扣 分标 准	0	3	5	7	9	11

4. 价格分由工作人员计算确定，计算分值均保留小数点后一位，小数点后第二位四舍五入。

5. 综合分评定时应考虑投标人是否实质性响应了招标文件的要求和条件，包括：物业管理服务费用收支测算、企业经营成果和发展规划、企业对投标项目优惠承诺及文本的组织、编制等。

6. 将每位专家评委对"商务标"部分的评分值累加除以专家评委数，得出的平均值即为"商务标"部分的最后评分。

7. 商务标综合分评分标准（55分）

（1）物业管理服务费用合法、合理的收支测算（20分）；

（2）企业发展规划（8分）；

（3）企业管理经验、能力、荣誉、诚信（12分）；

（4）企业人力资源、技术装备、招标项目人员配备（10分）；

（5）投标文件文本组织、编制（5分）。

二、"技术标"部分

1. "技术标"部分评分值占总分值的40%，按百分制计分。

2. "技术标"评分按招标文件的要求和条件，根据"技术标"的内容与评分要求逐项进行评审打分。

3. 将每位专家评委对"技术标"部分的评分值累加除以专家评委数，得出的平均值即为"技术标"部分的最后评分。

4. 技术标评分标准（100分）

（1）招标项目前期物业管理服务的整体设想与计划（25分）；

（2）招标项目前期物业管理服务的机构组织（20分）；

（3）招标项目前期物业管理服务的规章、制度与措施（27分）；

（4）招标项目前期物业管理服务的物资配备（13分）；

（5）招标项目前期物业管理服务的其他设想（15分）。

具体细项分值见"评委评分表"（表8-4）。

上述五个项目应在技术标中逐章编写，并体现其合理性、先进性、周密性和可行性。专家评委根据招标文件的评分细项标准逐项评分，得出技术标的得分。

评委评分表　　　　　　　　　　表8-4

投标人：＿＿＿＿＿＿＿＿＿＿＿＿＿＿＿

总项	细　　　项		细项分值	总项分值（小计×比例）
商务标（45%）	价格分（45分）			
	综合分（55分）	物业管理服务费用收支测算（20分）		
		企业经营发展规划（8分）		
		企业管理经验、能力、荣誉、诚信（12分）		
		企业人力资源、项目人员配备（10分）		
		文本组织、编制（5分）		
	小计			
技术标（40%）	前期物业管理服务整体设想与计划（25分）	项目整体分析（9分）		
		管理模式、特点（8分）		
		管理设想、计划（8分）		
	前期物业管理服务机构组织（20分）	管理机制（7分）		
		人员管理（7分）		
		人员培训（6分）		
	前期物业管理服务规章制度（27分）	公众制度（7分）		
		档案管理（6分）		
		公建配套（6分）		
		房屋、设施、设备（8分）		
	前期物业管理服务物资配备（13分）	物资配备（7分）		
		使用管理（6分）		
	前期物业管理服务其他设想（15分）	应述内容（8分）		
		可述内容（7分）		
	小计			
答辩分（15%）				
其他分				
总分值				

评委签名：　　　　　　　　　　　　　　　　年　月　日

三、现场答辩部分

1. 现场答辩部分评分值占总分值的15%，按百分制计分。

2. 评标小组在投标文件评审结束后，对投标文件中需要投标人当面说明、澄清的内容，要求投标人进行当面陈述。

3. 评标小组在现场答辩中应对投标人拟派项目负责人进行询问，并对答辩者仪表、个人素质、语言逻辑、答复问题准确性等方面进行综合评审打分。

4. 投标人在现场答辩中陈述的内容不得否定、背离招标投标文件。

5. 将每位专家评委对现场答辩部分的评分值累加除以专家评委数，得出的平均值即为现场答辩部分的最后评分。

6. 答辩时，先由投标单位答辩人介绍本公司基本情况、管理业绩及投标书主要内容（限20分钟），再回答评委的提问。

7. 现场答辩评分标准（100分）

（1）答辩人的仪容仪表（10分）；

（2）时间掌握（10分）；

（3）语言简洁（10分）；

（4）逻辑性强（10分）；

（5）回答准确（20分）；

（6）情况熟悉（15分）；

（7）工作思路（15分）；

（8）语言印象（10分）。

四、其他分值部分

1. 投标人在××地区已管、在管项目获"市优"称号的加0.5分，获"××省优"称号的加1分，获"国优"称号的加2分。单个项目的加分分值按最高分计取，不累加。获优称号已超过3年有效期且项目未经复验的，不予加分。"市优"指"市级示范"，"省优"包括"省级示范"和"省级优秀"，"国优"指"国家示范"。

2. 附加分最高不得超过3分。

其他分值由工作人员统一计算后告知评标小组。

五、总分值

1. 按"商务标部分评定分值×0.45+技术标部分评定分值×0.40+现场答辩部分评定分值×0.15+其他分值"的计算方法得出投标人的最终评定总分。

2. 当两家或两家以上投标人出现总分相同时，投标报价对应基准价格百分比扣分值最少的投标人优先。

3. 以总分值从高到低的原则排定中标候选人。

8.3 定标和授标

8.3.1 定标和授标的程序

1. 进行决标前谈判

在评标委员会提交评标报告后，招标人通常还要与评标报告推荐的几名潜在中标人就目标物业管理过程中的有关问题进行谈判，然后再决定将合同授予哪位投标人。虽然招标文件已经对投标文件内容作了明确规定，投标人也在投标文件中表示愿意遵守，但双方都愿意有个谈判的过程来进一步阐述各自的观点。从招标人方面看，一般出于两个原因希望谈判：一是发现标书中某些建议是可以采纳的，有些也可能是其他投标人的建议，招标人希望备选的中标人也能接受，需要同他讨论这些建议的实施方案；二是为进一步了解和审查备选中标人的管理策划和各项技术措施是否科学、可行。

2. 确定中标人并发布中标结果公示

招标人应当根据评标委员会提交的书面评标报告和推荐的中标候选人确定中标人。严格来说，招标人应当确定排名第一的中标候选人为中标人。排名第一的中标候选人放弃中标，或因不可抗力因素提出不能履行合同，或招标文件规定应当提交履约保证金而其未能在规定的期限内提交的，招标人可以确定排名第二的中标候选人为中标人，如第二中标候选人也遇到上述情况，则依次顺延。国家对中标人的确定另有规定的，从其规定。评标结束后，招标人应在项目所在地房地产行政主管部门指定的网站上发布中标结果公示，投标人对中标结果若有异议，可在公示期内以书面的形式向招标人反映。

3. 发出中标通知书

发布中标公告后未收到投诉的，招标人应当向中标人发出中标通知书，同时将中标结果通知所有未中标的投标人。中标通知书表明招标人对中标人就物业服务的要约（投标行为）作出了承诺，因此它对招标人和中标人都有法律效力。中标通知书发出后，招标人改变中标结果的，或者中标人放弃中标项目的，应当依法承担法律责任。如果招标人为业主委员会，还应将中标结果在小区（大厦）内的明显位置向业主张贴公布。另外，招标人将中标结果通知所有未中标的投标人时应当返还其投标书。中标通知书参考格式详见下文示例样本。

中标通知书样本

××花园小区物业服务项目中标通知书

××物业服务有限公司：

本次××花园小区物业服务项目公开招标，经过××花园小区评标委员会的评审，再提交××花园小区业主大会表决，根据××花园小区业主大会会议表决结果，最终贵公司为本小区物业服务的中标单位。请贵公司于××××年××月××日上午××前，按招标文件的规定向××花园第三届业主委员会办理退回投标保证金和缴纳履约保证金手续，并于同日下午××时携带贵公司单位公章和法人委托书派员到××花园小区业主委员会办公室签订《××花园小区物业管理委托合同》。

特此通知。

××花园第三届业主委员会招标小组（盖章）

××××年××月××日

【示例二】

墨西哥因取消高铁合同向中方支付1亿多人民币赔偿

2014年11月3日，中国铁建（中国铁道建筑总公司）、中国南车（中国南方机车车辆工业集团公司）两家集团组成的联合体与墨西哥本土公司组成的中墨联合体，中标墨西哥高铁项目系连接首都墨西哥城和克雷塔罗州中心城市，该高铁项目计划全长210km，最高时速达到300km，每天客流量2.3万人。2014年8月墨西哥通信与交通部公开招标，该项目将基建与车辆整体打包，招标要求该项目2014年12月份能够正式开工，2017年投入运营。墨西哥高铁项目一开始吸引了包括中国公司在内的17家公司竞逐，其中包括日本三菱、法国阿尔斯通、加拿大庞巴迪以及德国西门子公司等。但最后，在提交建造客车及铁路计划的截止日期，也就是10月15日，墨西哥交通部收到的计划书只有一份，即来自中国铁建领衔的中墨联合财团。最终中墨联合财团获得了该标的。中国铁建方面曾向记者介绍，墨西哥高铁项目合同总报价为墨西哥比索589.5亿元，折合人民币约270.16亿元。中国铁建联合体将承担墨西哥高铁项目的设计、施工、装备制造、安装调试，以及过渡运营维护技术服务期。墨西哥高速铁路的动车组、列车控制系统、通信技术、道岔等核心技术，都将采用中国高铁成套技术，是中国高铁名符其实的全面"走出去"。11月7日，第一个中国高铁"集体出海"的订单突然遭遇变数。墨西哥总统11月6日撤销了11月3日的投标结果，并决定重启投标程序。墨西哥交通部称，取消合同是为了"保证竞标的合法性，避免出现任何透明性的问题"。墨西哥方面赔偿联合体一亿多人民币。

【评析】根据《公共工程及相关服务法》第四十条规定，如果公共招标有企业中标却没有与其签订合同，就像墨西哥城—克雷塔罗高铁项目这种情况，招标方将进行赔偿，但赔偿金额没有规定。法律称"在投标方的书面要求下，机构或单位需要赔偿前者在准备和起草标书过程中无法弥补的花费，只要这些花费是合理的、被证实的并且与招标直接相关的"。当事双方争议的焦点是招标投标过程中，在签订正式合同之前，相关的招标文件在中标通知书发出后对招标投标双方有无约束力的问题。招标投标活动受国家法律保护，双方必须遵循公开、公正和诚实信用的原则，在中标通知发出后的规定期限内签订承包合同。本案被告在发出中标通知后未按规定期限与原告签订承包合同，属于单方废标，应予适当赔偿。

4. 招标人与中标人签订合同

中标人接到中标通知书后，就成为该物业管理的受托人，应在自中标通知书发出之日后30日内，按照招标文件和中标人的投标文件订立书面物业服务合同，不得再行订立背离合同实质内容的其他协议。招标文件要求中标人提交履约保证金的，中标人应当提交。招标人与中标人签订合同后，应当向中标人和未中标人退还投标保证金。招标人全部或者部分使用非中标单位投标文件中的技术成果或技术方案时，须征得其书面同意，并给予一定的经济补偿。招标人无正当理由不与中标人签订合同，给中标人造成损失的，招标人应当给予赔偿。

5. 中标结果的备案

《前期物业管理招标投标管理暂行办法》第三十七条规定："招标人应当自确定中标人之日起15日内，向物业项目所在地的县级以上地方人民政府房地产行政主管部门备案。备案资料应当包括开标评标过程、确定中标人的方式及理由、评标委员会的评标报告、中标人的投标文件等资料。委托代理招标的，还应当附招标代理委托合同。"物业项目所在地区房地产行政主管部门收到招标人中标备案资料，应向招标人开具《备案回执》。

8.3.2 中标人的法定义务

1. 按照合同的约定履行自己的义务

我国《合同法》第六十条第一款规定"当事人应当按照约定全面履行自己的义务。"根据这一要求，中标人必须全面履行合同，不得部分履行、拒绝履行、延迟履行、瑕疵履行，不得撕毁合同。

2. 不得向他人转让中标项目

广义的转包合同，包括债权让与、债务承担、债权债务的概括移转。此处所指的转让中标项目，仅指全部债权债务的概括移转，是指当事人一方将自己在合同中的权利和义务一并转让给第三人。其实质为转包。根据《合同法》的有关规定，转让合同须经对方当事人同意，但有下列情形之一的，不得转让合同：

（1）根据合同性质不得转让；

（2）按照当事人约定不得转让；

（3）按照法律规定不得转让。

这一规定主要考虑到招标人通过指标方式确定中标人时，除价格因素外，主要考虑的是中标人的个人履约能力，同时为了防止中标人通过层层转让合同坐收渔利，确保项目服务质量，因而作此规定。将中标项目肢解成小部分后分别向他人转让，只是转包的一种"零售"形式，本质上仍属转包，因而也在禁止之列。

3. 遵守中标项目分包的限制性规定

所谓分包，是指当事人一方将自己在合同中的一部分权利义务转让给第三人，即部分债权债务的概括移转。由于中标人并不一定对完成某部分工作具有一定优势，如将该部分分包给有优势的第三人，对招标人不仅无害反而有利，所以法律一般不禁止经招标人同意或者按照合同约定的分包合同。中标人按照合同约定或者经招标人同意，可以将中标项目的部分非主体、非关键性工作项目分包给他人完成。中标项目的分包必须遵守以下规定：

（1）中标人按照合同约定或经招标人同意，只能将中标项目的非主体、非关键性工作分包给他人完成。

（2）分包的工作项目必须是物业服务合同约定可以分包的部分，合同中没有约定的，必须经招标人认可。

（3）接受分包的人应该具有相应资质且不得再次分包。

（4）接受分包的人应就分包项目承担连带责任。

8.4 物业服务合同的订立与管理

8.4.1 物业服务合同的含义和主要类型

1. 含义

物业服务合同是物业委托方和物业服务企业根据物业管理法律、法规和政策、在平等、自愿、协商一致的基础上签订的合同。它是规范物业管理活动的双方当事人在特定物业服务事宜中权利义务关系的法律依据。根据物业服务合同签订的主体和时间的不同，物业服务合同可以分为前期物业服务合同与物业服务合同。

我国《物业管理条例》作出了明确规定，将业主或业主委员会与物业服务企业所签订的合同称为物业服务合同，将开发建设单位与物业服务企业就前期物业管理阶段双方的权利义务所达成的协议称为前期物业服务合同。前期物业服务合同的期限虽然可以约定，但是期限未满，业主委员会与物业服务企业签订的物业服务合同又开始生效的，前期物业服务合同将会终止。物业服务合同是指建设单位交付物业后，由物业区域内的业主委员会另行选聘物业服务企业，约定物业区域内的相关事宜而签订的服务合同。与前期物业服务合同相比，物业服务合同具有期限明确、稳定性强等特点。

2. 主要类型

（1）根据物业的性质不同，物业服务合同可以分为居住性物业服务合同和经营性物业服务合同。

（2）按照服务提供的所在阶段不同，可以分为前期物业服务合同和物业服务合同。前者是指在物业销售前，由建设单位与其选聘的物业服务企业签订的合同，后者是指在建设单位销售并交付的物业达到一定数量时，依法成立业主委员会，由业主委员会与业主大会选聘的物业公司签订的合同。前期物业服务合同在业主委员会与物业服务企业签订的物业服务合同生效时终止。

（3）按照细分内容不同，可分为分包合同、单项合同。物业服务企业专业分包合同一般包括：与清扫保洁企业签订的清扫保洁合同，与园林绿化企业签订的园林绿化承包合同，与保安企业签订的保安护卫承包合同，与房屋修缮企业签订的房屋修缮承包合同，与市政管理企业签订物业管辖范围内的市政管道、设施的修缮和养护合同，与电梯、空调等设备的修理企业签订高层楼宇的电梯及其他设备维修、养护承包合同等。业主或住户与物业服务企业或专业服务企业签订的单项合同侧重于对个人物业的管理与服务，如室内装修、室内美化等单项服务。

3．物业服务合同的特征

（1）物业服务合同是建立在平等、自愿基础上的民事合同。它与行政机关为实现行政管理职权而与相关单位签订的行政合同具有本质的不同。

（2）物业服务合同是一种特殊的委托合同。物业服务合同产生的基础在于业主大会、业主委员会的委托，但其与一般的委托合同又存在差异。根据《中华人民共和国合同法》第三百九十六条的规定："委托合同是委托人和受托人约定，由受托人处理委托人事务的合同。"委托合同是建立在当事人之间相互信任的基础上，委托合同的任何一方失去对对方的信任，都可以随时解除委托关系。而在物业服务合同的履行过程中，无论是物业公司，还是业主、业主大会、业主委员会，均不得以不信任为由擅自解除物业服务合同，只有在符合法律规定或合同约定的解除条件时，才可依法解除物业服务合同。此外委托合同可以是有偿的，也可以是无偿的，可以是口头的，也可以是书面的，但物业服务合同只可能是书面的、有偿的合同。

（3）物业服务合同是以劳务为标的的合同。物业服务企业的义务是提供合同约定的劳务服务，如房屋维修、设备保养、治安保卫、清洁卫生、园林绿化等。物业服务企业在完成了约定义务以后，有权获得报酬。物业服务合同与涉及劳务提供的承揽合同也存在本质的不同。承揽合同是承揽人按照定做人的要求完成工作，交付工作成果，定做人给付报酬的合同。承揽合同虽也涉及劳务的提供，但承揽人提供的劳务只是一种手段，并不是合同的目的，承揽人应以其劳务产生某种物化成果，并承担工作中的风险，如承揽人未完成工作，则不得请求报酬。而物业服务合同以特定劳务为内容，只要物业服务企业完成了约定的服务行为，其余风险由业主承担。

（4）物业服务合同是诺成合同、有偿合同、双务合同、要式合同。物业服务合同自业主委员会与物业服务企业就合同条款达成一致意见时即告成立，无须以物业的实际交付为要件。物业服务企业是取得工商营业执照，参与市场竞争，自主经营、自负盈亏的以盈利为目的的企业法人，没有无偿的物业服务，因此物业服务合同是有偿合同。根据物业服务合同的内容，业主、业主大会、业主委员会、物业服务企业都既享有权利，又履行义务，因此物业服务合同是双务合同。物业服务合同因其服务综合事务涉及面广且利益关系相当复杂，合同履行期也相对较长，为规避口头合同取证困难的缺点，《物业管理条例》明确要求物业服务合同应以书面形式订立，并且须报物业管理行政主管部门备案，因此其为要式合同。

8.4.2 物业服务合同的主要内容

1．合同的组成

通过招标投标签订的合同，一般由三部分组成。

（1）合同首部

合同首部要写明订立合同的双方当事人（招标人与投标人）的法定名称和地

址。甲方为开发建设单位或业主委员会，乙方为中标的物业服务企业。

（2）合同内容

合同内容就是合同的条款，是合同对当事人权利义务的具体规定。它是合同最主要的组成部分，一般包括技术性条款、财务条款和法律条款三大类。

（3）合同结尾

结尾部分要写明签订合同的日期、地点以及拟订合同的语言文字，最后还要写明合同生效日期，以及双方当事人或代理人签字盖章。

采用示范文本或其他书面形式订立的物业服务合同，在组成上并不是单一的。通常情况下，以招标方式成交的合同，其形式是一份简单的协议书，合同的内容都分散在招标投标文件，以及商谈过程中对招标投标文件的修改、补充所形成的书面材料中。合同一般分为两部分：一部分是固定不变的，包括投标须知和合同一般条款等；另一部分是合同特殊条款、投标文件、技术规格说明及补充修改文件等。订立物业服务合同时，所有合同文件应能互相解释，互为说明，保持一致，且应当注意明确合同文件的组成及其解释顺序。

2. 合同的主要内容

物业服务合同的内容就是通过合同条款反映合同当事人之间的权利义务关系，包含以下几个主要部分。

（1）总则

总则，是对物业服务委托合同的总说明。在总则中，一般应当载明合同当事人、签订合同的依据、物业基本情况等内容。

（2）物业服务项目

业主与物业服务企业在物业服务合同中约定的物业服务项目，是指在签订合同时已经协商一致的物业服务的具体内容，双方未达成一致的服务项目或履行中发生的新项目，协商一致后应当另行签订补充协议。

物业服务项目一般包括：物业共用部位及共用设施设备的运行、维修、养护和管理，物业共用部位和相关场地环境管理，车辆停放管理，公共秩序维护、安全防范的协助管理，物业公共绿化的养护与管理，物业公共环境卫生的管理，社区文化活动的组织与开展以及其他公共委托事务的管理等。

（3）物业服务质量

物业服务应达到约定的质量标准。物业服务的质量制定，与物业的配套设施、设备状况、使用者层次结构及素质状况、业主心理期望值、管理费收入状况等因素密切相关。因此此条款的制定，一定要结合目标物业的实际情况，在满足业主要求的同时，又要实事求是、客观科学。业主与物业服务企业可以参照我国物业管理协会印发的《普通住宅小区物业管理服务等级标准》，结合物业项目情况、物业收费标准以及物业管理项目的具体情况，协商确定物业服务质量要求。

（4）物业服务费用

首先要明确物业服务的收费形式，是包干制还是酬金制，或是其他收费形式。然后根据不同的收费形式明确收费标准、物业服务费用开支项目，以及酬金制条件下酬金计提方式、取费比例、交费时间、结算方式及争议的处理等。

（5）物业服务期限

委托服务期限既涉及物业服务企业的收费问题，也涉及物业服务企业以后的工作安排、资金投入问题，同时也间接影响着业主或使用人的经济利益、学习、生活和工作。所以，在合同中一定要明确委托服务的具体起止时间。物业服务合同的期限条款应当尽量明确、具体，或者明确规定计算期限的方法。

（6）合同双方的权利与义务

双方的权利和义务是合同的核心内容。它们主要由合同条款加以确定，有些则由法律规定而产生，如附随义务。

这里合同双方的权利与义务泛指法定义务之外的其他需要约定的权利和义务，如：业主大会与业主委员会对物业服务企业服务质量的监督方式，物业服务企业分包专项服务事项的权利，业主遵守物业管理区域内各项管理制度的义务等。

（7）物业的经营与管理

物业的经营与管理包括：停车场和会所的收费标准、管理方式、收入分配办法；物业其他共用部位、共用设施设备经营与管理、收益及分配。

（8）承接查验和使用维护

前期物业服务合同中承接查验和使用维护的主要内容包括：说明查验的共用部位、共用设施设备的内容；双方确认共用部位、共同设施设备存在的问题；开发建设单位应承担的责任和解决办法；开发建设单位应向物业服务企业移交的资料；开发建设单位的保修责任等。同时，对使用过程中双方的责任义务进行约定。

物业服务合同甲乙双方和原物业服务企业应当在新的物业服务合同生效之前，就交接时间、交接内容、交接查验、交接前后的责任等事项进行约定。

（9）专项维修资金的管理与使用

专项维修资金的主要内容包括这部分资金的缴存、使用、续筹和管理。在国家规定的基础上，合同应当约定业主对物业服务企业使用专项维修资金的申请、审议程序和监督方式等具体内容。

（10）违约责任

为确保合同当事人的特殊需要得以满足以及保证物业服务的切实履行，物业服务合同应按照法律规定的原则和自身的情况，对违约责任作出明确的界定。这部分内容主要包括违约责任的约定和处理、免责条款的约定等。例如，继续履行、赔偿损失、支付违约金和定金罚则等承担违约责任方式的选择和并用，明确规定违约致损的计算方法、赔偿范围等，对将来及时地解决违约问题具有重要意义。

物业服务合同除需明确以上内容外，还应包括当事人双方根据物业服务需要商定的其他条款，包括合同履行期限、合同生效条件、合同争议处理、免责条款约定、物业管理用房、物业管理相关资料归属以及双方认为需要约定的其他事项等。

8.4.3 物业服务合同的订立及其生效

《物业管理条例》中明确规定："业主委员会应当与业主大会选聘的物业服务企业订立书面的物业服务合同。"物业服务合同的订立，是指开发商（业主委员会）与物业服务企业之间，在平等、自愿、公平、守信、合法的基础上，就物业服务合同的主要条款经过协商一致，最终达成协议的法律行为。物业服务合同规定了双方当事人的主要权利和义务，它既是物业服务企业进行管理及提供服务活动的主要依据，也是双方日后解决可能出现纠纷的依据。

合同双方应采取要约、承诺方式订立物业服务合同。合同是当事人之间设立、变更、终止民事权利义务关系的协议，当事人对合同的内容经过协商达成一致意见的过程，就是通过要约和承诺完成合同订立的过程。从实践来看，如果当事人依据法律的规定程序订立合同，合同的内容和形式都符合法律规定，则这些合同一旦成立便能生效。正如我国《合同法》第四十四条的规定："依法成立的合同，自成立时生效。"但也有不一致的情况，通常物业服务合同是附延缓期限的合同，即合同虽然已经成立，但在所附期限到来之前不发生效力，待期限到来时，双方当事人的权利和义务才发生法律效力。区分物业服务合同的成立与生效很有意义，它们的区别主要表现在以下几个方面。

1. 两者的构成条件不同

合同成立的条件包括：订约主体存在双方或多方当事人，合同的成立应具备要约和承诺阶段，订约当事人就合同的主要条款达成合意。至于当事人意思表示是否真实则不做要求。而合同生效的条件主要有：行为人具有相应的民事行为能力；意思表示真实；不违反法律或者社会公共利益以及符合法定形式。

2. 两者的法律意义不同

合同成立与否基本上取决于当事人双方的意志，这也体现了合同自由原则，合同成立的意义在于表明当事人双方已就特定的权利义务关系取得共识。而合同能否生效则要取决于其是否符合国家法律的要求，体现的是合同合法原则，合同生效的意义在于表明当事人的意志已与国家意志和社会利益实现了统一，合同内容有了法律的强制保障。

3. 两者作用的阶段不同

合同成立标志着当事人双方经过协商一致达成协议，合同内容所反映的当事人双方的权利义务关系已经明确。而合同生效表明合同已获得国家法律的确认和保障，当事人应全面履行合同，以实现缔约目的。简单地说，合同的成立标志着合同订立阶段的结束，合同的生效则表明合同履行阶段即将开始。

4. 两者的法律后果不同

如果物业服务合同在订立的过程中，一方当事人因违背诚实信用原则的行为给对方当事人造成损失，如招标人泄露标底，导致招标失败，给投标的物业服务企业造成了损失；或者物业服务合同已经成立但由于一方过错导致合同无效或被撤销，过错方承担的是缔约过失责任。而如果合同成立并生效，一方当事人因不履行合同义务或者履行合同义务不符合约定，承担的是违约责任。

8.4.4 订立物业服务合同的原则

1. 主体平等原则

合同当事人的法律地位平等，一方不得将自己的意志强加给另一方。任何民事主体在法律人格上都是平等的，享有独立人格，不受他人的支配、干涉和控制。只有合同当事人的人格平等，才能实现合同当事人的法律地位平等。所谓平等，就是指物业服务合同的当事人，无论是开发商、业主委员会还是物业服务企业，无论其级别大小，所有制形式如何，也不论其经济条件如何优越，只要他们以合同主体的身份参加到合同关系当中来，他们之间就处于平等的法律地位，彼此的权利和义务对等，法律给予他们一视同仁的保护。签订物业服务合同的双方都应平等享受权利和承担义务，一方在从对方获得利益的同时，要付给对方相应的代价，而不能只享受权利而不承担义务。

2. 合同自愿（自由）原则

当事人依法享有自愿订立合同的权利，任何单位和个人不得非法干预。合同自愿原则又叫合同自由原则，其含义就在于缔结合同、选择合同方式、决定合同内容、变更和解释合同的自愿或自由。实行合同自愿原则，并不排除国家对合同的适当限制。自愿原则是指物业服务合同的当事人依法享有在缔结合同、选择交易伙伴、决定合同内容以及在变更和解除合同、选择合同补救方式等方面的自由。合同自愿原则是合同法的最基本的原则，是合同法律关系的本质体现。

合同自愿原则不仅表现在明确了"当事人依法享有自愿订立合同的权利"，而且在一般情况下，有约定时依约定，无约定时才依法律规定，即当事人的约定要优先于法律的规定。当然，任何自由都是法律允许范围内的自由，绝对的、不受约束的自由是不存在的，这里所指的合同自愿也是一种相对的自由，而非绝对的自由。

3. 公平原则

公平原则规范合同当事人之间的利益关系，制约滥用合同自愿（自由）原则，要求形式的公平和实质的公平。合同的实质公平，是指双方当事人的权利、义务必须大体相当的对等。对于显失公平的"霸王合同"和不利于对方权益的"格式合同"，当事人有权要求法院或仲裁机构予以撤销或变更。

4. 诚实信用原则

诚信原则，是民法和合同法最基本的原则，它是指民事主体在从事包括合同行为在内的民事活动时，应诚实守信，以善意的方式行使自己的权利和履行自己的义务，不得有欺诈行为。该原则具有确定行为规则、平衡利益冲突、解释法律和合同三大功能。诚实信用原则在物业服务合同中一方面表现在开发商（业主委员会）与物业服务企业订立、履行委托合同时，均应诚实，不做假，不欺诈，不损害他人利益和社会利益。另一方面表现在当事人应恪守信用，履行义务。不履行义务使他人受到损害时，应自觉承担责任。

5．合法原则

当事人订立、履行合同，应当遵守法律、行政法规，尊重社会公德，不得扰乱社会公共秩序，损害社会公共利益。它是社会公共生活的基本原则。合法原则的含义主要是要求物业服务合同订立的程序、主体以及内容都必须遵守全国性的法律和行政法规。合法原则的含义也包括当事人必须遵守社会公德，不得违背社会公共利益，违背公序良俗。只有遵循合法原则，物业委托合同才能得到国家的认可和具有法律效力，当事人的权益才能得到保护。

8.4.5 合同的变更、解除与续约

1．物业服务合同的变更

物业服务合同的变更，是指物业服务合同依法成立后尚未履行或尚未完全履行时，由于客观情况发生了变化，使得原合同不能履行或不应履行，经双方当事人同意，依照法律规定的条件和程序，对原合同条款进行的修改或补充。

物业服务合同的变更有广义与狭义之分。广义的合同变更，包括合同内容的变更与合同主体的变更。此处仅讨论物业服务合同内容的变更，即狭义上的合同变更。物业服务合同的变更，从其原因与程序上着眼，可分为以下类型：

（1）基于法律的直接规定变更合同，如物业服务企业违约致使合同不能履行，履行合同的债务变为赔偿损失债务。

（2）在合同因重大误解而成立的情况下，当事人可诉请变更或撤销合同，法院裁决变更合同。

（3）在情事变更使合同履行显失公平的情况下当事人诉请变更合同，法院依职权裁决变更合同。

（4）当事人各方协商同意变更合同。

物业服务合同的变更部分原则上是将来发生效力，未变更的权利义务继续有效，已经履行的合同部分不因合同的变更而失去法律根据。

2．物业服务合同的解除

物业服务合同的解除是指合同有效成立之后，在合同的有效期内，依法终止合同的权利义务关系，终止合同的履行。根据合同自愿的原则，物业服务合同双方当事人享有自愿解除合同的权利，也可以在合同中约定一方解除物业服务合同的条件，同时物业服务企业和业主委员会、开发商经过协商一致，也可解除物业服务合同。

物业服务合同一般有明确的时间限制。物业服务合同解除的主要原因有：约

定的解除合同的条件成立；合同双方当事人事后协商解除；物业服务企业被吊销资质、解散、撤销、破产等不再具备签订合同的主体资格；合同当事人违反合同的相关约定；合同服务期限届满或者其他原因等。

3．物业服务合同的续约

物业服务合同一旦期满，就出现了业主是续聘原物业服务企业还是另聘新管家的问题。通常由业主委员会牵头召开会议，听取物业管理负责人对前期工作情况的汇报，并回答广大业主的咨询。然后由业主委员会讨论、评议物业服务企业在合同期内的工作表现从而作出是否续聘的决定。

物业公司应在原物业服务合同终止前三个月，向小区业主委员会提出续约申请，并提交续约合同草案；业主委员会在接到物业公司的续约申请后30日内，召开业主大会，商议并投票表决是否同当前的物业服务企业继续签约；经业主大会表决，同意续约后，由业主委员会提交物业服务协议的草案文本，报业主大会审议（或公示后征集业主意见）；物业服务协议经业主大会审议通过后，由业主委员会通知物业服务企业进行签约；签订物业服务协议后，物业公司将一份协议原件上交到所在地的房屋管理部门进行物业合同备案。

8.4.6 物业服务合同示范文本

为了贯彻《物业管理条例》，规范物业管理活动，引导物业管理活动当事人通过合同明确各自的权利与义务，减少物业管理纠纷，建设部于2004年9月制定了《前期物业服务合同（示范文本）》。后各地区纷纷制定了《××市物业服务合同示范文本》，供物业服务企业与建设单位、业主或业主委员会签约参考使用。下面是××市×××机关行政办公楼及会议中心物业服务合同示范文本。

××市×××机关行政办公楼及会议中心物业服务合同示范文本

合同当事人

甲方：_____

法定代表人：_____

地址：_____

联系电话：_____

乙方：_____

法定代表人：_____

地址：_____

联系电话：_____

根据《中华人民共和国合同法》、《物业管理条例》、《××市物业管理条例》等有关法律、法规的规定，在自愿、平等、协商一致的基础上，就甲方选聘乙方对×××机关行政办公楼及会议中心实施物业管理服务的事宜，订立本合同。

第一章 物业管理区域概况

第一条 物业基本情况

物业名称：

物业类型：

坐落位置：

占地面积：

东至：＿＿＿＿＿＿＿＿＿＿＿＿＿＿＿＿＿＿＿

南至：＿＿＿＿＿＿＿＿＿＿＿＿＿＿＿＿＿＿＿

西至：＿＿＿＿＿＿＿＿＿＿＿＿＿＿＿＿＿＿＿

北至：＿＿＿＿＿＿＿＿＿＿＿＿＿＿＿＿＿＿＿

第二条 具体物业构成明细及所配置的共用设备设施明细详见附件一和附件二。

第二章 物业服务事项

第三条 乙方提供的公共性物业服务的主要内容为：

1. 物业共用部位的维修、养护和管理。物业共有部位具体包括：房屋的承重结构（包括：基础、承重墙体、梁柱、楼盖等），非承重结构的分户墙面，屋盖、屋面、大堂、公共门厅、走廊、过道、楼梯间、电梯井、楼内化粪池、垃圾通道、污水管、雨水管、楼道灯、避雷装置。

2. 物业共用设施设备的维修、养护、运行和管理。具体包括：共用的上下水管道、落水管、污水管、垃圾道、共用照明、中央空调、高压水泵房、楼内消防设施设备、电梯。

3. 市政公用设施和附属建筑物、构筑物的维修、养护和管理。包括道路、室外上下水管道、化粪池、沟渠、水池、井、停车场、餐厅、路灯。

4. 公用绿地、花木、建筑小品等的养护与管理。

5. 公共场所、房屋公用部位的清洁卫生。垃圾的收集、清运、排水管道、污水管道的疏通。

6. 交通与车辆停放秩序的管理。

7. 公共秩序、安全、消防等事项的协助管理和服务，包括安全监控、巡视、门岗执勤。

8. 会议中心及会议服务。

9. 物业档案资料管理。

10. 物业维修及更新改造费用预算和计划。

11. 房屋装修管理。

12. 接受甲方委托，对其物业的专有部分进行维修养护（服务价格由双方另行商定）。

13. 协助甲方催收物业服务费和本合同约定的其他费用的收取。

14．法律政策规定应由乙方管理服务的其他服务事项。

第三章　物业服务质量

第四条　乙方提供的物业管理服务应达到约定的标准（具体服务标准见附件三），但独立使用空间的保洁、室内的设备维护除外。

第四章　物业服务费用

第五条　本物业管理区域的物业服务收费按包干制方式（物业服务费用的构成包括物业服务成本、法定税费和物业服务企业的利润），根据双方约定物业服务费用标准为＿＿＿元/月。

甲方向乙方交纳物业服务费后，乙方按本合同约定的服务内容和标准提供服务，盈余或亏损由乙方享有或承担。

第六条　共用的专项设备运行的能源消耗、公共用水电费，应独立计量核算和据实分摊，由乙方抄表计算能耗量，甲方向物业使用人收取。

第七条　物业服务费用按月交纳，甲方或物业使用人应在每月前＿＿＿日内履行交纳义务。

第八条　乙方应与甲方或物业使用人签订书面的《停车协议》，明确双方的停车位使用及管理服务方面的权利义务关系。

第九条　乙方接受甲方或物业使用人委托，提供专项服务的，专项服务的内容和费用按其约定执行。

第五章　甲方的权利义务

第十条　甲方的权利义务

甲方享有的权利：

1．审定乙方拟订的物业管理方案、年度管理计划、维修养护计划，监督检查乙方各项方案计划的实施。

2．检查监督乙方管理工作的实施及制度的执行情况。

3．制定物业共用部位和共用设施设备的使用、公共秩序和环境卫生的维护方面的规章制度。

4．依据法律、法规规定享有的其他权利。

甲方应履行的义务：

1．乙方承接物业时，甲方应和乙方共同对物业共用部位、共用设施设备进行查验，甲方应保证本物业管理区域具备以下条件：

（1）所有建设项目按批准的规划设计和有关专业要求全部建成，并满足使用要求；

（2）物业管理区域内道路平整，标识系统完备，雨污水通畅，路灯通亮，园林绿化建设完毕；

（3）机动车停车场、垃圾桶、垃圾间、公告栏等可投入使用；

（4）供水、供电、供热、供冷、电梯、通信、有线电视、消防、邮政等设施能保证供应或正常使用。

2. 乙方承接物业时，甲方应向乙方移交下列资料：

（1）竣工总平面图、绿化图、单体建筑、结构、设备竣工图，配套设施、地下管网工程竣工图等竣工资料；

（2）规划设计资料；

（3）设施设备的安装、使用和维护保养等技术资料；

（4）物业资料保修文件和物业使用说明文件；

（5）物业管理所必需的其他资料。

3. 保证交付使用的物业符合国家竣工资料标准，按照国家规定的保修期限和保修范围，承担物业的保修责任。

4. 可以将物业管理区域内的专项服务业务委托给专业性服务企业。

5. 因维修物业或者公共利益，需临时占用、挖掘道路、场地的，应当告知物业使用人和乙方。

6. 协助乙方做好物业管理工作和宣传教育、文化活动。

7. 负责更新改造费用的支付。

8. 法律、法规规定的其他义务。

第六章 乙方的权利义务

第十一条 乙方的权利义务

乙方享有的权利：

1. 参照国家和本市有关物业管理的技术标准、行业规范以及本服务合同进行管理，提供专业化的服务。

2. 按照本合同和有关规定向甲方或物业使用人收取物业服务费用和其他费用。

3. 可以根据甲方或物业使用人的委托，提供本合同约定以外的服务项目，服务报酬由双方约定。

4. 可以将物业管理区域内的专项服务业务委托给专业性服务企业，但不得将该区域内的全部物业管理一并委托给他人。

5. 自主开展各项经营管理活动，但不得侵害甲方、物业使用人的合法权益，不得利用管理事项获取不当利益。

6. 对欠费业主/使用人停止约定服务和进行法律诉讼，直至其履行交费义务。

7. 依照法律、法规规定和本合同约定享有的其他权利。

乙方应履行的义务：

1. 履行合同、提供物业服务，甲方提供维修材料，乙方负责免费维修。

2．及时向甲方和物业使用人通告本区域内有关物业管理服务的重大事项，及时处理投诉，接受甲方和物业使用人的监督。

3．在承接物业时，应当对物业共用部位、共用设施设备进行查验，并做好书面记录和签认工作。

4．在物业管理区域内公示物业服务合同约定的收费项目和标准以及提供特约服务的收费项目和标准。

5．结合本物业管理区域的实际情况，编制物业管理方案、年度管理计划、维修保养计划，经依法议定后组织实施。

6．制止本物业管理区域内违反有关治安、环保、物业装饰装修和使用等方面规章制度的行为，对违反法律法规的行为及时向有关行政管理部门报告。

7．协助做好本物业管理区域内的安全防范工作，发生安全事故时，在采取应急措施的同时，及时向有关行政管理部门报告，保护好现场、协助做好救助工作；保安人员在维护本物业管理区域的公共秩序时，要履行职责，不得侵害公民的合法权益。

8．向甲方和物业使用人告知物业使用的有关规定，当甲方和物业使用人装修物业时，应与其订立书面协议，告知装修中的禁止行为和注意事项，并负责监督；对甲方和物业使用人违反装修管理规定的行为，要及时制止和纠正，对情节严重的，要及时报请相关部门处理。

9．非经甲方许可并办理有关手续，不得擅自改变物业管理区域内共用部分、共用设施设备的用途；对本物业的共用设施不得擅自占用和改变使用功能。

10．未经甲方同意，不得擅自在物业管理区域内从事物业管理相关服务以外的经营活动。

11．不得在处理物业管理事务的活动中侵犯甲方的合法权益。

12．法律、法规规定的其他义务。

第十二条　乙方协助制定必要的公众制度，并以有效方式督促甲方和物业使用人遵守。

第七章　物业管理用房

第十三条　甲方应于本合同签订后_____日内，按照有关规定在乙方承接物业管理前，为乙方提供能够直接投入使用的物业管理用房，建筑面积_____平方米，其中包括：办公用房_____平方米、周转房_____平方米。

第十四条　物业管理用房属甲方所有，由乙方在本合同期限内无偿使用，但不得改变其用途。

本合同终止时，乙方应当将物业管理用房、物业管理相关资料等属于甲方所有的财产及时如数地移交给甲方。

第八章　合同期限

第十五条　本合同期限为两年，自____年__月__日起至____年__月__日止。合同期满，本合同终止。

第九章　违约责任

第十六条　因房屋建筑质量、设施设备质量或安装技术等原因，达不到使用功能，造成重大事故的，由甲方承担责任并作善后处理。产生质量事故的直接原因，以法定机构的鉴定为准。

第十七条　乙方违反合同的约定，擅自提高收费标准的，甲方、物业使用人有权要求乙方清退；造成甲方、物业使用人的损失的，乙方应给予甲方、物业使用人赔偿。

第十八条　乙方管理服务违反本合同约定，未能达到本合同第三章"物业服务质量"约定的，应承担违约责任，并赔偿甲方及物业使用人相应的损失；乙方无法完成本合同第二章约定的三项以上的"物业管理事项"的，甲方有权解除本合同，并由乙方赔偿甲方及物业使用人相应的损失。

第十九条　甲方或物业使用人违反本合同的约定，未能按时如数交纳物业服务费的，应按每日千分之三的标准向乙方支付违约金。

第二十条　双方约定，以下条件下所致的损害，可构成对乙方的免责事由：

1. 因不可抗力导致的中断服务或物业价值的贬损；

2. 因物业本身固有的瑕疵造成的损害；

3. 因维修、养护共用部位、共用设施设备而暂时停水、停电或停止共用设施设备的使用；

4. 因非乙方责任造成的供水、供电、供热、供冷、通信、有线电视及其他设施设备的障碍和损失；

5. 非乙方的重大过错造成甲方或第三人的损害的。

第二十一条　违反本合同约定需解除本合同的，解除合同的一方应及时通知对方，合同自书面通知送达对方时即行解除，并在二十日内办理交接。

第十章　附　则

第二十二条　甲方可与物业使用人就本合同的权利义务进行约定，但物业使用人违反本合同约定的，甲方应当承担连带责任。

第二十三条　乙方提供服务的受益人为甲方和物业使用人，甲方和物业使用人均可监督本合同。

第二十四条　根据甲方委托管理事项，在乙方承接物业管理前办理接管验收手续。

第二十五条　双方可对本合同的条款进行补充，以书面形式签订补充协议，补充协议与本合同具有同等效力。

第二十六条 乙方在本合同签订时，应缴纳合同履约保证金贰万元整（20000.00元），在合同期满，乙方无重大违约情形，甲方应无息退还给乙方。

第二十七条 本合同之附件均为本合同不可分割的组成部分，与本合同具有同等的法律效力。

第二十八条 本合同执行期间，如遇不可抗力，致使合同无法履行时，双方应按有关法律规定及时协商处理。

第二十九条 本合同在履行中如发生争议，双方协商解决，协商不成，双方可以依法申请调解，向有关行政管理部门申诉；也可选择以下两种方式解决。

1. ××仲裁委员会仲裁；

2. ××人民法院诉讼。

第三十条 本合同正本连同附件　页，一式伍份，甲乙双方各执贰份，物业管理行政主管部门（备案）壹份，具有同等法律效力。

第三十一条 本合同自签订之日起生效。

甲方签章：　　　　　　　　　　　乙方签章：
法定代表人：　　　　　　　　　　法定代表人：
委托代理人：　　　　　　　　　　委托代理人：
　　　　年　　月　　日　　　　　　　　年　　月　　日

1. 附件一（略）

2. 附件二（略）

3. 附件三（略）

本章小结

评标是物业管理招标投标活动的重要环节，是确定最佳中标人的必要前提。我国《招标投标法》要求在招标文件规定的时间和地点，采用公开招标或邀请招标的方式进行。开标时，应按照规范程序审核，首先将一些不合格的废标排除在评标之外，减少评标的工作量。

在评标前，首先要组建评标委员会。为了保证评标的公平、公正，我国法律对评标委员会的组建有明确的规定。评标活动应遵循公平、公正、科学、择优的原则。评标程序包括：初步评审、详细评审和现场答辩评审。详细评审的方法包括最低投标价法、综合评估法、两阶段评标法。

定标和授标的程序是：进行决标前谈判、确定中标人并发布中标结果公示、发出中标通知书、招标人与中标人签订合同及中标结果的备案等。中标人的法定义务包括：按照合同的约定履行自己的义务、不得向他人转让中标项目及遵守中标项目分包的限制性规定。

物业服务合同是物业委托方和物业服务企业根据物业管理法律、法规和政策，在平等、自愿、协商一致的基础上签订的合同。根据物业服务合同签订的主体和时间的不同，物业服务合同可以分为前期物业服务合同与物业服务合同。物业服务合同一般由首部、内容、结尾三部分组成。订立物业服务合同还需掌握合同的订立与生效、遵循的原则以及合同的变更、解除与续约等问题。合同的主要内容分十部分，具体可参见相应的合同示范文本。

思考与讨论

1. 开标时，在哪些情况下标书将作为废标？评标时，在哪些情况下标书将作为废标？

2. 物业管理的评标方法有哪些？各有何特点？

3. 中标人的法定义务是什么？

4. 物业服务合同成立与生效的区别包括哪些？

5. 案例分析：

某物业招标项目定于上午10:00投标截止，招标人在招标文件中规定开标现场内安排专人接收投标文件，填写《投标文件接收登记表》。招标文件规定"投标文件正本、副本分开包装，并在封套上标记"正本"或"副本"字样。同时在开口处加贴封条，在封套的封口处加盖投标人法人章，否则不予受理。"投标人A的正本与副本封装在了一个文件箱内；投标人B采用档案袋封装投标文件，一共有5个档案袋，上面没有标记正本、副本字样；投标人C的投标文件在投标截止时间前送达，封装满足要求，但其投标保证金在投标文件规定的投标截止时间后两分钟送达；投标人D在投标文件规定的投标截止时间后1分钟送达；投标人E在投标截止时间前几秒钟，携带全套投标文件跨进了投标文件接收地点某会议室，但距离招标人安排的投标文件接收人员的办公桌还需要走20秒，将投标文件递交给投标文件接收人员时，时间已经超过了上午10:00。其他F、G、H投标人递交的投标文件均满足要求。

问：（1）确定上述投标人A～D的投标文件哪些应接收，哪些应拒绝接收，为什么？

（2）怎样处理投标人E的投标文件。

9

电子招标投标及其
在物业管理中的应用

本章要点及学习目标

    通过本章学习，了解电子招标投标的含义及系统组成；了解电子招标投标模式的优势与局限性；了解三平台分离的含义及意义；了解推行电子招标投标对各方，包括招标人、投标人、招标代理机构以及行政监管部门等各利益主体的影响；熟悉电子招标投标模式下的关键工作；熟悉物业管理电子招标投标的具体流程。

形势导读

2013年5月1日，由中华人民共和国国家发展和改革委员会、工业和信息化部、监察部、住房和城乡建设部、交通运输部、铁道部、水利部、商务部八部委联合制定的《电子招标投标办法》（以下简称《办法》）及附件《电子招标投标系统技术规范》（以下简称《技术规范》）正式颁布实施。作为我国电子招标投标领域的第一个部门规章，《办法》明确将建立以电子交易平台、公共服务平台和行政监督平台为支撑的电子招标投标体系，系统规范了平台架构、信息共享、行政监督等电子招标投标各项流程和标准，将对涉及招标投标这一重大经济活动的各方产生深远影响。

2015年7月8日，中华人民共和国国家发展和改革委员会、工业和信息化部、住房和城乡建设部、交通运输部、水利部、商务部六部委联合印发《关于扎实开展国家电子招标投标试点工作的通知》（以下简称《通知》），部署开展国家电子招标投标试点工作。按照《通知》部署要求，电子招标投标试点分为政府综合试点和交易平台试点。其中，政府综合试点根据各地区落实电子招标投标制度情况，电子招标投标系统建设运营基础，以及部门和地区推荐和申报，分批开展。交易平台试点由各地方、有关行业协会根据《办法》及其技术规范推荐，在国家发改委同有关部门指导下组织实施，确保公开、透明、规范。

2015年8月25日，上述六部委联合公布《关于进一步规范电子招标投标系统建设运营的通知》。针对电子招标投标实践中仍存在的平台监督和交易功能不分、互联互通和信息共享不够、交易平台市场竞争不充分、监督手段滞后与监管越位并存等问题作出进一步规范，以促进电子招标投标健康、有序地发展。

2015年9月1日，中华人民共和国国家认证认可监督管理委员会、国家发展和改革委员会、工业和信息化部、住房和城乡建设部、交通运输部、水利部、商务部七部委联合出台的《电子招标投标系统检测认证管理办法》及附件《电子招标投标系统检测技术规范》（以下简称《检测规范》）正式颁布实施。明确了电子招标投标系统的检测认证对象、检测程序、认证程序、监督管理等内容，对促进电子招标投标的改革与发展，规范电子招标投标系统检测认证活动提供了政策保障。

2016年6月2日，中华人民共和国国家发展和改革委员会、工业和信息化部、住房和城乡建设部、交通运输部、水利部、商务部六部委联合发布《关于深入开展2016年国家电子招标投标试点工作的通知》（以下简称《2016通知》）。《2016通知》提出，各试点地区和单位要在已有工作基础上，继续将试点工作引向深入，要从深化跟踪对接、深化政策支持和深化典型示范三个方面抓好组织实施。

【评析】山雨欲来风满楼。几大部委短时间内一连串重要动作明显昭示了国家推进招标投标活动电子化、数字化、信息化的坚定决心。作为即将从事物业管理研究和工作的读者，是顺应国家战略意志，紧跟时代步伐，为尽快实现物业管理电子招标投标并促其规范、健康、有序发展而主动有所作为，还是踟蹰观望，被动适应，甚至逆流而行？对此诸君心有明镜，自可照鉴。

9.1 电子招标投标概述

9.1.1 电子招标投标含义及系统组成

1. 电子招标投标概念

根据《电子招标投标办法》，电子招标投标活动是指以数据电文形式，依托电子招标投标系统完成的全部或者部分招标投标交易、公共服务和行政监督活动。数据电文形式与纸质形式的招标投标活动具有同等法律效力。

电子招标投标系统根据功能的不同，分为交易平台、公共服务平台和行政监督平台。

2. 电子招标投标交易平台

电子招标投标交易平台是以数据电文形式完成招标投标交易活动的信息平台。交易平台应按照标准统一、互联互通、公开透明、安全高效的原则以及市场化、专业化、集约化方向建设和运营。

电子招标投标交易平台具备下列主要功能：

（1）在线完成招标投标全部交易过程。

（2）编辑、生成、对接、交换和发布有关招标投标数据信息。

（3）提供行政监督部门和监察机关依法实施监督和受理投诉所需的监督通道。

电子招标投标交易平台应依法及时公布下列主要信息：

（1）招标人名称、地址、联系人及联系方式。

（2）招标项目名称、内容范围、规模、资金来源和主要技术要求。

（3）招标代理机构名称、资格、项目负责人及联系方式。

（4）投标人名称、资质和许可范围、项目负责人。

（5）中标人名称、中标金额、签约时间、合同期限。

（6）国家规定的公告、公示和技术规范规定公布和交换的其他信息。

3. 电子招标投标公共服务平台

电子招标投标公共服务平台是满足交易平台之间信息交换、资源共享需要，并为市场主体、行政监督部门和社会公众提供信息服务的信息平台。

电子招标投标公共服务平台具备下列主要功能：

（1）链接各级人民政府及其部门网站，收集、整合和发布有关法律法规、规章及规范性文件、行政许可、行政处理决定、市场监管和服务的相关信息。

（2）连接电子招标投标交易平台、国家规定的公告媒介，交换、整合和发布电子招标投标交易平台依法公布的主要信息。

（3）连接依法设立的评标专家库，实现专家资源共享。

（4）支持不同电子认证服务机构数字证书的兼容互认。

（5）提供行政监督部门和监察机关依法实施监督、监察所需的监督通道。

（6）整合分析相关数据信息，动态反映招标投标市场运行状况、相关市场主体业绩和信用情况。

属于依法必须公开的信息，公共服务平台应无偿提供。

4. 电子招标投标行政监督平台

电子招标投标行政监督平台是行政监督部门和监察机关在线监督电子招标投标活动的信息平台。

电子招标投标行政监督平台具备下列主要功能：

（1）与电子招标投标交易平台和公共服务平台相互开放数据接口、公布数据接口要求，按照有关规定及时对接交换和公布相关信息。

（2）投标人或者其他利害关系人认为电子招标投标活动不符合有关规定的，通过相关行政监督平台进行投诉。

（3）行政监督部门和监察机关在依法监督检查招标投标活动或处理投诉时，通过其行政监督平台发出行政监督或者行政监察指令，招标投标活动当事人和电子招标投标交易平台、公共服务平台的运营机构应当执行，并如实提供相关信息，协助调查处理。

9.1.2 电子招标投标模式的优势与局限性

电子招标投标对于实现绿色采购、节能减排、提高交易效率、发展服务业、调整招标投标行业的发展结构等具有重要促进作用，对于实现招标投标市场信息公开、转变政府监督方式、健全社会监督机制、规范招标投标市场秩序等意义深远。

1. 利于推进制度创新，为招标投标市场快速发展注入新活力

现代信息技术已经全面而深刻地改变了我们的世界。信息化与生俱来的变革特质，注定了电子招标投标的推进必然是一个充满创新与变革的过程，传统招标投标的运作模式、思维惯性和规则体系即将被全面替换或取代，向电子招标投标演化和转变。

2. 降低成本，提高投资效益，提升招标投标在优化资源配置方面的地位和作用

采用电子标书，可减少中间环节，减少传统书面标书制作费用，降低企业投标成本，减轻企业负担，使投标企业受益，也可减少经办人频繁往返于招标人、监管机构、交易中心等地，减少通信、交通、印刷、人力、管理等方面的支出，大大降低各类资源消耗。电子招标投标打破时间和地域限制，使市场主体更加公平地享受网络资源，大幅降低了经济和时间成本，投标人参与竞争机会增多，项目竞争性扩大，招标人也从中受益。世界银行研究报告指出，采用电子招标后，地理空间约束不复存在，竞争数量显著增多，投标价格普遍降低 10% ~ 20%。

3. 规范流程，促进招标投标的公开透明

电子招标投标系统整合国家相关法律法规及行业规范，从技术上严格限定操作流程的规范化、程序化，减少人为因素的影响，保证了招标投标活动的规范性。采用电子招标投标，项目招标公告、相关修改和澄清信息、开标、评标结果公示等必须在电子招标投标系统各信息平台公开，并涵盖了招标投标全过程。所有交易参与人均可登录相关平台实时了解与之相关的各类公开信息，政府监督部门和监察机关也可随时依法进行监督监察，增加了招标投标的公开性和透明度，改善了参与招标投标各方的信息对称性，促进了招标投标的公开透明。

4. 提升数据分析能力，操作高效便捷，促进招标投标工作的集约化管理

推行电子招标投标，利用计算机技术和网络通信技术，使招标投标当事人最大限度地共享市场数据资源信息，通过强大的数据分析能力，最大限度挖掘数据资产的价值。电子招标投标系统将提供人性化操作方式，让计算机承担以往高强度、重复性的手工劳动，降低人为失误可能性，使业务操作高效便捷。利用电子招标投标系统对招标投标活动进行系统化管理和集成，可大大增加招标投标工作所含信息量，提升招标投标工作的集约化管理水平。

5. 操作过程留痕，强化节点监控

电子招标投标系统将招标投标全过程的事项办理、经办人员、时间节点完整记载，将所有文件资料完整记录归档，政府监督部门和监察机关可依法直接对所有项目招标投标活动进行实时监督监察，改变了传统的监管方式，可保证招标投标监管适时准确、全面到位，从而保障招标投标交易的秩序，净化市场环境。

6. 增强处理突发事件的应急反应能力

实施电子招标投标，招标投标全过程业务操作和信息传递都通过网络信息平台进行，不但可提高工作效率，而且减轻了恶劣气候、自然灾害及其他意外事件对招标投标工作的影响，提升了各方业务操作的抗风险能力。招标投标过程中一旦发生需要各方紧急处理的突发事件，可通过网络方便快捷地进行沟通、协调和解决。

7. 评标更加客观、公平、公正

电子招标投标改变了传统招标投标中圆桌会议式评标模式，通过系统对前期招标文件中评标规则的分析，自动生成各项评分表格、原始记录、评标结果数据等各种报表及报告，减少人工统计工作，降低出错率。相对于传统的评标方式，评标专家的独立性更强，不易受到人为干扰和影响。电子评标能减少评标人的主观臆断，防止人为操控评标，提高评标效率，预防不正当竞争。通过电子招标投标系统可实现异地评标，使可选择评标专家范围更广。这些都促进了评标过程更加客观、公平、公正。

传统招标投标模式与电子招标投标模式简单对比见表9-1。

传统招标投标与电子招标投标工作环节简单对比　　　　表 9-1

工作环节	传统招标投标	电子招标投标
制作招标文件	打印、复印、装订，成本高，不环保，工作量大	无纸化，成本低，绿色环保，工作量小
发标	现场购买，投标企业人员往返，效率低，差旅费用高	通过信息平台直接发布或传输
招标文件澄清及回复	传真发送，工作量大，效率低	通过信息平台直接发布
投标	投标企业人员现场送达，效率低，差旅费用高	通过信息平台发送、保存
开标	现场开标，投标企业人员往返，差旅费用高，招标方会议组织等程序烦琐，费用高	通过信息平台实时开标
招标报告	根据招标投标文件编制大量表格，编写技术报告、商业报告等	套用模板，自动从电子文件中提取相应数据，生成各类表格报告
发布中标通知	传真发送，工作量大，效率低	通过信息平台直接发布
存档及查询	大量纸质文件占用空间，难以保存和查阅	海量电子存储空间，实时查询

　　电子招标投标是刚刚兴起的新事物，虽然有其公正、便捷、高效等优势，但也有一些局限性。因为采用的是电子操作，在身份认证、数据传输、数据存储等方面，一个微小的操作错误都可能导致极大的麻烦。另外，电子招标投标还需要有一整套严谨的管理体系和有效的监控体系，保证其规范化和法制化，并确保整个招标投标流程的安全可靠。当然，电子招标投标的适用范围也有一定的局限性，一些重大技术装备和成套装备的招标投标一般不会采用电子招标投标的形式进行。

9.1.3　推行电子招标投标对各方的影响

1. 对招标人的影响

　　（1）提高采购效率。现代信息技术可以显著降低管理和时间等成本，节约纸张，减少资料传递与保存等资源消耗。电子招标投标有利于信息公开，突破地域限制，实现充分竞争，从而提高采购效率和效益。

　　（2）提高采购透明度。通过技术手段有效解决设置障碍排斥潜在投标人、内部交易、陪标串标等问题，充分公开招标过程信息，促进公平竞争，提升企业社会形象。

　　（3）提高招标管理水平。电子招标投标可实现业务模块化、结构化和标准化，招标人可细化管理流程，实现全过程实时监控，全面提高招标管理水平。

　　（4）降低采购风险。各环节信息公开透明，弄虚作假中标、恶意低价中标、联合保标围标等行为难以维系，可大幅降低招标企业的采购风险。

2. 对投标人的影响

　　（1）提高投标效率和效益。投标人通过网络信息平台即可完成购买标书、递交投标文件、开标和澄清答复等工作，可减少开支，提高工作效率。

　　（2）增加市场机会。电子招标投标系统信息平台拓宽了投标人的信息渠道，增加了投标人参与投标竞争的机会。

（3）进一步获得公平竞争的市场环境。电子招标投标程序的刚性将减少人为干预，公共服务平台的建立可实现最大程度信息公开，提高了招标项目竞争的公平、公正。

3．对招标代理机构的影响

（1）提高效率和效益。电子招标投标大幅减少时间、场地、资料等成本，可有效提高工作效率，提高客户满意度，增加招标代理机构的效益。

（2）提升服务层次。电子招标投标系统可高速、准确地完成繁杂的程序性工作，效率较传统招标投标方式大为提升。招标代理机构可把主要精力放在研究供应商市场、策划招标方案等重要工作上，提升服务层次，由程序性服务向专业性服务、顾问式服务发展。

（3）强化专业水平。所有信息实时记录、在线查询，可实现内部资源共享，有利于隐性知识显性化，促进信息流动，推动招标代理机构专业水平整体快速提高。

（4）完善管理手段。电子招标投标业务操作流程更加严格，可有效减少工作随意性。在线监管功能为管理者提供新的管理手段，增强了管控力度。

4．对行政监督部门的影响

（1）健全行政监督机制。行政监督平台通过与交易平台、公共服务平台全方位互联互通，实现招标投标信息资源和公共服务功能的交互和共享，完善了招标投标监督机制，规范了行政监督方式。

（2）完善监督手段。以现代信息技术为支撑的行政监督平台，通过招标投标信息实时传输、存储，能全面、客观、准确、动态地记录招标投标项目交易全过程，后台数据和信息在多方监督下，难以篡改，不易遗漏，可追溯，便于监督监察者实时在线全过程监督，使行政监督得到强化。

9.1.4　电子招标投标在我国现阶段的实施情况——三平台分离

《电子招标投标办法》（以下简称《办法》）是国家推行电子招标投标的纲领性文件，是招标投标行业发展的重要里程碑。《办法》颁布后，电子招标投标系统交易平台、公共服务平台和行政监督平台三平台分离成为招标投标行业关注的焦点之一。

1．三平台分离的核心

（1）三平台分离是指交易平台、公共服务平台和行政监督平台的物理分离，而不只是逻辑意义上的分离。根据《办法》规定，电子招标投标系统的三大平台之间有清晰的业务边界。在《办法》实施初期，电子招标投标系统基本上是由有关管理部门根据《办法》的指导进行统一建设为主。这个阶段设计比较好的电子招标投标信息化系统可以通过模块配置、权限配置等功能进行灵活配置，以实现交易平台、公共服务平台和行政监督平台的分离。

（2）三平台分离是指建设、运营主体的分离，而不只是信息化系统的分离。建设、运营主体的分离将使交易平台的建设和运营更加专业化、市场化，公共服务平台更突出其公益性和服务的本质。同时，行政监督平台在《办法》中只是指出结合电子政务建设，这将使行政监督平台出现多方案选择，监督部门和监察机关可以自行建设行政监督平台或通过公共服务平台的监督通道连接交易平台，也可直接在交易平台中设置监督通道。

2. 基本的三平台系统模式

从以上三平台分离的核心可见，由于行政监督平台的可选性，电子招标投标系统分为以下三种基本模式。

（1）模式一：公共服务平台兼具监督通道。公共服务平台提供监督通道，连接交易平台的招标投标项目，监督部门和监察机关通过该通道实现对招标投标过程的监督监察。该模式见于原行业监管部门系统较成熟的情况，即在公共服务平台整合各行业的成熟系统数据的基础上，提供统一监管监察功能，如图9-1所示。

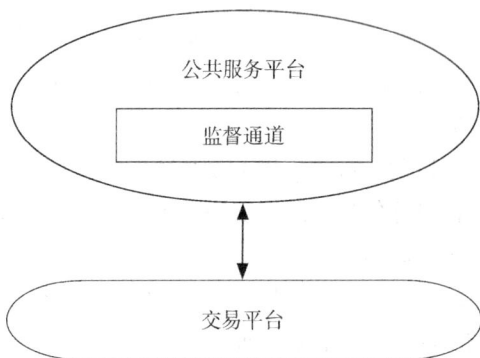

图9-1 公共服务平台兼具监督通道模式

（2）模式二：交易平台兼具监督通道。交易平台提供监督通道，监督部门和监察机关通过各交易平台的监督通道对招标投标过程进行监督监察。该模式见于管理部门直接建设交易平台的情况，管理部门在建设交易平台的同时，将监督监察功能包含在交易平台中，如图9-2所示。

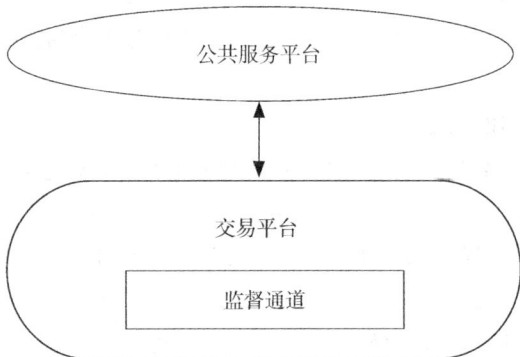

图9-2 交易平台兼具监督通道模式

（3）模式三：三平台完全独立。交易平台、公共服务平台、行政监督平台三平台完全独立，该模式多见于《办法》颁布实施后建设的系统，也是电子招标投标系统建设的发展方向，如图9-3所示。

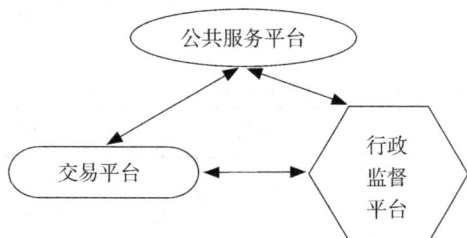

图9-3 三平台完全独立模式

3. 三平台系统建设

交易平台是为招标投标主体交易活动提供服务的信息载体，公共服务平台是为各交易平台提供信息交互、整合和发布服务的信息枢纽，监督平台是为行政部门履行监督职责提供服务的信息通道。三大平台既相互支撑、相互补充，共同构成完整的电子招标投标系统，同时，三大平台也需要相互分离，独立建设和运营。

各行业和地区的管理部门以及平台建设和运营主体，在满足电子招标投标相关规定和统一数据交换接口标准的基础上，可结合实际招标投标监督管理体制和其他需要，灵活选择不同的三平台系统模式。

【示例一】

广联达软件股份公司电子招标投标系统建设三平台分离实战

广联达软件股份公司电子招标投标系统建设时间早于《办法》正式颁布，根据《办法》的指导，从逻辑上来说，该系统可归为公共服务平台、交易平台两部分，且交易平台提供监督通道。该系统基于组件化平台构建，每个组件物理独立，可根据业务需要通过积木式搭建形成不同子系统。每个子系统由多个模块组成，模块间通过企业服务总线进行服务调用和信息交互，其逻辑结构如示例一图9-1所示。

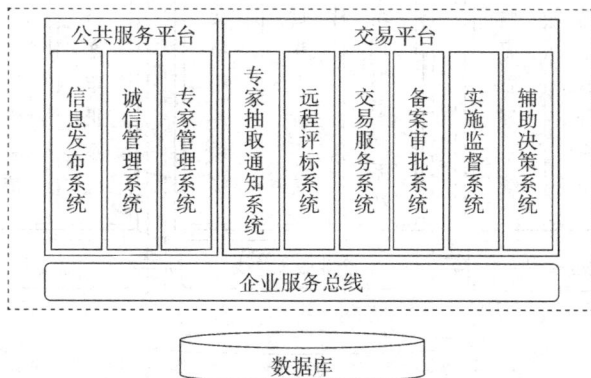

示例一图9-1 广联达初始电子招标投标系统逻辑结构图

第一次改造：实现三平台逻辑分离

系统第一次改造，按照《办法》定义的三平台业务边界，从逻辑上划分系统，将行政监督平台从交易平台中独立出来。该次改造通过重新配置行政监督平台，重新组织模块，设置相应角色、人员权限来实现，改造后的系统如示例一图9-2所示。

示例一图9-2 第一次改造后（三平台逻辑分离）广联达电子招标投标系统逻辑结构图

第二次改造：实现三平台应用物理分离

经过第一次改造的系统从使用者角度来说似乎实现了三平台分离，但其应用部署和数据仍未分离。第二次改造则实现三平台的应用物理分离。分离后的三平台应用独立部署，应用之间的访问通过企业服务总线之间的通信实现。改造后的系统如示例一图9-3所示。

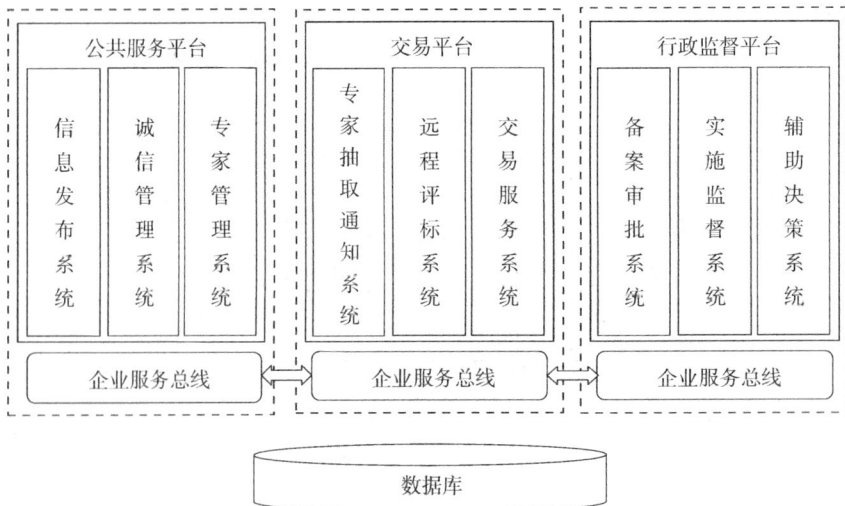

示例一图9-3 第二次改造后（三平台应用物理分离）广联达电子招标投标系统逻辑结构图

第三次改造：实现三平台数据物理分离

第二次改造完成，还剩一个主要问题就是数据独立。如果按照不同建设和运营主体来说，三平台的数据也应分离，因此广联达开始了第三次改造，改造后的系统如示例一图9-4所示。

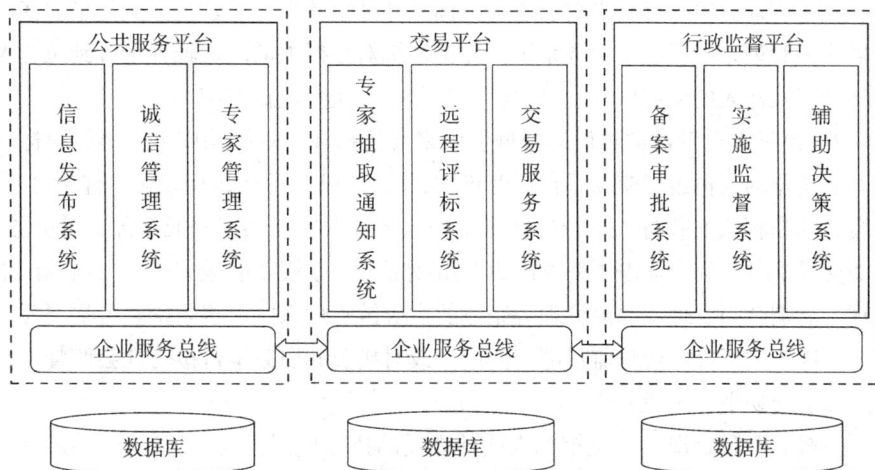

示例一图9-4 第三次改造后（三平台数据物理分离）广联达电子招标投标系统逻辑结构图

第四次改造：为将来服务，不为将来买单

第三次改造完成后，广联达发现了一个关键问题：跨平台间的共用数据在不同平台中需要冗余存储，造成数据资源重复存储，且各平台的共用数据难以同步。针对此问题，广联达启动第四次改造，在企业服务总线下层增加数据总线，支持在对数据实体访问时可路由到不同物理数据库，这样便不需要在平台间冗余数据，也不会带来业务级别的额外开发量。改造后的系统如示例一图9-5所示。

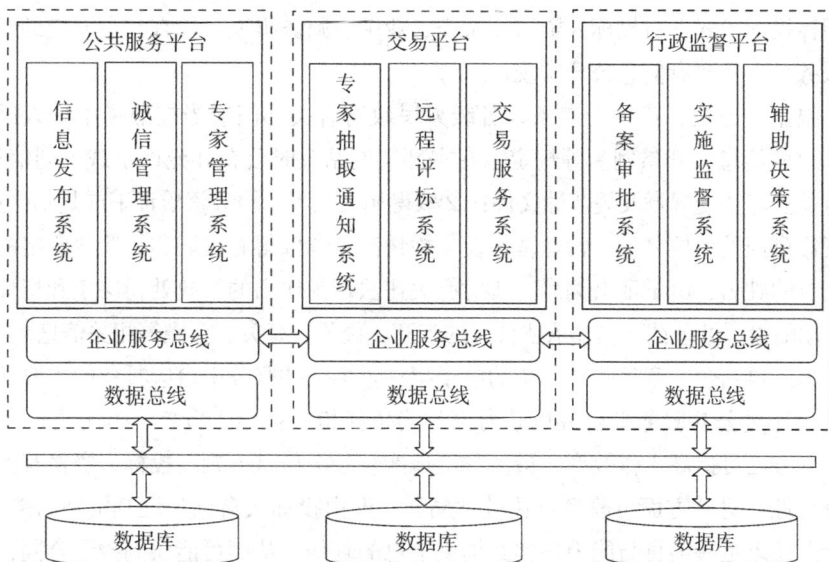

示例一图9-5 第四次改造后（增设数据总线）广联达电子招标投标系统逻辑结构图

9.1.5 电子招标投标模式下的关键工作

1．电子招标投标交易平台选择

（1）交易平台类型

1）招标人自建自用型。招标人出于提升内部管理需要，为实现降低交易成本、促进有效竞争、提高采购效率等目标，开发、建设、运营包括交易平台在内的供应链管理系统或电子商务系统。此类系统对投标人的培训辅导十分到位，大幅降低了投标人的交易成本。目前已有部分特大型企业正在应用。

2）第三方运营机构建设运营型。由来自于招标代理机构或电子招标投标软件开发单位的人员组建交易平台运营机构，建设和运营类似阿里巴巴的在线交易平台，为招标人、投标人、招标代理机构、评标专家提供部分或全部交易服务。此类交易平台作为企业电子商务的重要组成部分，系统功能较完善，与前端计划管理、后端合同管理和物流管理等企业的供应链管理系统衔接紧密。可根据要求开放权限供招标投标行政监督部门使用，或对接公共服务平台接受社会监督。

（2）交易平台选择

一般有两种情况。一是招标人或其委托的招标代理机构自己建立交易平台，属自建自用型；另一种是使用第三方运营的电子招标投标交易平台。第三方招标投标交易平台按照市场经济规律运行，一般功能较强大、管理较完善、信誉度较高。若选用这样的平台，应当与电子招标投标交易平台运营机构签订使用合同，明确服务内容、服务质量、服务费用等权利和义务，并对服务过程中相关信息的产权归属、保密责任、存档等依法作出约定。招标人或其委托的招标代理机构应当在其使用的电子招标投标交易平台注册登记。

2．资格检查

对投标人进行资格检查是招标人的重要工作，是确定合格投标人的基础。电子招标投标模式下对投标人资质、荣誉、业绩、财务报表等检查，主要借助于公共服务平台及政府信息公开实现。

根据《办法》第四十二条，各级人民政府有关部门应当按照《中华人民共和国政府信息公开条例》等规定，在本部门网站及时公布并允许下载下列信息：①有关法律法规规章及规范性文件；②取得相关工程、服务资质证书或货物生产、经营许可证的单位名称、营业范围及年检情况；③取得有关职称、职业资格的从业人员的姓名、电子证书编号；④对有关违法行为作出的行政处罚决定和招标投标活动的投诉处理情况；⑤依法公开的工商、税务、海关、金融等相关信息。

另外再结合本章第一节介绍的电子招标投标公共服务平台应具备的主要功能可见，通过公共服务平台或以政府网站为依托检查投标人资格，其显著的优点是：一方面可提高工作效率，最大限度地融合各类信息，判断投标人资格有效性与符合性；另一方面可改变过往被动局面，即由投标人自己举证其资格与能力，招标人缺乏足够信息与能力核实其提供信息的真伪，从而可能误判授予合同，给之后的工作带来诸多问题。公共服务平台纳入了政府管理部门的信息，实现了信息融合，保障了招标人在招标投标过程中与投标人实现信息对等。

3. 电子归档资料

《中华人民共和国电子签名法》（以下简称《电子签名法》）规定"民事活动中的合同或者其他文件、单证等文书，当事人可以约定使用或者不使用电子签名、数据电文。当事人约定使用电子签名、数据电文的文书，不得仅因为其采用电子签名、数据电文的形式而否定其法律效力。""能够有形地表现所载内容，并可以随时调取查用的数据电文，视为符合法律、法规要求的书面形式。"这均规定都给了电子档案以法律依据。

《办法》规定，招标投标活动中的数据电文，应当按照《电子签名法》和招标文件的要求进行电子签名并进行电子存档。招标投标档案应当按照档案管理办法保存，电子存档是招标人应该做好的工作。电子归档资料内容包括：资格预审公告、招标公告或者投标邀请书；资格预审文件、招标文件及其澄清、补充和修改；资格预审申请文件、投标文件及其澄清和说明；资格审查报告、评标报告；资格预审结果通知书和中标通知书；合同；国家规定的其他文件。

特别要注意的是：电子招标投标某些环节需要同时使用纸质文件的，应当在招标文件中予以明确约定；当纸质文件与数据电文不一致时，除招标文件特别约定外，以数据电文为准。

【示例二】

电子招标投标创新试点
——深圳市电子招标投标系统建设思路

2013年5月，《办法》颁布实施。2014年7月，深圳市获国家发改委批准成为第一个电子招标投标创新试点。目前，深圳市建设工程电子招标投标系统已基本具备《办法》定义的电子招标投标系统三大平台所要求的功能，但现有系统规划时间较早，与《办法》及《技术规范》在功能划分、数据标准等方面存在一定差异。为满足电子招标投标创新试点工作要求，需对现有电子招标投标系统按交易平台、公共服务平台和行政监督平台三大平台模式进行功能提升、整合、分离及完善，使其符合《办法》及《技术规范》《检测规范》的要求，并通过相应检测认证。

一、建设目标

总体建设目标是以建设工程电子招标投标为支撑，以点带面，推进公共资源交易电子化，充分发挥信息技术在提高招标采购透明度和效率，节约资源和交易成本等方面的独特优势。建立以交易平台为基础，以公共服务平台为枢纽，以行政监督平台为保障，分类清晰、功能互补、互联互通的电子招标投标系统，实现招标投标全过程及相应行政监督和公共服务的数字化、网络化，促进简政放权，转变政府职能，为全面推进全国电子招标投标工作积累经验。

二、建设原则

（一）规范性原则

满足《办法》、《技术规范》、《检测规范》等相关技术规范要求，符合信息系统建设行业标准以及建设工程政策、法规。

（二）顶层设计原则

通过顶层设计和信息资源统一规划，具体从数据、平台、应用、标准、安全五大方面深入展开，同时充分考虑五方面之间的有机联系，形成统筹交易平台、公共服务平台、行政监督平台的电子招标投标系统发展方案，全面实现三大平台相互独立、职能分离、功能互补、互联互通的目标。

（三）架构设计及技术先进原则

采用成熟、先进的技术，同时考虑将来系统进一步扩展需要，采用开放式架构，为系统扩展保留接口。

（四）充分利用现有政务资源原则

深圳市已建成包括全市机关统一的网络平台、数据中心、政务信息资源目录体系与交换体系、政务信息资源交换平台、数据备份中心、安全支撑平台、其他市级公共政务信息资源等电子政务基础设施。充分利用现有政务资源，可减少重复建设、降低投资、缩短工期。

（五）细化标准原则

在《办法》及《技术规范》指导下，进一步细化系统建设技术标准与规范，以满足深圳市电子招标投标系统建设和外部交易平台及其他相关系统接入需要。

（六）标准统一与开放原则

系统网络平台、接入平台、系统软件、应用软件开发遵循统一标准，并开放接口标准，使系统具有与第三方产品互联互通的兼容能力。

（七）灵活与适用原则

通过松耦合的模块设计、业务流程，将功能分解到离散的服务单元中，采用积木式服务累加，提供更加灵活的服务支持，满足目前和将来各类业务需求。

（八）安全与可靠原则

充分考虑整个系统运行的安全策略和机制，采用可靠的身份识别、权限控制、加密、病毒防范等技术，防范非授权操作，保证系统安全。采用数字证书和电子印章安全保障工具，验证身份真实性，确保数据电文完整、不可抵赖、不可篡改、可追溯。建立健全电子招标投标交易平台规范运行和安全管理制度，加强监控、检测，及时发现和排除隐患。

（九）易用和易维护原则

支持使用多种终端，终端环境要求简单。系统必须易于使用、界面统一，减少员工培训时间。系统的网络平台、设备平台、系统软件、应用软件提供方便、灵活的维护手段，方便应用人员维护和管理。同时，系统维护应尽量集中、简单，避免复杂系统和多系统组合的维护开销，减轻维护人员负担，提高管理和决策效率。

三、系统架构

深圳市电子招标投标系统采用云架构体系，有虚拟化、高可伸缩性、高可靠性、按需服务、大规模、通用性、高资源利用率、低终端配置要求等优势。降低客户端配置要求，并支持移动终端等设备。服务端能快速部署和切换版本，方便测试。随着电子招标投标系统应用范围不断扩大、用户和数据量不断增加，能方便进行资源扩容和调配，使远程评标和远程定标更安全、高效、便捷。满足交易平台市场化需要，方便交易平台引入和推广。

软件服务：核心为交易平台、公共服务平台和行政监督平台。

基础设施服务：基础设施平台提供网络传输服务、计算服务、存储服务、备份服务等。

四、系统划分

深圳电子招标投标系统划分如示例二图9-1所示。

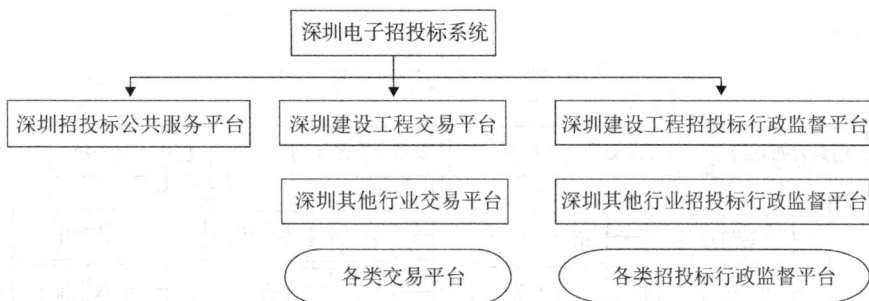

示例二图9-1 深圳电子招标投标系统划分

（一）深圳电子招标投标公共服务平台

深圳招标投标公共服务平台集成各政府部门招标投标相关信息资源，并与交易平台、行政监督平台、国家及其他公共服务平台对接，为全市所有招标投标业务提供统一的全方位、多层次信息化服务平台，在更大范围内实现信息发布和信息共享。具体包括：交易信息、企业及人员信息、市场业绩及信用信息、相关政策法规信息、专家信息等信息内容发布；提供行政监督通道；实现数字证书互认；接入上级公共服务平台；链接各类政府网站等。平台组成如示例二图9-2所示。

（二）深圳电子招标投标建设工程交易平台

深圳电子招标投标建设工程交易平台是深圳市建设工程领域招标投标活动面向市场主体提供交易服务的信息平台，并为相关行业主管部门的行政监督提供基础数据支撑，应逐步实现交易平台的标准化、专业化、集约化和市场化。建设工程交易平台主要包括信息发布系统、工程交易业务系统、数据交换系统、应用支撑系统，主要使用对象为招标人、招标代理机构、投标人、评标专家、交易中心。建设工程交易平台以建设工程交易服务网站为载体，为招标人、招标代理人、投标人、交易中心、评标专家分别提供招标子系统、投标子系统、服务子系统、评审子系统等。系统组成如示例二图9-3所示。

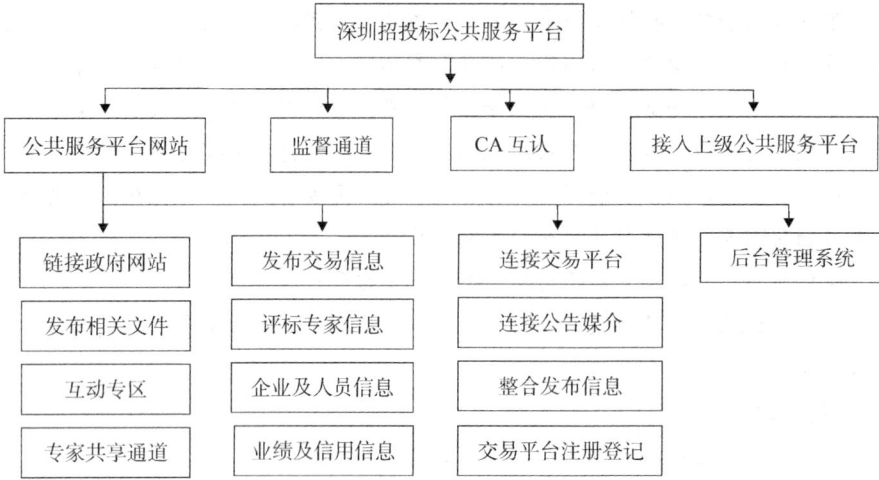

示例二图9-2 深圳招标投标公共服务平台组成

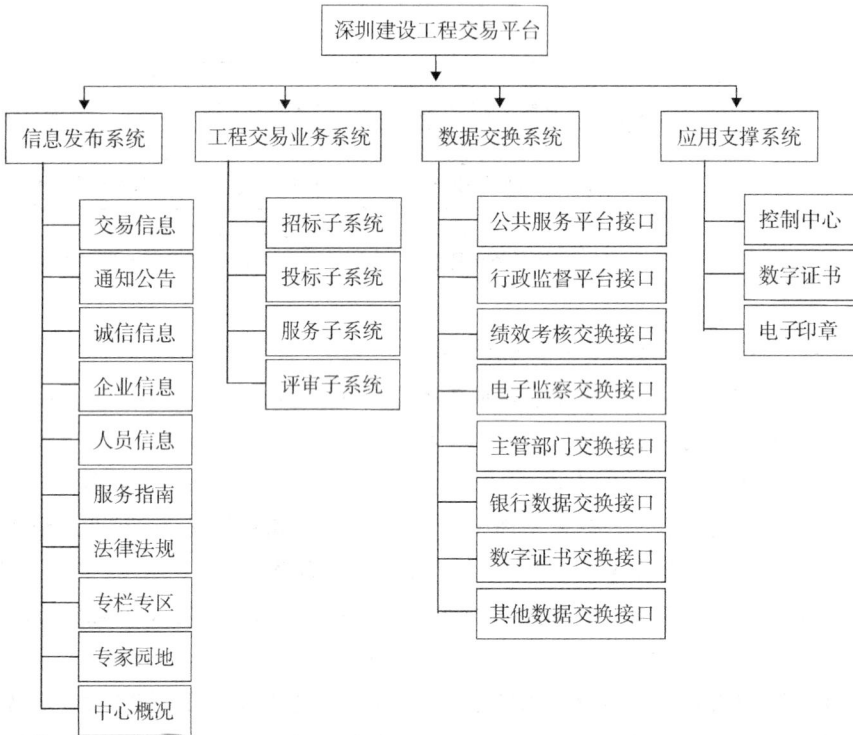

示例二图9-3 深圳建设工程交易平台组成

（三）深圳电子招标投标行政监督平台

深圳电子招标投标行政监督平台是深圳市相关行政主管部门对其所辖范围内招标工程进行行政审批、文件备案的业务操作平台。通过全过程、多部门实时监管，实现独立公正的在线监督；通过规则制定、智能分析，实现行政行为的提速增效和异常情况自动预警与过程追溯。主要包括审批备案、过程监督、招标异常、投诉、数据交换等功能。

深圳建设工程招标投标行政监督平台组成如示例二图9-4所示。

示例二图9-4 深圳建设工程招标投标行政监督平台组成

五、系统接口

（一）系统内部接口

系统内部接口主要包括深圳招标投标服务平台、深圳建设工程交易平台、深圳建设工程招标投标行政监督平台之间的数据交换。建设工程主管部门、交易中心既可以通过局域网（或政府专网）访问，也可通过互联网访问；招标人、投标人通过互联网访问；评标专家既可以在固定评标室内通过局域网访问，也可通过互联网桌面云方式访问。社会公众、企业通过互联网访问公共服务平台、交易服务网站。交易平台需要与专家系统、档案系统进行接口通讯。

（二）系统外部接口

（1）深圳招标投标公共服务平台与国家、省公共服务平台的数据交换。

（2）深圳招标投标公共服务平台与其他专业交易平台的数据交换。

（3）深圳建设工程交易平台、深圳建设工程招标投标行政监督平台与深圳住建局信息系统之间的数据交换。统一按照局域网方式进行系统之间接口交换。各区局、交委、监察局等系统接口以政府专网（互联网）方式部署。

（4）中心其他系统之间的接口。比如：银行系统接口、CA数字证书和电子印章接口，工程担保系统、内部办公系统等接口。

9.2 物业管理电子招标投标

9.2.1 物业管理电子招标投标的流程

1. 通过网络信息平台发布或查阅物业管理招标信息

传统的招标投标信息的发布一般是通过纸媒等传统媒体，近些年来，随着互联网的兴起，在国家政策和市场需求的共同推动下，电子招标投标在全国发展迅猛，成为运用日益广泛的新型投标方式。由于网络同时具备信息发布和文件传输的双重功能，开发商或业主委员会拟打算采用公开招标的，只需将拟招标项目的背景资料、招标说明以及招标要求等通过招标公告的形式在网络信息平台发布出去，任何潜在的投标人都可以查阅相关信息，如果有兴趣参与投标，可以注册并通过网络下载招标文件。

目前我国已成立了一些招标投标的网站，如采购与招标网（https://www.chinabidding.cn/）、广州公共资源交易网（http://www.gzggzy.cn）等。这些网站不仅为用户提供招标公告、中标信息以及政策咨询等服务，而且还专门为招标投标双方设立了网上投标、网上开标、网上答疑等招标投标服务区，使招标人和投标人可以在服务区完成招标投标中的一系列活动，包括网上的招标申请、招标报名、招标答疑、答疑概要查询、项目后续跟踪等，提高了投标人参与投标的便利性，并有利于投标人工作效率的提高及投标成本的节约。

2. 资格预审与择优

目前在物业管理招标投标实务中，选择正式投标人主要有以下几种做法：

（1）随机抽取。招标人采用随机抽取的方式，表面上是想充分贯彻"公平、公正、公开"的原则，但结果却往往将真正优秀的投标人忽略掉，对优秀的投标人造成了新的不公平。

（2）先到先得。按报名先后顺序决定正式投标人的名单，这种做法容易造成招标投标双方的勾结，也容易导致出卖投标资格的现象。

（3）全部入围。这种做法好的一面是尽可能地保证了所有投标人的公平，但不理想的是加大了招标投标的成本，包括时间成本和金钱成本等。

（4）由业主自己选择投标人。该做法体现了业主负责制，但可能因为业主委员会权利的过度集中而导致暗箱操作，产生新的不公，甚至使招标工作流于形式。

若推行电子招标投标，招标人及委托代理机构可通过内部局域网的资格预审系统来进行科学合理的资格预审与择优。由招标人事先设定择优条件，如企业资质、企业业绩、企业财务状况、同类物业管理经验等，并赋予一定的权重输入到计算机择优系统，然后通过计算机在企业数据库中查询信息资料，自动汇总计算，按排名先后生成预设的正式投标人名单。

3. 编制并生成电子投标文件

通常情况下，在招标投标的商务部分，有部分内容可以重复使用，如物业管理招标文件中的投标须知、评标原则，投标文件中的公司概括介绍、组织机构、管理人员配备、人员培训等，这些共性的内容可以通过招标投标方建立健全相关的文件数据库供招标投标中反复使用。招标投标双方可以通过互联网共享文件数据库中的内容，异地分头快速实现招标投标文件的远程编制和传送，提高了工作效率。具体流程指引如图9-4所示。

投标企业制作电子投标文件指引

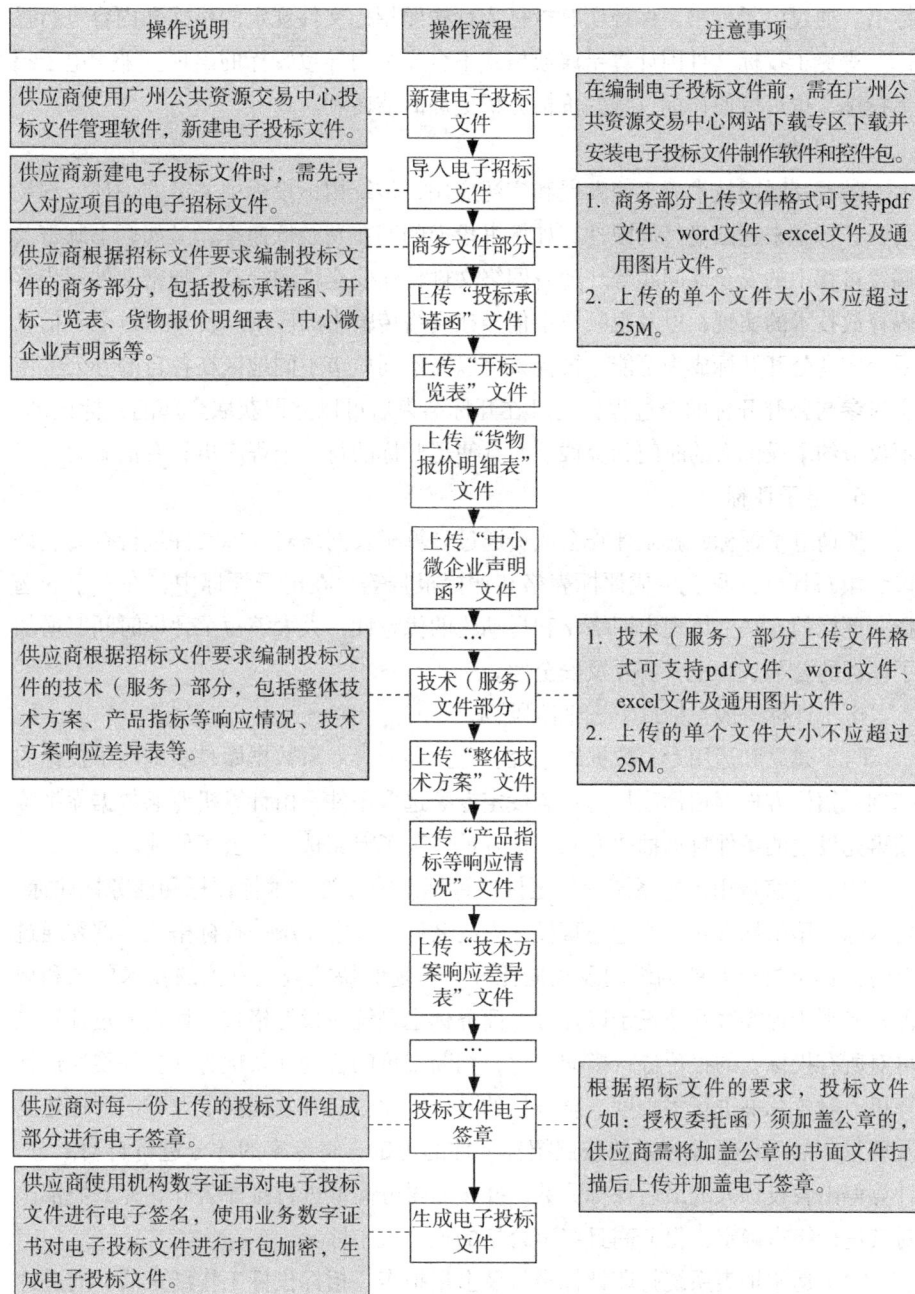

操作说明	操作流程	注意事项
供应商使用广州公共资源交易中心投标文件管理软件，新建电子投标文件。	新建电子投标文件	在编制电子投标文件前，需在广州公共资源交易中心网站下载专区下载并安装电子投标文件制作软件和控件包。
供应商新建电子投标文件时，需先导入对应项目的电子招标文件。	导入电子招标文件	
供应商根据招标文件要求编制投标文件的商务部分，包括投标承诺函、开标一览表、货物报价明细表、中小微企业声明函等。	商务文件部分 上传"投标承诺函"文件 上传"开标一览表"文件 上传"货物报价明细表"文件 上传"中小微企业声明函"文件 …	1. 商务部分上传文件格式可支持pdf文件、word文件、excel文件及通用图片文件。 2. 上传的单个文件大小不应超过25M。
供应商根据招标文件要求编制投标文件的技术（服务）部分，包括整体技术方案、产品指标等响应情况、技术方案响应差异表等。	技术（服务）文件部分 上传"整体技术方案"文件 上传"产品指标等响应情况"文件 上传"技术方案响应差异表"文件 …	1. 技术（服务）部分上传文件格式可支持pdf文件、word文件、excel文件及通用图片文件。 2. 上传的单个文件大小不应超过25M。
供应商对每一份上传的投标文件组成部分进行电子签章。	投标文件电子签章	根据招标文件的要求，投标文件（如：授权委托函）须加盖公章的，供应商需将加盖公章的书面文件扫描后上传并加盖电子签章。
供应商使用机构数字证书对电子投标文件进行电子签名，使用业务数字证书对电子投标文件进行打包加密，生成电子投标文件。	生成电子投标文件	

图9-4 广州市政府采购项目投标电子文件生成流程图

4. 在线投标

传统的投标过程中，投标企业为了能增加中标的胜算，生怕疏忽了任何一个微小的细节，于是标书越做越厚，越做越精美，不仅耗费了投标人大量的人力、物力和财力，还无端地增加了评标的工作量。因此，提供给所有投标人一份简洁务实的投标文件格式范本（标准化的电子表格文本）是十分必要的。投标人在投标时，在提供相关投标文档的同时，只需要通过在招标投标平台上填写标准化的电子表格，就可以完成一份对招标文件具有实质性响应的投标电子文件，即电子标书。通过电子标书，保证所有投标人都按照招标文件规定的格式和内容进行投标，避免了投标文件因计算错误或格式不合规范而导致废标的出现。采用电子招标投标，也可以使评标过程的价格分析更加简洁便利。

5. 开标

随着互联网技术的飞速发展和广泛应用，传统招标投标中关键的一环，现场公开开标越来越凸显其局限性，如标书投递的高花费及低速率，又如标书邮寄及搁置过程中的安全性问题等。随着网络文件传输安全性的提高，加密文件同步解码释放技术的实现，以及视频数字信号在网络传输中的应用，使得通过电子信息平台实现公开开标成为可能。投标人可以在不同城市不同地区在各自的办公区域实时参与公开开标的全过程，而且在开标结束后可以立即获取全部的开标记录，不仅节约了投标人的时间和金钱，而且使得开标的每一个程序更具有信服力。

6. 电子评标

所谓电子评标，就是评委会成员通过计算机及网络对投标文件进行查阅、评议、填写评标意见、生成评标表格和评标报告等。在电子评标中，在专家的选择、评标的方法上体现出网络化和自动化的优越性，大大缩短了评标时间，增加了评标的公平、公正、公开及安全性。

电子评标一般包括以下三个阶段：

（1）建立和运用专家数据库系统。建立和完善专家数据库是实施电子投标的基础。招标方根据招标项目的特点设定专家选取条件，由计算机专家数据库系统按事先设定的条件自动抽取专家，很好地体现了专家选取的公正便捷。

（2）专家运用评标系统评标定标。评标系统分为技术标评标和商务标评标。技术标采用暗标方式，通过隐藏投标人的名称和标志，统一投标格式，评委通过对各投标书进行智能的纵向及横向比较，可随时快捷查询有关的技术要求和规范，有利于评委客观公正予以评分。商务标也是统一投标格式，评委通过计算机可对所有投标人的报价进行横向对比，判断报价的合理性及优劣性。评委通过计算机，对各标书进行多角度、全方位的分析和比较，有效提高了评委的评标速度及质量；然后电子评标系统按照招标文件的规定，将专家的评分进行自动汇总，计算得出各投标人的最后评标分数，并按照得分高低进行排序公开，专家们依次对其进行终审确定，得分高且终审合格的投标人中标。

（3）运用报表系统打印评标报告及上报报表。招标投标工作结束后，通过计算机有关数据自动生成评标报告和上报报表，保证了快捷性和准确性。

9.2.2　物业管理电子招标投标实务

随着信息科技时代的到来，电子化、信息化浪潮席卷社会各个领域，物业管理电子招标投标应运而生并在近几年得到快速推广和应用。电子招标投标以信息技术为载体，结合电子商务技术的应用，能使招标投标双方在人力、物力、财力上得到较大的节省，并进一步提高了工作效率。

目前，政府采购电子化是大势所趋，全面推进电子化政府采购势在必行，而电子招标投标是电子化政府采购平台的重要组成部分，必将受到政府重视，得到良好的发展。物业管理电子招标投标不局限于政府采购，随着应用服务理念的提出，电子招标投标在整合了一体化的支付、物流、资信、保险以及后台合同管理功能后，将成为独立的交易功能平台。随着供需双方招标投标行为的扩大化，物业管理电子招标投标可能从一种采购方式逐渐升华到一种选择方式，甚至作为开发商或业主委员会的一种控制手段或者是介质中间体，实时针对服务流程中不同环节的不同物业服务企业进行控制，实现需求满足的集约化和效益的最大化。

电子招标投标不仅具有易于实现公开、公平、公正三公原则，同时也具有三择优的特点，即通过资格预审择优系统选择出业主满意的投标人，通过专家库系统选择出能胜任评标工作的专家，以及通过评标系统选择出业主满意的中标人。三公原则及三择优特点使得电子招标投标较传统招标投标具有更大的优势，不过在电子操作、管理体系以及网络安全等方面有待进一步地完善和加强。

目前，我国现有的几个电子招标投标系统均能综合运用各种网络信息技术，为招标投标双方提供自主自助招标平台。招标单位可以通过网络完成招标项目建立、项目审核、招标邀请发布、投标企业审核、招标文件上传、公告澄清、投标文件回收、开标、招标结果公告、评标等招标工作的全过程。部分招标投标系统还能为招标单位提供标书费用、投标保证金等辅助管理和招标用户注册、审核、系统资料维护等业务管理功能，同时提供专用账号，可跟踪、查询项目的招标投标全过程和各类统计数据以满足各级主管机关、监管部门的管理需要。未来的电子招标投标不仅仅是一种特殊的交易平台，更可能发展成为相对于各个垂直行业的第三方交易市场。

以广州市政府采购物业管理项目电子招标投标为例，采购人的操作程序一般为：系统登录、委托申请、采购需求修改、采购文件修改、采购文件确认、采购人确认评标结果、项目一览、失败项目重招、澄清修正、附件上传等。供应商的操作程序一般为：系统登录、网上报名、电子投标文件制作、网上上传电子投标文件、网上解密以及上传电子合同等。具体采购流程图如图9-5所示。下面以广州公共资源交易中心政府采购系统为例，对物业投标企业电子投标全过程作一梳理和阐释。

物业管理政府采购项目采购流程指引

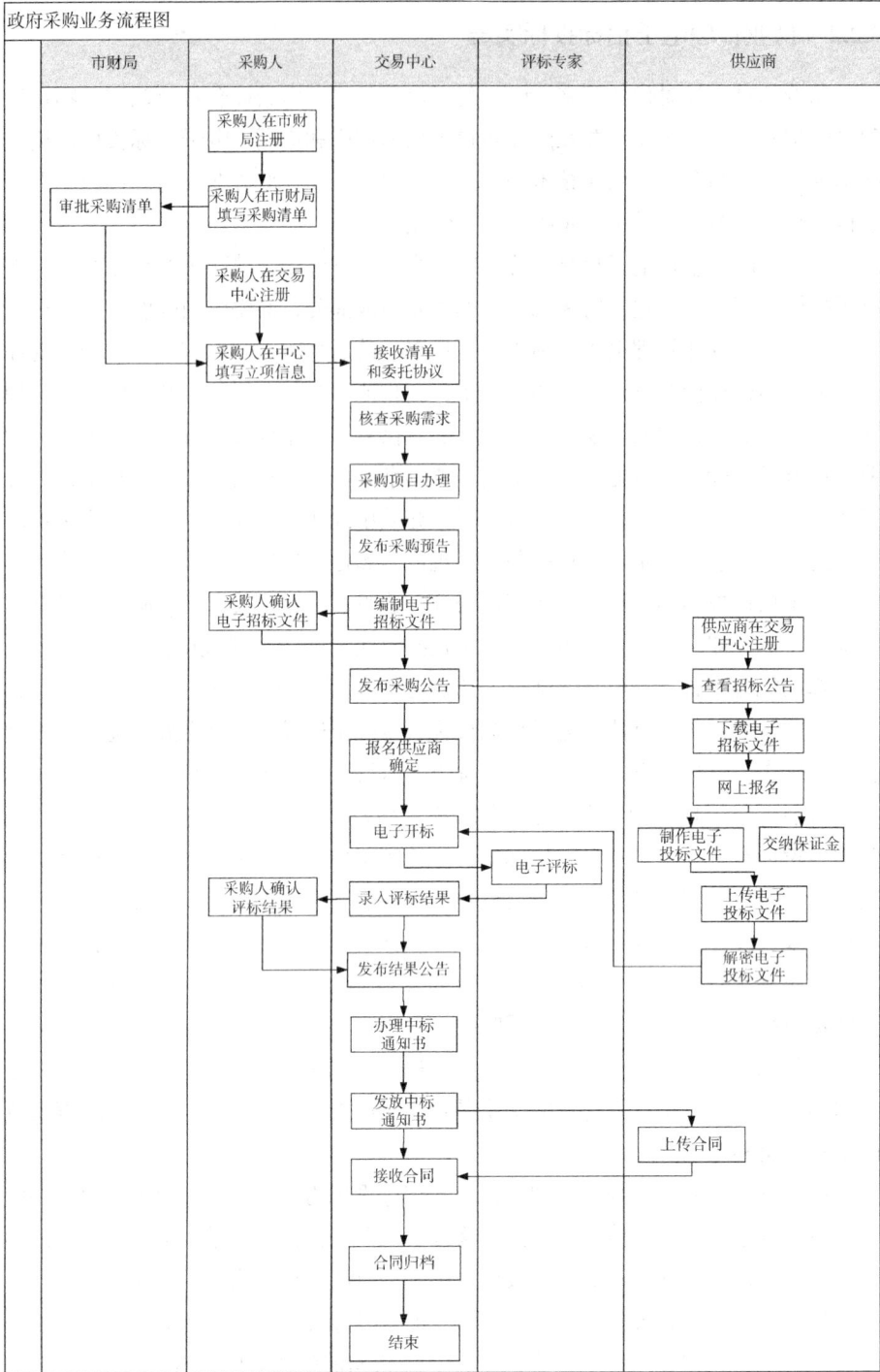

政府采购业务流程图

市财局	采购人	交易中心	评标专家	供应商

采购人在市财局注册

审批采购清单 ← 采购人在市财局填写采购清单

采购人在交易中心注册

采购人在中心填写立项信息 → 接收清单和委托协议

核查采购需求

采购项目办理

发布采购预告

采购人确认电子招标文件 ← 编制电子招标文件

供应商在交易中心注册

发布采购公告 → 查看招标公告

下载电子招标文件

报名供应商确定

网上报名

电子开标 ← 制作电子投标文件 | 交纳保证金

电子评标

采购人确认评标结果 ← 录入评标结果 ← 电子评标

上传电子投标文件

解密电子投标文件

发布结果公告

办理中标通知书

发放中标通知书

上传合同

接收合同 ← 上传合同

合同归档

结束

图9-5 广州市政府采购项目采购流程图

【示例三】

物业管理招标投标操作实例——以广州市为例

一、登录广州市公共资源交易网（http://www.gzggzy.cn/），插入CA证书，输入CA证书密码，点击"登录"进入系统。

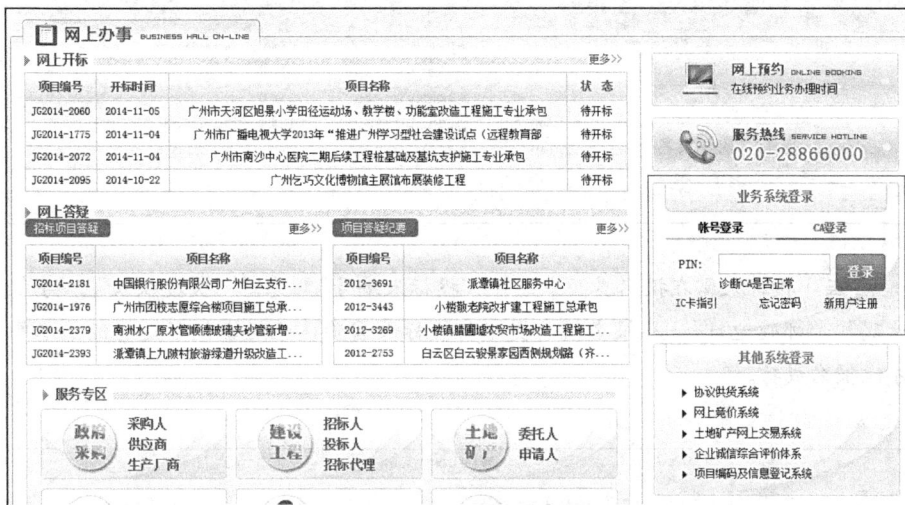

示例三图9-1 首页操作界面

二、网上报名

（一）投标人进入"会员专区"后，通过"我是投标人"——"投标业务办理"——"政府采购类业务"—"我要报名"菜单，查看当前处于报名阶段的项目信息。

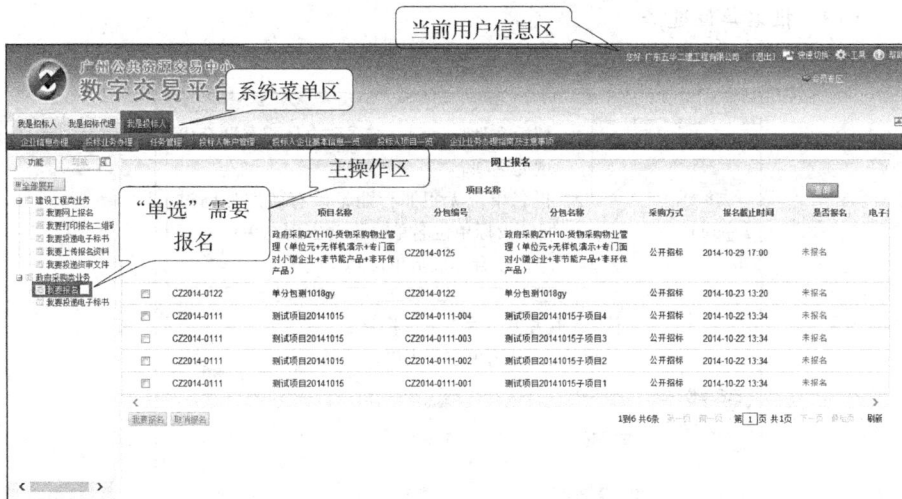

示例三图9-2 "会员专区"界面

（二）投标人选择需要报名的项目后，点击"我要报名"按钮填写相关报名信息。

示例三图9-3 "我要报名"界面

（三）投标人需在报名界面中选择"投标人编号"，填写"被授权人"、"手机号码"、"邮箱地址"，在报名信息提交前投标人需确认已经缴纳了足够的工本费才能报名成功。

示例三图9-4 报名界面

（四）报名单位选择

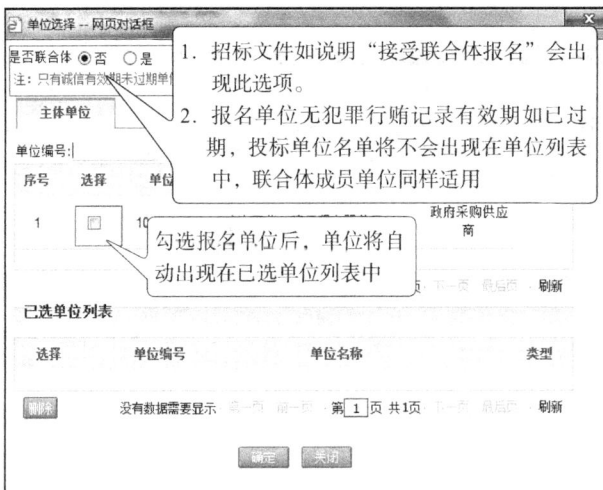

示例三图9-5 报名单位选择界面

三、电子投标文件制作

电子投标文件制作流程依次为新建投标文件、导入电子招标文件、商务部分文件编辑电子投标文件制作、技术（服务）文件编辑、投标文件电子签章及生成电子投标文件六个步骤。

供应商可使用广州公共资源交易中心投标文件管理软件，根据电子投标文件编制软件向导提示编制电子投标文件。

（一）新建投标文件。

1. 点击开始界面左上方的<新建投标>按钮，弹出新建投标文件向导。

2. 点击<浏览>按钮，选择已经签名的招标文件，打开。

3. 插上电子证书KEY，输入密码，生成工程文件。

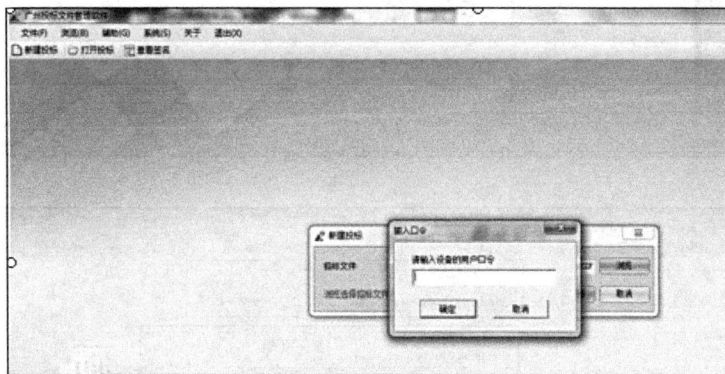

示例三图9-6 新建投标文件界面

（二）预览招标文件。新建投标文件并导入电子招标文件后，可以查看招标文件内容，包括招标文件基本信息、评标办法、招标文件正文。

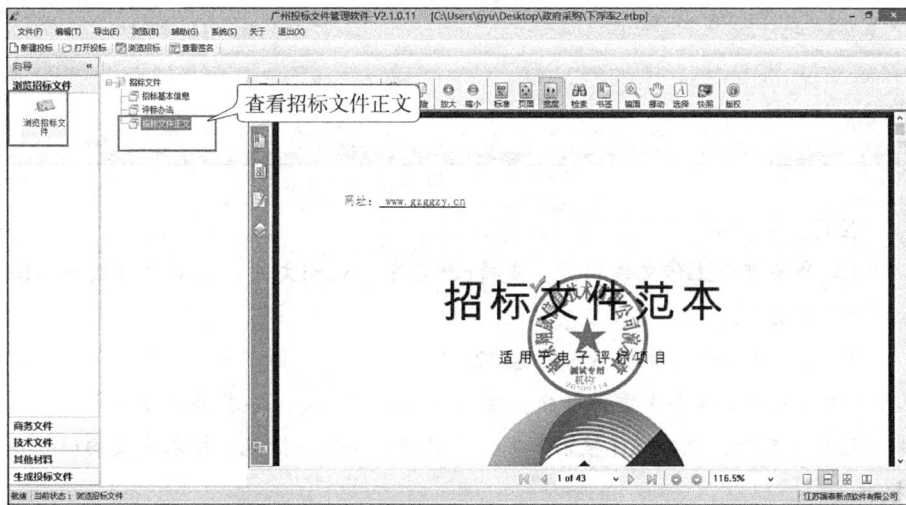

示例三图9-7 预览招标文件界面

（三）商务文件部分。投标企业根据招标文件要求编制投标文件的商务部分，包括投标承诺函、开标一览表、货物报价明细表、中小微企业声明函等。

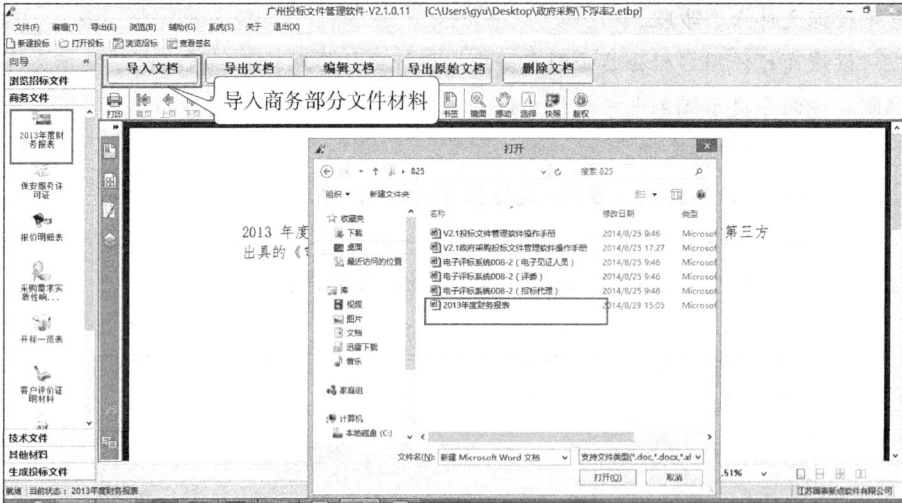

示例三图9-8 上传商务标文件界面

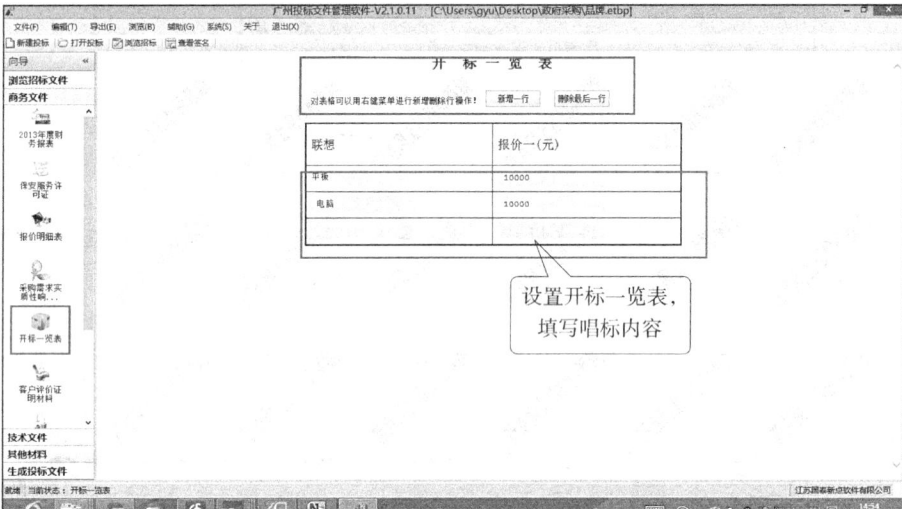

示例三图9-9 填写开标一览表界面

注意：

1. 商务部分上传文件格式可支持pdf文件、word文件、excel文件及通用图片文件。

2. 上传的单个文件大小不应超过25M。

（四）技术（服务）文件部分。供应商根据招标文件要求编制投标文件的技术（服务）部分，包括整体技术方案、产品指标等响应情况、技术方案响应差异表等。

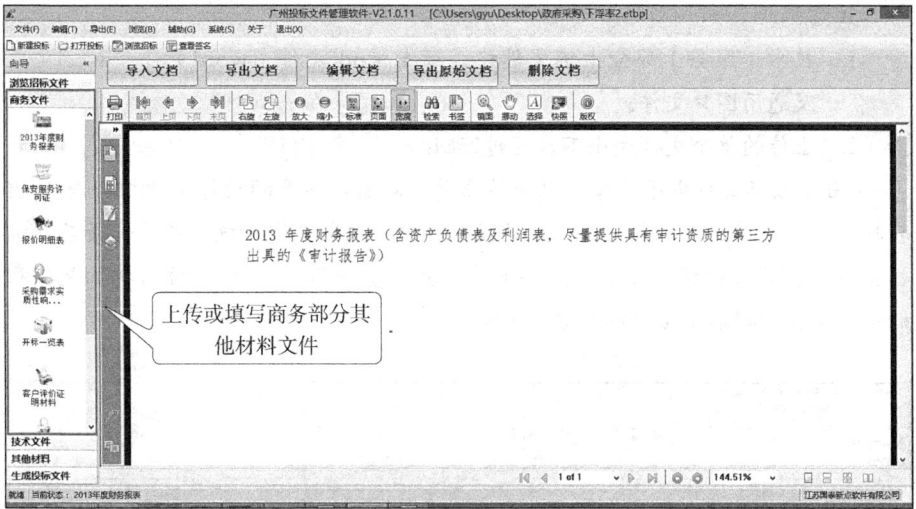

示例三图9-10 上传商务标其他文件界面

示例三图9-11 导入技术部分文件界面

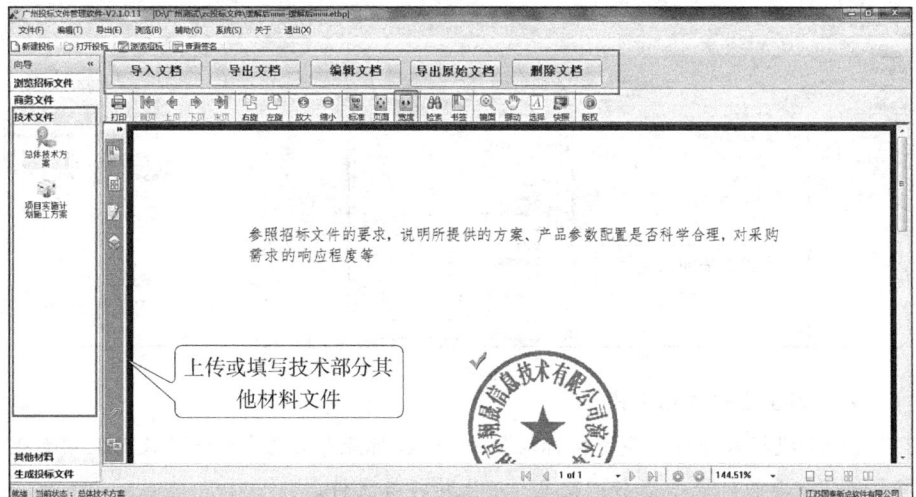

示例三图9-12 上传技术部分其他文件界面

注意:

1. 技术（服务）部分上传文件格式可支持pdf文件、word文件、excel文件及通用图片文件。

2. 上传的单个文件大小不应超过25M。

（五）投标文件电子签章。电子签章前先对需要签章的投标文件材料进行pdf转换，然后投标单位对每一份上传的投标文件组成部分进行电子签章，最后，根据招标文件要求投标文件须加盖公章的（授权委托函），投标单位需将加盖公章的书面文件扫描后上传并加盖电子签章。

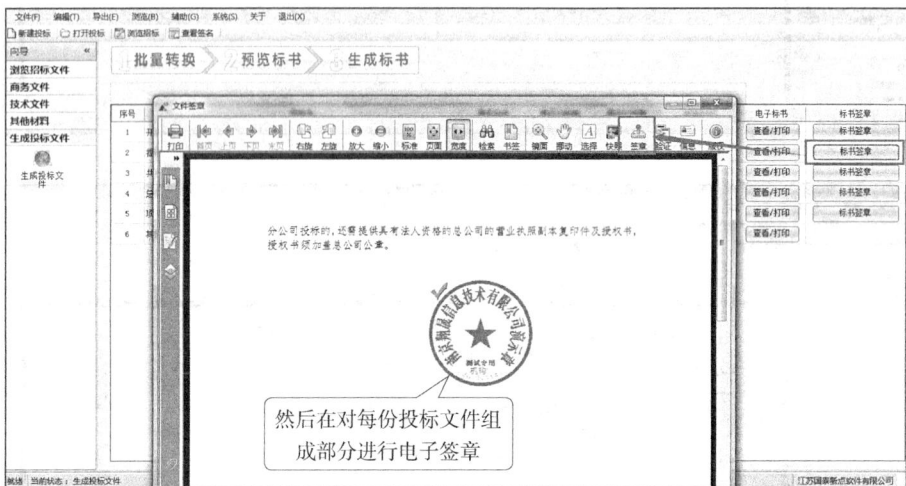

示例三图9-13 电子签章界面

（六）生成电子投标文件。首先供应商使用机构数字证书进行电子签名。若不是机构证书，系统会提示并无法进行签名。其次使用业务数字证书进行打包加密，生成电子投标文件，投标人解密时使用的是进行打包的业务证书。

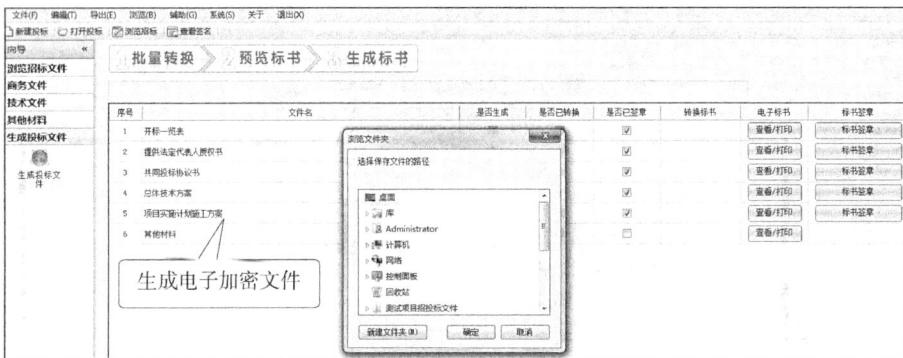

示例三图9-14 生成电子加密投标文件界面

四、网上上传投标文件

（一）投标人通过"我是投标人"——"投标业务办理"——"政府采购类业务"—"我要投标电子标书"菜单，可上传投标文件。

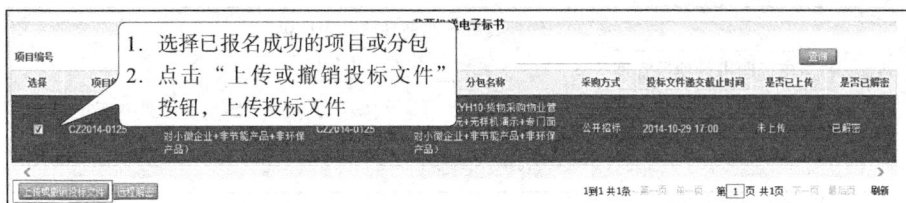

示例三图9-15 投递电子标书界面

（二）上传电子投标文件

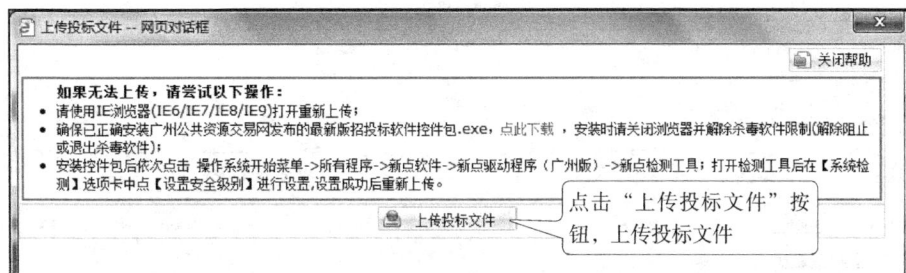

示例三图9-16 上传投标文件界面

（三）如投标文件已经上传成功，投标人可在规定的投标文件上传时间内撤销电子投标文件。

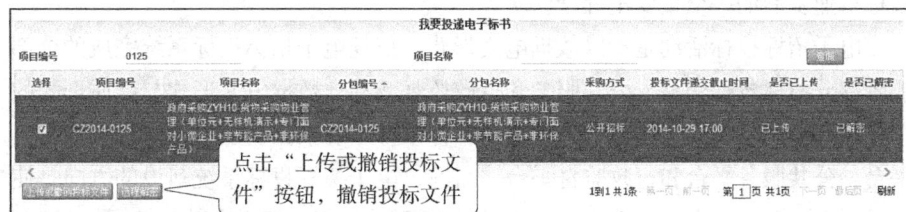

示例三图9-17 撤销投标文件界面

五、网上解密

投标人投标文件成功上传后，可在招标文件规定的解密时间内进行远程电子投标文件解密。

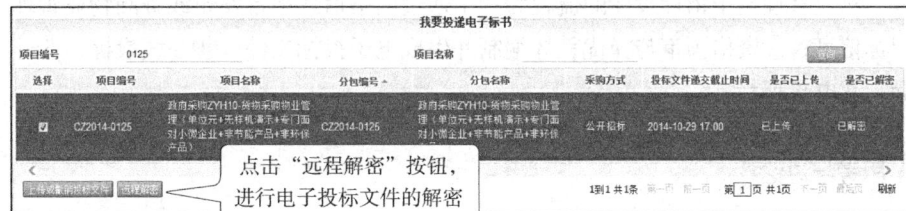

示例三图9-18 电子投标文件解密界面

六、上传合同

（一）投标人通过"我是投标人"—"任务管理"菜单，可查看需要上传合同的项目。

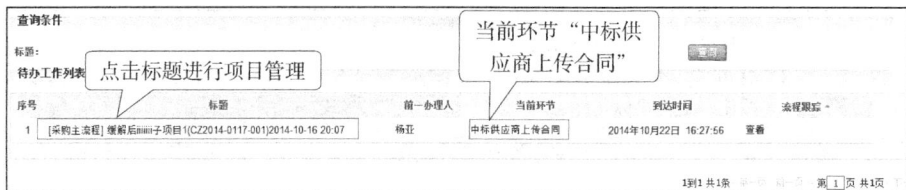

示例三图9-19 上传合同界面

（二）投标人上传电子版采购合同，上传完成后，提交任务。

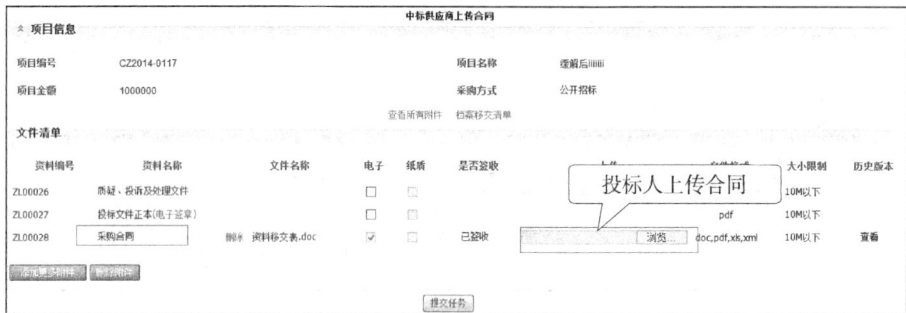

示例三图9-20 上传后提交任务界面

本章小结

《电子招标投标办法》是我国推行电子招标投标的纲领性文件，是我国招标投标行业发展的一个重要里程碑。

电子招标投标活动是指以数据电文形式，依托电子招标投标系统完成的全部或者部分招标投标交易、公共服务和行政监督活动。数据电文形式与纸质形式的招标投标活动具有同等法律效力。电子招标投标系统根据功能的不同，分为交易平台、公共服务平台和行政监督平台。目前，电子招标投标系统建设的方向是使交易平台、公共服务平台和行政监督平台三平台分离，三平台独立建设、运营。与传统招标投标相比，电子招标投标是个刚刚兴起的新事物，虽然有其公正、便捷、高效等优势，但也有一些局限性。推行电子招标投标对招标方、投标方、招标代理机构以及行政监督部门等各方都会产生深远的影响。

电子招标投标模式下关键工作包括交易平台选择、资格检查、电子归档资料等。物业管理电子招标投标的流程为：①通过网络信息平台发布或查阅物业管理招标信息；②资格预审与择优；③编制并生成电子投标文件；④在线投标；⑤开标；⑥电子评标。

思考与讨论

1．如何理解与实现电子招标投标系统的三平台分离？

2．推行电子招标投标模式将会给物业管理行业造成什么重要影响和改变？

3．物业管理行业应如何顺应国家推行电子招标投标的战略意志？

附录一　中华人民共和国招标投标法

（中华人民共和国国务院令第613号，2011年11月30日国务院第183次常务会议通过）

第一章　总则

第一条　为了规范招标投标活动，保护国家利益、社会公共利益和招标投标活动当事人的合法权益，提高经济效益，保证项目质量，制定本法。

第二条　在中华人民共和国境内进行招标投标活动，适用本法。

第三条　在中华人民共和国境内进行下列工程建设项目包括项目的勘察、设计、施工、监理以及与工程建设有关的重要设备、材料等的采购，必须进行招标：

（一）大型基础设施、公用事业等关系社会公共利益、公众安全的项目；

（二）全部或者部分使用国有资金投资或者国家融资的项目；

（三）使用国际组织或者外国政府贷款、援助资金的项目。

前款所列项目的具体范围和规模标准，由国务院发展计划部门会同国务院有关部门制订，报国务院批准。

法律或者国务院对必须进行招标的其他项目的范围有规定的，依照其规定。

第四条　任何单位和个人不得将依法必须进行招标的项目化整为零或者以其他任何方式规避招标。

第五条　招标投标活动应当遵循公开、公平、公正和诚实信用的原则。

第六条　依法必须进行招标的项目，其招标投标活动不受地区或者部门的限制。任何单位和个人不得违法限制或者排斥本地区、本系统以外的法人或者其他组织参加投标，不得以任何方式非法干涉招标投标活动。

第七条　招标投标活动及其当事人应当接受依法实施的监督。

有关行政监督部门依法对招标投标活动实施监督，依法查处招标投标活动中的违法行为。

对招标投标活动的行政监督及有关部门的具体职权划分，由国务院规定。

第二章　招标

第八条　招标人是依照本法规定提出招标项目、进行招标的法人或者其他组织。

第九条　招标项目按照国家有关规定需要履行项目审批手续的，应当先履行审批手续，取得批准。

招标人应当有进行招标项目的相应资金或者资金来源已经落实，并应当在招标文件中如实载明。

第十条　招标分为公开招标和邀请招标。

公开招标，是指招标人以招标公告的方式邀请不特定的法人或者其他组织投标。

邀请招标，是指招标人以投标邀请书的方式邀请特定的法人或者其他组织投标。

第十一条　国务院发展计划部门确定的国家重点项目和省、自治区、直辖市人民政府确定的地方重点项目不适宜公开招标的，经国务院发展计划部门或者省、自治区、直辖市人民政府批准，可以进行邀请招标。

第十二条　招标人有权自行选择招标代理机构，委托其办理招标事宜。任何单位和个人不得以任何方式为招标人指定招标代理机构。

招标人具有编制招标文件和组织评标能力的，可以自行办理招标事宜。任何单位和个人不得强制其委托招标代理机构办理招标事宜。依法必须进行招标的项目，招标人自行办理招标事宜的，应当向有关行政监督部门备案。

第十三条　招标代理机构是依法设立、从事招标代理业务并提供相关服务的社会中介组织。

招标代理机构应当具备下列条件：

（一）有从事招标代理业务的营业场所和相应资金；

（二）有能够编制招标文件和组织评标的相应专业力量；

（三）有符合本法第三十七条第三款规定条件、可以作为评标委员会成员人选的技术、经济等方面的专家库。

第十四条　从事工程建设项目招标代理业务的招标代理机构，其资格由国务院或者省、自治区、直辖市人民政府的建设行政主管部门认定。具体办法由国务院建设行政主管部门会同国务院有关部门制定。从事其他招标代理业务的招标代理机构，其资格认定的主管部门由国务院规定。

招标代理机构与行政机关和其他国家机关不得存在隶属关系或者其他利益关系。

第十五条　招标代理机构应当在招标人委托的范围内办理招标事宜，并遵守本法关于招标人的规定。

第十六条　招标人采用公开招标方式的，应当发布招标公告。依法必须进行招标的项目的招标公告，应当通过国家指定的报刊、信息网络或者其他媒介发布。

招标公告应当载明招标人的名称和地址、招标项目的性质、数量、实施地点和时间以及获取招标文件的办法等事项。

第十七条　招标人采用邀请招标方式的，应当向三个以上具备承担招标项目的能力、资信良好的特定的法人或者其他组织发出投标邀请书。

投标邀请书应当载明本法第十六条第二款规定的事项。

第十八条　招标人可以根据招标项目本身的要求，在招标公告或者投标邀请书中，要求潜在投标人提供有关资质证明文件和业绩情况，并对潜在投标人进行资格审查；国家对投标人的资格条件有规定的，依照其规定。

招标人不得以不合理的条件限制或者排斥潜在投标人，不得对潜在投标人实行歧视待遇。

第十九条　招标人应当根据招标项目的特点和需要编制招标文件。招标文件应当包括招标项目的技术要求、对投标人资格审查的标准、投标报价要求和评标标准等所有实质性要求和条件以及拟签订合同的主要条款。

国家对招标项目的技术、标准有规定的，招标人应当按照其规定在招标文件中提出相应要求。

招标项目需要划分标段、确定工期的，招标人应当合理划分标段、确定工期，并在招标文件中载明。

第二十条　招标文件不得要求或者标明特定的生产供应者以及含有倾向或者排斥潜在投标人的其他内容。

第二十一条　招标人根据招标项目的具体情况，可以组织潜在投标人踏勘项目现场。

第二十二条　招标人不得向他人透露已获取招标文件的潜在投标人的名称、数量以及可能影响公平竞争的有关招标投标的其他情况。

招标人设有标底的，标底必须保密。

第二十三条　招标人对已发出的招标文件进行必要的澄清或者修改的，应当在招标文件要求提交投标文件截止时间至少十五日前，以书面形式通知所有招标文件收受人。该澄清或者修改的内容为招标文件的组成部分。

第二十四条　招标人应当确定投标人编制投标文件所需要的合理时间；但是，依法必须进行招标的项目，自招标文件开始发出之日起至投标人提交投标文件截止之日止，最短不得少于二十日。

第三章　投标

第二十五条　投标人是响应招标、参加投标竞争的法人或者其他组织。

依法招标的科研项目允许个人参加投标的，投标的个人适用本法有关投标人的规定。

第二十六条　投标人应当具备承担招标项目的能力；国家有关规定对投标人资格条件或者招标文件对投标人资格条件有规定的，投标人应当具备规定的资格条件。

第二十七条　投标人应当按照招标文件的要求编制投标文件。投标文件应当对招标文件提出的实质性要求和条件作出响应。

招标项目属于建设施工的，投标文件的内容应当包括拟派出的项目负责人与主要技术人员的简历、业绩和拟用于完成招标项目的机械设备等。

第二十八条　投标人应当在招标文件要求提交投标文件的截止时间前，将投标文件送达投标地点。招标人收到投标文件后，应当签收保存，不得开启。投标人少于三个的，招标人应当依照本法重新招标。在招标文件要求提交投标文件的截止时间后送达的投标文件，招标人应当拒收。

第二十九条　投标人在招标文件要求提交投标文件的截止时间前，可以补充、修改或者撤回已提交的投标文件，并书面通知招标人。补充、修改的内容为投标文件的组成部分。

第三十条　投标人根据招标文件载明的项目实际情况，拟在中标后将中标项目的部分非主体、非关键性工作进行分包的，应当在投标文件中载明。

第三十一条　两个以上法人或者其他组织可以组成一个联合体，以一个投标人的身份共同投标。

联合体各方均应当具备承担招标项目的相应能力；国家有关规定或者招标文件对投标人资格条件有规定的，联合体各方均应当具备规定的相应资格条件。由同一专业的单位组成的联合体，按照资质等级较低的单位确定资质等级。

联合体各方应当签订共同投标协议，明确约定各方拟承担的工作和责任，并将共同投标协议连同投标文件一并提交招标人。联合体中标的，联合体各方应当共同与招标人签订合同，就中标项目向招标人承担连带责任。

招标人不得强制投标人组成联合体共同投标，不得限制投标人之间的竞争。

第三十二条　投标人不得相互串通投标报价，不得排挤其他投标人的公平竞争，损害招标人或者其他投标人的合法权益。

投标人不得与招标人串通投标，损害国家利益、社会公共利益或者他人的合法权益。

禁止投标人以向招标人或者评标委员会成员行贿的手段谋取中标。

第三十三条　投标人不得以低于成本的报价竞标，也不得以他人名义投标或者以其他方式弄虚作假，骗取中标。

第四章　开标、评标和中标

第三十四条　开标应当在招标文件确定的提交投标文件截止时间的同一时间公开进行；开标地点应当为招标文件中预先确定的地点。

第三十五条　开标由招标人主持，邀请所有投标人参加。

第三十六条　开标时，由投标人或者其推选的代表检查投标文件的密封情况，也可以由招标人委托的公证机构检查并公证；经确认无误后，由工作人员当众拆封，宣读投标人名称、投标价格和投标文件的其他主要内容。

招标人在招标文件要求提交投标文件的截止时间前收到的所有投标文件，开标时都应当当众予以拆封、宣读。

开标过程应当记录，并存档备查。

第三十七条　评标由招标人依法组建的评标委员会负责。

依法必须进行招标的项目，其评标委员会由招标人的代表和有关技术、经济等方面的专家组成，成员人数为五人以上单数，其中技术、经济等方面的专家不得少于成员总数的三分之二。

前款专家应当从事相关领域工作满八年并具有高级职称或者具有同等专业水平，由招标人从国务院有关部门或者省、自治区、直辖市人民政府有关部门提供的专家名册或者招标代理机构的专家库内的相关专业的专家名单中确定；一般招标项目可以采取随机抽取方式，特殊招标项目可以由招标人直接确定。

与投标人有利害关系的人不得进入相关项目的评标委员会；已经进入的应当更换。

评标委员会成员的名单在中标结果确定前应当保密。

第三十八条 招标人应当采取必要的措施，保证评标在严格保密的情况下进行。

任何单位和个人不得非法干预、影响评标的过程和结果。

第三十九条 评标委员会可以要求投标人对投标文件中含义不明确的内容作必要的澄清或者说明，但是澄清或者说明不得超出投标文件的范围或者改变投标文件的实质性内容。

第四十条 评标委员会应当按照招标文件确定的评标标准和方法，对投标文件进行评审和比较；设有标底的，应当参考标底。评标委员会完成评标后，应当向招标人提出书面评标报告，并推荐合格的中标候选人。

招标人根据评标委员会提出的书面评标报告和推荐的中标候选人确定中标人。招标人也可以授权评标委员会直接确定中标人。

国务院对特定招标项目的评标有特别规定的，从其规定。

第四十一条 中标人的投标应当符合下列条件之一：

（一）能够最大限度地满足招标文件中规定的各项综合评价标准；

（二）能够满足招标文件的实质性要求，并且经评审的投标价格最低；但是投标价格低于成本的除外。

第四十二条 评标委员会经评审，认为所有投标都不符合招标文件要求的，可以否决所有投标。

依法必须进行招标的项目的所有投标被否决的，招标人应当依照本法重新招标。

第四十三条 在确定中标人前，招标人不得与投标人就投标价格、投标方案等实质性内容进行谈判。

第四十四条 评标委员会成员应当客观、公正地履行职务，遵守职业道德，对所提出的评审意见承担个人责任。

评标委员会成员不得私下接触投标人，不得收受投标人的财物或者其他好处。

评标委员会成员和参与评标的有关工作人员不得透露对投标文件的评审和比较、中标候选人的推荐情况以及与评标有关的其他情况。

第四十五条　中标人确定后，招标人应当向中标人发出中标通知书，并同时将中标结果通知所有未中标的投标人。

中标通知书对招标人和中标人具有法律效力。中标通知书发出后，招标人改变中标结果的，或者中标人放弃中标项目的，应当依法承担法律责任。

第四十六条　招标人和中标人应当自中标通知书发出之日起三十日内，按照招标文件和中标人的投标文件订立书面合同。招标人和中标人不得再行订立背离合同实质性内容的其他协议。

招标文件要求中标人提交履约保证金的，中标人应当提交。

第四十七条　依法必须进行招标的项目，招标人应当自确定中标人之日起十五日内，向有关行政监督部门提交招标投标情况的书面报告。

第四十八条　中标人应当按照合同约定履行义务，完成中标项目。中标人不得向他人转让中标项目，也不得将中标项目肢解后分别向他人转让。

中标人按照合同约定或者经招标人同意，可以将中标项目的部分非主体、非关键性工作分包给他人完成。接受分包的人应当具备相应的资格条件，并不得再次分包。

中标人应当就分包项目向招标人负责，接受分包的人就分包项目承担连带责任。

第五章　法律责任

第四十九条　违反本法规定，必须进行招标的项目而不招标的，将必须进行招标的项目化整为零或者以其他任何方式规避招标的，责令限期改正，可以处项目合同金额千分之五以上千分之十以下的罚款；对全部或者部分使用国有资金的项目，可以暂停项目执行或者暂停资金拨付；对单位直接负责的主管人员和其他直接责任人员依法给予处分。

第五十条　招标代理机构违反本法规定，泄露应当保密的与招标投标活动有关的情况和资料的，或者与招标人、投标人串通损害国家利益、社会公共利益或者他人合法权益的，处五万元以上二十五万元以下的罚款，对单位直接负责的主管人员和其他直接责任人员处单位罚款数额百分之五以上百分之十以下的罚款；有违法所得的，并处没收违法所得；情节严重的，暂停直至取消招标代理资格；构成犯罪的，依法追究刑事责任。给他人造成损失的，依法承担赔偿责任。

前款所列行为影响中标结果的，中标无效。

第五十一条　招标人以不合理的条件限制或者排斥潜在投标人的，对潜在投标人实行歧视待遇的，强制要求投标人组成联合体共同投标的，或者限制投标人之间竞争的，责令改正，可以处一万元以上五万元以下的罚款。

第五十二条　依法必须进行招标的项目的招标人向他人透露已获取招标文件的潜在投标人的名称、数量或者可能影响公平竞争的有关招标投标的其他情况的，或者泄露标底的，给予警告，可以并处一万元以上十万元以下的罚款；对单位直接负责的主管人员和其他直接责任人员依法给予处分；构成犯罪的，依法追究刑事责任。

前款所列行为影响中标结果的，中标无效。

第五十三条 投标人相互串通投标或者与招标人串通投标的，投标人以向招标人或者评标委员会成员行贿的手段谋取中标的，中标无效，处中标项目金额千分之五以上千分之十以下的罚款，对单位直接负责的主管人员和其他直接责任人员处单位罚款数额百分之五以上百分之十以下的罚款；有违法所得的，并处没收违法所得；情节严重的，取消其一年至二年内参加依法必须进行招标的项目的投标资格并予以公告，直至由工商行政管理机关吊销营业执照；构成犯罪的，依法追究刑事责任。给他人造成损失的，依法承担赔偿责任。

第五十四条 投标人以他人名义投标或者以其他方式弄虚作假，骗取中标的，中标无效，给招标人造成损失的，依法承担赔偿责任；构成犯罪的，依法追究刑事责任。

依法必须进行招标的项目的投标人有前款所列行为尚未构成犯罪的，处中标项目金额千分之五以上千分之十以下的罚款，对单位直接负责的主管人员和其他直接责任人员处单位罚款数额百分之五以上百分之十以下的罚款；有违法所得的，并处没收违法所得；情节严重的，取消其一年至三年内参加依法必须进行招标的项目的投标资格并予以公告，直至由工商行政管理机关吊销营业执照。

第五十五条 依法必须进行招标的项目，招标人违反本法规定，与投标人就投标价格、投标方案等实质性内容进行谈判的，给予警告，对单位直接负责的主管人员和其他直接责任人员依法给予处分。

前款所列行为影响中标结果的，中标无效。

第五十六条 评标委员会成员收受投标人的财物或者其他好处的，评标委员会成员或者参加评标的有关工作人员向他人透露对投标文件的评审和比较、中标候选人的推荐以及与评标有关的其他情况的，给予警告，没收收受的财物，可以并处三千元以上五万元以下的罚款，对有所列违法行为的评标委员会成员取消担任评标委员会成员的资格，不得再参加任何依法必须进行招标的项目的评标；构成犯罪的，依法追究刑事责任。

第五十七条 招标人在评标委员会依法推荐的中标候选人以外确定中标人的，依法必须进行招标的项目在所有投标被评标委员会否决后自行确定中标人的，中标无效。责令改正，可以处中标项目金额千分之五以上千分之十以下的罚款；对单位直接负责的主管人员和其他直接责任人员依法给予处分。

第五十八条 中标人将中标项目转让给他人的，将中标项目肢解后分别转让给他人的，违反本法规定将中标项目的部分主体、关键性工作分包给他人的，或者分包人再次分包的，转让、分包无效，处转让、分包项目金额千分之五以上千分之十以下的罚款；有违法所得的，并处没收违法所得；可以责令停业整顿；情节严重的，由工商行政管理机关吊销营业执照。

第五十九条　招标人与中标人不按照招标文件和中标人的投标文件订立合同的，或者招标人、中标人订立背离合同实质性内容的协议的，责令改正；可以处中标项目金额千分之五以上千分之十以下的罚款。

第六十条　中标人不履行与招标人订立的合同的，履约保证金不予退还，给招标人造成的损失超过履约保证金数额的，还应当对超过部分予以赔偿；没有提交履约保证金的，应当对招标人的损失承担赔偿责任。

中标人不按照与招标人订立的合同履行义务，情节严重的，取消其二年至五年内参加依法必须进行招标的项目的投标资格并予以公告，直至由工商行政管理机关吊销营业执照。

因不可抗力不能履行合同的，不适用前两款规定。

第六十一条　本章规定的行政处罚，由国务院规定的有关行政监督部门决定。本法已对实施行政处罚的机关作出规定的除外。

第六十二条　任何单位违反本法规定，限制或者排斥本地区、本系统以外的法人或者其他组织参加投标的，为招标人指定招标代理机构的，强制招标人委托招标代理机构办理招标事宜的，或者以其他方式干涉招标投标活动的，责令改正；对单位直接负责的主管人员和其他直接责任人员依法给予警告、记过、记大过的处分，情节较重的，依法给予降级、撤职、开除的处分。

个人利用职权进行前款违法行为的，依照前款规定追究责任。

第六十三条　对招标投标活动依法负有行政监督职责的国家机关工作人员徇私舞弊、滥用职权或者玩忽职守，构成犯罪的，依法追究刑事责任；不构成犯罪的，依法给予行政处分。

第六十四条　依法必须进行招标的项目违反本法规定，中标无效的，应当依照本法规定的中标条件从其余投标人中重新确定中标人或者依照本法重新进行招标。

第六章　附则

第六十五条　投标人和其他利害关系人认为招标投标活动不符合本法有关规定的，有权向招标人提出异议或者依法向有关行政监督部门投诉。

第六十六条　涉及国家安全、国家秘密、抢险救灾或者属于利用扶贫资金实行以工代赈、需要使用农民工等特殊情况，不适宜进行招标的项目，按照国家有关规定可以不进行招标。

第六十七条　使用国际组织或者外国政府贷款、援助资金的项目进行招标，贷款方、资金提供方对招标投标的具体条件和程序有不同规定的，可以适用其规定，但违背中华人民共和国的社会公共利益的除外。

第六十八条　本法自2000年1月1日起施行。

附录二　中华人民共和国招标投标法实施条例

(中华人民共和国国务院令第613号，2011年11月30日国务院第183次常务会议通过)

第一章　总则

第一条　为了规范招标投标活动，根据《中华人民共和国招标投标法》(以下简称招标投标法)，制定本条例。

第二条　招标投标法第三条所称工程建设项目，是指工程以及与工程建设有关的货物、服务。

前款所称工程，是指建设工程，包括建筑物和构筑物的新建、改建、扩建及其相关的装修、拆除、修缮等；所称与工程建设有关的货物，是指构成工程不可分割的组成部分，且为实现工程基本功能所必需的设备、材料等；所称与工程建设有关的服务，是指为完成工程所需的勘察、设计、监理等服务。

第三条　依法必须进行招标的工程建设项目的具体范围和规模标准，由国务院发展改革部门会同国务院有关部门制订，报国务院批准后公布施行。

第四条　国务院发展改革部门指导和协调全国招标投标工作，对国家重大建设项目的工程招标投标活动实施监督检查。国务院工业和信息化、住房城乡建设、交通运输、铁道、水利、商务等部门，按照规定的职责分工对有关招标投标活动实施监督。

县级以上地方人民政府发展改革部门指导和协调本行政区域的招标投标工作。县级以上地方人民政府有关部门按照规定的职责分工，对招标投标活动实施监督，依法查处招标投标活动中的违法行为。县级以上地方人民政府对其所属部门有关招标投标活动的监督职责分工另有规定的，从其规定。

财政部门依法对实行招标投标的政府采购工程建设项目的预算执行情况和政府采购政策执行情况实施监督。

监察机关依法对与招标投标活动有关的监察对象实施监察。

第五条　设区的市级以上地方人民政府可以根据实际需要，建立统一规范的招标投标交易场所，为招标投标活动提供服务。招标投标交易场所不得与行政监督部门存在隶属关系，不得以营利为目的。

国家鼓励利用信息网络进行电子招标投标。

第六条　禁止国家工作人员以任何方式非法干涉招标投标活动。

第二章　招标

第七条　按照国家有关规定需要履行项目审批、核准手续的依法必须进行招标的项目，其招标范围、招标方式、招标组织形式应当报项目审批、核准部门审批、核准。项目审批、核准部门应当及时将审批、核准确定的招标范围、招标方式、招标组织形式通报有关行政监督部门。

第八条 国有资金占控股或者主导地位的依法必须进行招标的项目，应当公开招标；但有下列情形之一的，可以邀请招标：

（一）技术复杂、有特殊要求或者受自然环境限制，只有少量潜在投标人可供选择；

（二）采用公开招标方式的费用占项目合同金额的比例过大。

有前款第二项所列情形，属于本条例第七条规定的项目，由项目审批、核准部门在审批、核准项目时作出认定；其他项目由招标人申请有关行政监督部门作出认定。

第九条 除招标投标法第六十六条规定的可以不进行招标的特殊情况外，有下列情形之一的，可以不进行招标：

（一）需要采用不可替代的专利或者专有技术；

（二）采购人依法能够自行建设、生产或者提供；

（三）已通过招标方式选定的特许经营项目投资人依法能够自行建设、生产或者提供；

（四）需要向原中标人采购工程、货物或者服务，否则将影响施工或者功能配套要求；

（五）国家规定的其他特殊情形。

招标人为适用前款规定弄虚作假的，属于招标投标法第四条规定的规避招标。

第十条 招标投标法第十二条第二款规定的招标人具有编制招标文件和组织评标能力，是指招标人具有与招标项目规模和复杂程度相适应的技术、经济等方面的专业人员。

第十一条 招标代理机构的资格依照法律和国务院的规定由有关部门认定。

国务院住房城乡建设、商务、发展改革、工业和信息化等部门，按照规定的职责分工对招标代理机构依法实施监督管理。

第十二条 招标代理机构应当拥有一定数量的取得招标职业资格的专业人员。取得招标职业资格的具体办法由国务院人力资源社会保障部门会同国务院发展改革部门制定。

第十三条 招标代理机构在其资格许可和招标人委托的范围内开展招标代理业务，任何单位和个人不得非法干涉。

招标代理机构代理招标业务，应当遵守招标投标法和本条例关于招标人的规定。招标代理机构不得在所代理的招标项目中投标或者代理投标，也不得为所代理的招标项目的投标人提供咨询。

招标代理机构不得涂改、出租、出借、转让资格证书。

第十四条 招标人应当与被委托的招标代理机构签订书面委托合同，合同约定的收费标准应当符合国家有关规定。

第十五条　公开招标的项目，应当依照招标投标法和本条例的规定发布招标公告、编制招标文件。

招标人采用资格预审办法对潜在投标人进行资格审查的，应当发布资格预审公告、编制资格预审文件。

依法必须进行招标的项目的资格预审公告和招标公告，应当在国务院发展改革部门依法指定的媒介发布。在不同媒介发布的同一招标项目的资格预审公告或者招标公告的内容应当一致。指定媒介发布依法必须进行招标的项目的境内资格预审公告、招标公告，不得收取费用。

编制依法必须进行招标的项目的资格预审文件和招标文件，应当使用国务院发展改革部门会同有关行政监督部门制定的标准文本。

第十六条　招标人应当按照资格预审公告、招标公告或者投标邀请书规定的时间、地点发售资格预审文件或者招标文件。资格预审文件或者招标文件的发售期不得少于5日。

招标人发售资格预审文件、招标文件收取的费用应当限于补偿印刷、邮寄的成本支出，不得以营利为目的。

第十七条　招标人应当合理确定提交资格预审申请文件的时间。依法必须进行招标的项目提交资格预审申请文件的时间，自资格预审文件停止发售之日起不得少于5日。

第十八条　资格预审应当按照资格预审文件载明的标准和方法进行。

国有资金占控股或者主导地位的依法必须进行招标的项目，招标人应当组建资格审查委员会审查资格预审申请文件。资格审查委员会及其成员应当遵守招标投标法和本条例有关评标委员会及其成员的规定。

第十九条　资格预审结束后，招标人应当及时向资格预审申请人发出资格预审结果通知书。未通过资格预审的申请人不具有投标资格。

通过资格预审的申请人少于3个的，应当重新招标。

第二十条　招标人采用资格后审办法对投标人进行资格审查的，应当在开标后由评标委员会按照招标文件规定的标准和方法对投标人的资格进行审查。

第二十一条　招标人可以对已发出的资格预审文件或者招标文件进行必要的澄清或者修改。澄清或者修改的内容可能影响资格预审申请文件或者投标文件编制的，招标人应当在提交资格预审申请文件截止时间至少3日前，或者投标截止时间至少15日前，以书面形式通知所有获取资格预审文件或者招标文件的潜在投标人；不足3日或者15日的，招标人应当顺延提交资格预审申请文件或者投标文件的截止时间。

第二十二条　潜在投标人或者其他利害关系人对资格预审文件有异议的，应当在提交资格预审申请文件截止时间2日前提出；对招标文件有异议的，应当在投标截止时间10日前提出。招标人应当自收到异议之日起3日内作出答复；作出答复前，应当暂停招标投标活动。

第二十三条 招标人编制的资格预审文件、招标文件的内容违反法律、行政法规的强制性规定，违反公开、公平、公正和诚实信用原则，影响资格预审结果或者潜在投标人投标的，依法必须进行招标的项目的招标人应当在修改资格预审文件或者招标文件后重新招标。

第二十四条 招标人对招标项目划分标段的，应当遵守招标投标法的有关规定，不得利用划分标段限制或者排斥潜在投标人。依法必须进行招标的项目的招标人不得利用划分标段规避招标。

第二十五条 招标人应当在招标文件中载明投标有效期。投标有效期从提交投标文件的截止之日起算。

第二十六条 招标人在招标文件中要求投标人提交投标保证金的，投标保证金不得超过招标项目估算价的2%。投标保证金有效期应当与投标有效期一致。

依法必须进行招标的项目的境内投标单位，以现金或者支票形式提交的投标保证金应当从其基本账户转出。

招标人不得挪用投标保证金。

第二十七条 招标人可以自行决定是否编制标底。一个招标项目只能有一个标底。标底必须保密。

接受委托编制标底的中介机构不得参加受托编制标底项目的投标，也不得为该项目的投标人编制投标文件或者提供咨询。

招标人设有最高投标限价的，应当在招标文件中明确最高投标限价或者最高投标限价的计算方法。招标人不得规定最低投标限价。

第二十八条 招标人不得组织单个或者部分潜在投标人踏勘项目现场。

第二十九条 招标人可以依法对工程以及与工程建设有关的货物、服务全部或者部分实行总承包招标。以暂估价形式包括在总承包范围内的工程、货物、服务属于依法必须进行招标的项目范围且达到国家规定规模标准的，应当依法进行招标。

前款所称暂估价，是指总承包招标时不能确定价格而由招标人在招标文件中暂时估定的工程、货物、服务的金额。

第三十条 对技术复杂或者无法精确拟定技术规格的项目，招标人可以分两阶段进行招标。

第一阶段，投标人按照招标公告或者投标邀请书的要求提交不带报价的技术建议，招标人根据投标人提交的技术建议确定技术标准和要求，编制招标文件。

第二阶段，招标人向在第一阶段提交技术建议的投标人提供招标文件，投标人按照招标文件的要求提交包括最终技术方案和投标报价的投标文件。

招标人要求投标人提交投标保证金的，应当在第二阶段提出。

第三十一条 招标人终止招标的，应当及时发布公告，或者以书面形式通知被邀请的或者已经获取资格预审文件、招标文件的潜在投标人。已经发售资格预审文件、招标文件或者已经收取投标保证金的，招标人应当及时退还所收取的资格预审文件、招标文件的费用，以及所收取的投标保证金及银行同期存款利息。

第三十二条　招标人不得以不合理的条件限制、排斥潜在投标人或者投标人。

招标人有下列行为之一的，属于以不合理条件限制、排斥潜在投标人或者投标人：

（一）就同一招标项目向潜在投标人或者投标人提供有差别的项目信息；

（二）设定的资格、技术、商务条件与招标项目的具体特点和实际需要不相适应或者与合同履行无关；

（三）依法必须进行招标的项目以特定行政区域或者特定行业的业绩、奖项作为加分条件或者中标条件；

（四）对潜在投标人或者投标人采取不同的资格审查或者评标标准；

（五）限定或者指定特定的专利、商标、品牌、原产地或者供应商；

（六）依法必须进行招标的项目非法限定潜在投标人或者投标人的所有制形式或者组织形式；

（七）以其他不合理条件限制、排斥潜在投标人或者投标人。

第三章　投标

第三十三条　投标人参加依法必须进行招标的项目的投标，不受地区或者部门的限制，任何单位和个人不得非法干涉。

第三十四条　与招标人存在利害关系可能影响招标公正性的法人、其他组织或者个人，不得参加投标。

单位负责人为同一人或者存在控股、管理关系的不同单位，不得参加同一标段投标或者未划分标段的同一招标项目投标。

违反前两款规定的，相关投标均无效。

第三十五条　投标人撤回已提交的投标文件，应当在投标截止时间前书面通知招标人。招标人已收取投标保证金的，应当自收到投标人书面撤回通知之日起5日内退还。

投标截止后投标人撤销投标文件的，招标人可以不退还投标保证金。

第三十六条　未通过资格预审的申请人提交的投标文件，以及逾期送达或者不按照招标文件要求密封的投标文件，招标人应当拒收。

招标人应当如实记载投标文件的送达时间和密封情况，并存档备查。

第三十七条　招标人应当在资格预审公告、招标公告或者投标邀请书中载明是否接受联合体投标。

招标人接受联合体投标并进行资格预审的，联合体应当在提交资格预审申请文件前组成。资格预审后联合体增、更换成员的，其投标无效。

联合体各方在同一招标项目中以自己名义单独投标或者参加其他联合体投标

的，相关投标均无效。

第三十八条 投标人发生合并、分立、破产等重大变化的，应当及时书面告知招标人。投标人不再具备资格预审文件、招标文件规定的资格条件或者其投标影响招标公正性的，其投标无效。

第三十九条 禁止投标人相互串通投标。

有下列情形之一的，属于投标人相互串通投标：

（一）投标人之间协商投标报价等投标文件的实质性内容；

（二）投标人之间约定中标人；

（三）投标人之间约定部分投标人放弃投标或者中标；

（四）属于同一集团、协会、商会等组织成员的投标人按照该组织要求协同投标；

（五）投标人之间为谋取中标或者排斥特定投标人而采取的其他联合行动。

第四十条 有下列情形之一的，视为投标人相互串通投标：

（一）不同投标人的投标文件由同一单位或者个人编制；

（二）不同投标人委托同一单位或者个人办理投标事宜；

（三）不同投标人的投标文件载明的项目管理成员为同一人；

（四）不同投标人的投标文件异常一致或者投标报价呈规律性差异；

（五）不同投标人的投标文件相互混装；

（六）不同投标人的投标保证金从同一单位或者个人的账户转出。

第四十一条 禁止招标人与投标人串通投标。

有下列情形之一的，属于招标人与投标人串通投标：

（一）招标人在开标前开启投标文件并将有关信息泄露给其他投标人；

（二）招标人直接或者间接向投标人泄露标底、评标委员会成员等信息；

（三）招标人明示或者暗示投标人压低或者抬高投标报价；

（四）招标人授意投标人撤换、修改投标文件；

（五）招标人明示或者暗示投标人为特定投标人中标提供方便；

（六）招标人与投标人为谋求特定投标人中标而采取的其他串通行为。

第四十二条 使用通过受让或者租借等方式获取的资格、资质证书投标的，属于招标投标法第三十三条规定的以他人名义投标。

投标人有下列情形之一的，属于招标投标法第三十三条规定的以其他方式弄虚作假的行为：

（一）使用伪造、变造的许可证件；

（二）提供虚假的财务状况或者业绩；

（三）提供虚假的项目负责人或者主要技术人员简历、劳动关系证明；

（四）提供虚假的信用状况；

（五）其他弄虚作假的行为。

第四十三条 提交资格预审申请文件的申请人应当遵守招标投标法和本条例

有关投标人的规定。

第四章 开标、评标和中标

第四十四条 招标人应当按照招标文件规定的时间、地点开标。

投标人少于3个的，不得开标；招标人应当重新招标。

投标人对开标有异议的，应当在开标现场提出，招标人应当当场作出答复，并制作记录。

第四十五条 国家实行统一的评标专家专业分类标准和管理办法。具体标准和办法由国务院发展改革部门会同国务院有关部门制定。

省级人民政府和国务院有关部门应当组建综合评标专家库。

第四十六条 除招标投标法第三十七条第三款规定的特殊招标项目外，依法必须进行招标的项目，其评标委员会的专家成员应当从评标专家库内相关专业的专家名单中以随机抽取方式确定。任何单位和个人不得以明示、暗示等任何方式指定或者变相指定参加评标委员会的专家成员。

依法必须进行招标的项目的招标人非因招标投标法和本条例规定的事由，不得更换依法确定的评标委员会成员。更换评标委员会的专家成员应当依照前款规定进行。

评标委员会成员与投标人有利害关系的，应当主动回避。

有关行政监督部门应当按照规定的职责分工，对评标委员会成员的确定方式、评标专家的抽取和评标活动进行监督。行政监督部门的工作人员不得担任本部门负责监督项目的评标委员会成员。

第四十七条 招标投标法第三十七条第三款所称特殊招标项目，是指技术复杂、专业性强或者国家有特殊要求，采取随机抽取方式确定的专家难以保证胜任评标工作的项目。

第四十八条 招标人应当向评标委员会提供评标所必需的信息，但不得明示或者暗示其倾向或者排斥特定投标人。

招标人应当根据项目规模和技术复杂程度等因素合理确定评标时间。超过三分之一的评标委员会成员认为评标时间不够的，招标人应当适当延长。

评标过程中，评标委员会成员有回避事由、擅离职守或者因健康等原因不能继续评标的，应当及时更换。被更换的评标委员会成员作出的评审结论无效，由更换后的评标委员会成员重新进行评审。

第四十九条 评标委员会成员应当依照招标投标法和本条例的规定，按照招标文件规定的评标标准和方法，客观、公正地对投标文件提出评审意见。招标文件没有规定的评标标准和方法不得作为评标的依据。

评标委员会成员不得私下接触投标人，不得收受投标人给予的财物或者其他好处，不得向招标人征询确定中标人的意向，不得接受任何单位或者个人明示或者暗示提出的倾向或者排斥特定投标人的要求，不得有其他不客观、不公正履行职务的行为。

第五十条 招标项目设有标底的，招标人应当在开标时公布。标底只能作为评标的参考，不得以投标报价是否接近标底作为中标条件，也不得以投标报价超过标底上下浮动范围作为否决投标的条件。

第五十一条 有下列情形之一的，评标委员会应当否决其投标：

（一）投标文件未经投标单位盖章和单位负责人签字；

（二）投标联合体没有提交共同投标协议；

（三）投标人不符合国家或者招标文件规定的资格条件；

（四）同一投标人提交两个以上不同的投标文件或者投标报价，但招标文件要求提交备选投标的除外；

（五）投标报价低于成本或者高于招标文件设定的最高投标限价；

（六）投标文件没有对招标文件的实质性要求和条件作出响应；

（七）投标人有串通投标、弄虚作假、行贿等违法行为。

第五十二条 投标文件中有含义不明确的内容、明显文字或者计算错误，评标委员会认为需要投标人作出必要澄清、说明的，应当书面通知该投标人。投标人的澄清、说明应当采用书面形式，并不得超出投标文件的范围或者改变投标文件的实质性内容。

评标委员会不得暗示或者诱导投标人作出澄清、说明，不得接受投标人主动提出的澄清、说明。

第五十三条 评标完成后，评标委员会应当向招标人提交书面评标报告和中标候选人名单。中标候选人应当不超过3个，并标明排序。

评标报告应当由评标委员会全体成员签字。对评标结果有不同意见的评标委员会成员应当以书面形式说明其不同意见和理由，评标报告应当注明该不同意见。评标委员会成员拒绝在评标报告上签字又不书面说明其不同意见和理由的，视为同意评标结果。

第五十四条 依法必须进行招标的项目，招标人应当自收到评标报告之日起3日内公示中标候选人，公示期不得少于3日。

投标人或者其他利害关系人对依法必须进行招标的项目的评标结果有异议的，应当在中标候选人公示期间提出。招标人应当自收到异议之日起3日内作出答复；作出答复前，应当暂停招标投标活动。

第五十五条 国有资金占控股或者主导地位的依法必须进行招标的项目，招标人应当确定排名第一的中标候选人为中标人。排名第一的中标候选人放弃中标、因不可抗力不能履行合同、不按照招标文件要求提交履约保证金，或者被查实存在影响中标结果的违法行为等情形，不符合中标条件的，招标人可以按照评标委员会提出的中标候选人名单排序依次确定其他中标候选人为中标人，也可以重新招标。

第五十六条 中标候选人的经营、财务状况发生较大变化或者存在违法行为，招标人认为可能影响其履约能力的，应当在发出中标通知书前由原评标委员会按照招标文件规定的标准和方法审查确认。

第五十七条　招标人和中标人应当依照招标投标法和本条例的规定签订书面合同，合同的标的、价款、质量、履行期限等主要条款应当与招标文件和中标人的投标文件的内容一致。招标人和中标人不得再行订立背离合同实质性内容的其他协议。

招标人最迟应当在书面合同签订后5日内向中标人和未中标的投标人退还投标保证金及银行同期存款利息。

第五十八条　招标文件要求中标人提交履约保证金的，中标人应当按照招标文件的要求提交。履约保证金不得超过中标合同金额的10%。

第五十九条　中标人应当按照合同约定履行义务，完成中标项目。中标人不得向他人转让中标项目，也不得将中标项目肢解后分别向他人转让。

中标人按照合同约定或者经招标人同意，可以将中标项目的部分非主体、非关键性工作分包给他人完成。接受分包的人应当具备相应的资格条件，并不得再次分包。

中标人应当就分包项目向招标人负责，接受分包的人就分包项目承担连带责任。

第五章　投诉与处理

第六十条　投标人或者其他利害关系人认为招标投标活动不符合法律、行政法规规定的，可以自知道或者应当知道之日起10日内向有关行政监督部门投诉。投诉应当有明确的请求和必要的证明材料。

就本条例第二十二条、第四十四条、第五十四条规定事项投诉的，应当先向招标人提出异议，异议答复期间不计算在前款规定的期限内。

第六十一条　投诉人就同一事项向两个以上有权受理的行政监督部门投诉的，由最先收到投诉的行政监督部门负责处理。

行政监督部门应当自收到投诉之日起3个工作日内决定是否受理投诉，并自受理投诉之日起30个工作日内作出书面处理决定；需要检验、检测、鉴定、专家评审的，所需时间不计算在内。

投诉人捏造事实、伪造材料或者以非法手段取得证明材料进行投诉的，行政监督部门应当予以驳回。

第六十二条　行政监督部门处理投诉，有权查阅、复制有关文件、资料，调查有关情况，相关单位和人员应当予以配合。必要时，行政监督部门可以责令暂停招标投标活动。

行政监督部门的工作人员对监督检查过程中知悉的国家秘密、商业秘密，应当依法予以保密。

第六章　法律责任

第六十三条　招标人有下列限制或者排斥潜在投标人行为之一的，由有关行政监督部门依照招标投标法第五十一条的规定处罚：

（一）依法应当公开招标的项目不按照规定在指定媒介发布资格预审公告或者招标公告；

（二）在不同媒介发布的同一招标项目的资格预审公告或者招标公告的内容不一致，影响潜在投标人申请资格预审或者投标。

依法必须进行招标的项目的招标人不按照规定发布资格预审公告或者招标公告，构成规避招标的，依照招标投标法第四十九条的规定处罚。

第六十四条　招标人有下列情形之一的，由有关行政监督部门责令改正，可以处10万元以下的罚款：

（一）依法应当公开招标而采用邀请招标；

（二）招标文件、资格预审文件的发售、澄清、修改的时限，或者确定的提交资格预审申请文件、投标文件的时限不符合招标投标法和本条例规定；

（三）接受未通过资格预审的单位或者个人参加投标；

（四）接受应当拒收的投标文件。

招标人有前款第一项、第三项、第四项所列行为之一的，对单位直接负责的主管人员和其他直接责任人员依法给予处分。

第六十五条　招标代理机构在所代理的招标项目中投标、代理投标或者向该项目投标人提供咨询的，接受委托编制标底的中介机构参加受托编制标底项目的投标或者为该项目的投标人编制投标文件、提供咨询的，依照招标投标法第五十条的规定追究法律责任。

第六十六条　招标人超过本条例规定的比例收取投标保证金、履约保证金或者不按照规定退还投标保证金及银行同期存款利息的，由有关行政监督部门责令改正，可以处5万元以下的罚款；给他人造成损失的，依法承担赔偿责任。

第六十七条　投标人相互串通投标或者与招标人串通投标的，投标人向招标人或者评标委员会成员行贿谋取中标的，中标无效；构成犯罪的，依法追究刑事责任；尚不构成犯罪的，依照招标投标法第五十三条的规定处罚。投标人未中标的，对单位的罚款金额按照招标项目合同金额依照招标投标法规定的比例计算。

投标人有下列行为之一的，属于招标投标法第五十三条规定的情节严重行为，由有关行政监督部门取消其1年至2年内参加依法必须进行招标的项目的投标资格：

（一）以行贿谋取中标；

（二）3年内2次以上串通投标；

（三）串通投标行为损害招标人、其他投标人或者国家、集体、公民的合法利益，造成直接经济损失30万元以上；

（四）其他串通投标情节严重的行为。

投标人自本条第二款规定的处罚执行期限届满之日起3年内又有该款所列违法行为之一的，或者串通投标、以行贿谋取中标情节特别严重的，由工商行政管理机关吊销营业执照。

法律、行政法规对串通投标报价行为的处罚另有规定的，从其规定。

第六十八条 投标人以他人名义投标或者以其他方式弄虚作假骗取中标的，中标无效；构成犯罪的，依法追究刑事责任；尚不构成犯罪的，依照招标投标法第五十四条的规定处罚。依法必须进行招标的项目的投标人未中标的，对单位的罚款金额按照招标项目合同金额依照招标投标法规定的比例计算。

投标人有下列行为之一的，属于招标投标法第五十四条规定的情节严重行为，由有关行政监督部门取消其1年至3年内参加依法必须进行招标的项目的投标资格：

（一）伪造、变造资格、资质证书或者其他许可证件骗取中标；

（二）3年内2次以上使用他人名义投标；

（三）弄虚作假骗取中标给招标人造成直接经济损失30万元以上；

（四）其他弄虚作假骗取中标情节严重的行为。

投标人自本条第二款规定的处罚执行期限届满之日起3年内又有该款所列违法行为之一的，或者弄虚作假骗取中标情节特别严重的，由工商行政管理机关吊销营业执照。

第六十九条 出让或者出租资格、资质证书供他人投标的，依照法律、行政法规的规定给予行政处罚；构成犯罪的，依法追究刑事责任。

第七十条 依法必须进行招标的项目的招标人不按照规定组建评标委员会，或者确定、更换评标委员会成员违反招标投标法和本条例规定的，由有关行政监督部门责令改正，可以处10万元以下的罚款，对单位直接负责的主管人员和其他直接责任人员依法给予处分；违法确定或者更换的评标委员会成员作出的评审结论无效，依法重新进行评审。

国家工作人员以任何方式非法干涉选取评标委员会成员的，依照本条例第八十一条的规定追究法律责任。

第七十一条 评标委员会成员有下列行为之一的，由有关行政监督部门责令改正；情节严重的，禁止其在一定期限内参加依法必须进行招标的项目的评标；情节特别严重的，取消其担任评标委员会成员的资格：

（一）应当回避而不回避；

（二）擅离职守；

（三）不按照招标文件规定的评标标准和方法评标；

（四）私下接触投标人；

（五）向招标人征询确定中标人的意向或者接受任何单位或者个人明示或者暗示提出的倾向或者排斥特定投标人的要求；

（六）对依法应当否决的投标不提出否决意见；

（七）暗示或者诱导投标人作出澄清、说明或者接受投标人主动提出的澄清、说明；

（八）其他不客观、不公正履行职务的行为。

第七十二条　评标委员会成员收受投标人的财物或者其他好处的，没收收受的财物，处3000元以上5万元以下的罚款，取消担任评标委员会成员的资格，不得再参加依法必须进行招标的项目的评标；构成犯罪的，依法追究刑事责任。

第七十三条　依法必须进行招标的项目的招标人有下列情形之一的，由有关行政监督部门责令改正，可以处中标项目金额10‰以下的罚款；给他人造成损失的，依法承担赔偿责任；对单位直接负责的主管人员和其他直接责任人员依法给予处分：

（一）无正当理由不发出中标通知书；

（二）不按照规定确定中标人；

（三）中标通知书发出后无正当理由改变中标结果；

（四）无正当理由不与中标人订立合同；

（五）在订立合同时向中标人提出附加条件。

第七十四条　中标人无正当理由不与招标人订立合同，在签订合同时向招标人提出附加条件，或者不按照招标文件要求提交履约保证金的，取消其中标资格，投标保证金不予退还。对依法必须进行招标的项目的中标人，由有关行政监督部门责令改正，可以处中标项目金额10‰以下的罚款。

第七十五条　招标人和中标人不按照招标文件和中标人的投标文件订立合同，合同的主要条款与招标文件、中标人的投标文件的内容不一致，或者招标人、中标人订立背离合同实质性内容的协议的，由有关行政监督部门责令改正，可以处中标项目金额5‰以上10‰以下的罚款。

第七十六条　中标人将中标项目转让给他人的，将中标项目肢解后分别转让给他人的，违反招标投标法和本条例规定将中标项目的部分主体、关键性工作分包给他人的，或者分包人再次分包的，转让、分包无效，处转让、分包项目金额5‰以上10‰以下的罚款；有违法所得的，并处没收违法所得；可以责令停业整顿；情节严重的，由工商行政管理机关吊销营业执照。

第七十七条　投标人或者其他利害关系人捏造事实、伪造材料或者以非法手段取得证明材料进行投诉，给他人造成损失的，依法承担赔偿责任。

招标人不按照规定对异议作出答复，继续进行招标投标活动的，由有关行政监督部门责令改正，拒不改正或者不能改正并影响中标结果的，依照本条例第八十二条的规定处理。

第七十八条　取得招标职业资格的专业人员违反国家有关规定办理招标业务的，责令改正，给予警告；情节严重的，暂停一定期限内从事招标业务；情节特别严重的，取消招标职业资格。

第七十九条 国家建立招标投标信用制度。有关行政监督部门应当依法公告对招标人、招标代理机构、投标人、评标委员会成员等当事人违法行为的行政处理决定。

第八十条 项目审批、核准部门不依法审批、核准项目招标范围、招标方式、招标组织形式的，对单位直接负责的主管人员和其他直接责任人员依法给予处分。

有关行政监督部门不依法履行职责，对违反招标投标法和本条例规定的行为不依法查处，或者不按照规定处理投诉、不依法公告对招标投标当事人违法行为的行政处理决定的，对直接负责的主管人员和其他直接责任人员依法给予处分。

项目审批、核准部门和有关行政监督部门的工作人员徇私舞弊、滥用职权、玩忽职守，构成犯罪的，依法追究刑事责任。

第八十一条 国家工作人员利用职务便利，以直接或者间接、明示或者暗示等任何方式非法干涉招标投标活动，有下列情形之一的，依法给予记过或者记大过处分；情节严重的，依法给予降级或者撤职处分；情节特别严重的，依法给予开除处分；构成犯罪的，依法追究刑事责任：

（一）要求对依法必须进行招标的项目不招标，或者要求对依法应当公开招标的项目不公开招标；

（二）要求评标委员会成员或者招标人以其指定的投标人作为中标候选人或者中标人，或者以其他方式非法干涉评标活动，影响中标结果；

（三）以其他方式非法干涉招标投标活动。

第八十二条 依法必须进行招标的项目的招标投标活动违反招标投标法和本条例的规定，对中标结果造成实质性影响，且不能采取补救措施予以纠正的，招标、投标、中标无效，应当依法重新招标或者评标。

第七章 附 则

第八十三条 招标投标协会按照依法制定的章程开展活动，加强行业自律和服务。

第八十四条 政府采购的法律、行政法规对政府采购货物、服务的招标投标另有规定的，从其规定。

第八十五条 本条例自2012年2月1日起施行。

附录三 前期物业管理招标投标管理暂行办法

建住房〔2003〕130号

第一章 总则

第一条 为了规范前期物业管理招标投标活动，保护招标投标当事人的合法权益，促进物业管理市场的公平竞争，制定本办法。

第二条 前期物业管理，是指在业主、业主大会选聘物业服务企业之前，由建设单位选聘物业服务企业实施的物业管理。

建设单位通过招标投标的方式选聘具有相应资质的物业服务企业和行政主管部门对物业管理招标投标活动实施监督管理，适用本办法。

第三条 住宅及同一物业管理区域内非住宅的建设单位，应当通过招标投标的方式选聘具有相应资质的物业服务企业；投标人少于3个或者住宅规模较小的，经物业所在地的区、县人民政府房地产行政主管部门批准，可以采用协议方式选聘具有相应资质的物业服务企业。

国家提倡其他物业的建设单位通过招标投标的方式，选聘具有相应资质的物业服务企业。

第四条 前期物业管理招标投标应当遵循公开、公平、公正和诚实信用的原则。

第五条 国务院建设行政主管部门负责全国物业管理招标投标活动的监督管理。

省、自治区人民政府建设行政主管部门负责本行政区域内物业管理招标投标活动的监督管理。

直辖市、市、县人民政府房地产行政主管部门负责本行政区域内物业管理招标投标活动的监督管理。

第六条 任何单位和个人不得违反法律、行政法规规定，限制或者排斥具备投标资格的物业服务企业参加投标，不得以任何方式非法干涉物业管理招标投标活动。

第二章 招标

第七条 本办法所称招标人是指依法进行前期物业管理招标的物业建设单位。

前期物业管理招标由招标人依法组织实施。招标人不得以不合理条件限制或者排斥潜在投标人，不得对潜在投标人实行歧视待遇，不得对潜在投标人提出与招标物业管理项目实际要求不符的过高的资格等要求。

第八条　前期物业管理招标分为公开招标和邀请招标。

招标人采取公开招标方式的，应当在公共媒介上发布招标公告，并同时在中国住宅与房地产信息网和中国物业管理协会网上发布免费招标公告。

招标公告应当载明招标人的名称和地址，招标项目的基本情况以及获取招标文件的办法等事项。

招标人采取邀请招标方式的，应当向3个以上物业服务企业发出投标邀请书，投标邀请书应当包含前款规定的事项。

第九条　招标人可以委托招标代理机构办理招标事宜；有能力组织和实施招标活动的，也可以自行组织实施招标活动。

物业管理招标代理机构应当在招标人委托的范围内办理招标事宜，并遵守本办法对招标人的有关规定。

第十条　招标人应当根据物业管理项目的特点和需要，在招标前完成招标文件的编制。

招标文件应包括以下内容：

（一）招标人及招标项目简介，包括招标人名称、地址、联系方式、项目基本情况、物业管理用房的配备情况等；

（二）物业管理服务内容及要求，包括服务内容、服务标准等；

（三）对投标人及投标书的要求，包括投标人的资格、投标书的格式、主要内容等；

（四）评标标准和评标方法；

（五）招标活动方案，包括招标组织机构、开标时间及地点等；

（六）物业服务合同的签订说明；

（七）其他事项的说明及法律法规规定的其他内容。

第十一条　招标人应当在发布招标公告或者发出投标邀请书的10日前，提交以下材料报物业项目所在地的县级以上地方人民政府房地产行政主管部门备案：

（一）与物业管理有关的物业项目开发建设的政府批件；

（二）招标公告或者招标邀请书；

（三）招标文件；

（四）法律、法规规定的其他材料。

房地产行政主管部门发现招标有违反法律、法规规定的，应当及时责令招标人改正。

第十二条　公开招标的招标人可以根据招标文件的规定，对投标申请人进行资格预审。

实行投标资格预审的物业管理项目，招标人应当在招标公告或者投标邀请书中载明资格预审的条件和获取资格预审文件的办法。

资格预审文件一般应当包括资格预审申请书格式、申请人须知，以及需要投标申请人提供的企业资格文件、业绩、技术装备、财务状况和拟派出的项目负责人与主要管理人员的简历、业绩等证明材料。

第十三条 经资格预审后，公开招标的招标人应当向资格预审合格的投标申请人发出资格预审合格通知书，告知获取招标文件的时间、地点和方法，并同时向资格不合格的投标申请人告知资格预审结果。

在资格预审合格的投标申请人过多时，可以由招标人从中选择不少于5家资格预审合格的投标申请人。

第十四条 招标人应当确定投标人编制投标文件所需要的合理时间。公开招标的物业管理项目，自招标文件发出之日起至投标人提交投标文件截止之日止，最短不得少于20日。

第十五条 招标人对已发出的招标文件进行必要的澄清或者修改的，应当在招标文件要求提交投标文件截止时间至少15日前，以书面形式通知所有的招标文件收受人。该澄清或者修改的内容为招标文件的组成部分。

第十六条 招标人根据物业管理项目的具体情况，可以组织潜在的投标申请人踏勘物业项目现场，并提供隐蔽工程图纸等详细资料。对投标申请人提出的疑问应当予以澄清并以书面形式发送给所有的招标文件收受人。

第十七条 招标人不得向他人透露已获取招标文件的潜在投标人的名称、数量以及可能影响公平竞争的有关招标投标的其他情况。

招标人设有标底的，标底必须保密。

第十八条 在确定中标人前，招标人不得与投标人就投标价格、投标方案等实质内容进行谈判。

第十九条 通过招标投标方式选择物业服务企业的，招标人应当按照以下规定时限完成物业管理招标投标工作：

（一）新建现售商品房项目应当在现售前30日完成；

（二）预售商品房项目应当在取得《商品房预售许可证》之前完成；

（三）非出售的新建物业项目应当在交付使用前90日完成。

第三章 投标

第二十条 本办法所称投标人是指响应前期物业管理招标、参与投标竞争的物业服务企业。

投标人应当具有相应的物业服务企业资质和招标文件要求的其他条件。

第二十一条 投标人对招标文件有疑问需要澄清的，应当以书面形式向招标人提出。

第二十二条 投标人应当按照招标文件的内容和要求编制投标文件，投标文件应当对招标文件提出的实质性要求和条件作出响应。

投标文件应当包括以下内容：

（一）投标函；

（二）投标报价；

（三）物业管理方案；

（四）招标文件要求提供的其他材料。

第二十三条　投标人应当在招标文件要求提交投标文件的截止时间前，将投标文件密封送达投标地点。招标人收到投标文件后，应当向投标人出具标明签收人和签收时间的凭证，并妥善保存投标文件。在开标前，任何单位和个人均不得开启投标文件。在招标文件要求提交投标文件的截止时间后送达的投标文件，为无效的投标文件，招标人应当拒收。

第二十四条　投标人在招标文件要求提交投标文件的截止时间前，可以补充、修改或者撤回已提交的投标文件，并书面通知招标人。补充、修改的内容为投标文件的组成部分，并应当按照本办法第二十三条的规定送达、签收和保管。在招标文件要求提交投标文件的截止时间后送达的补充或者修改的内容无效。

第二十五条　投标人不得以他人名义投标或者以其他方式弄虚作假，骗取中标。

投标人不得相互串通投标，不得排挤其他投标人的公平竞争，不得损害招标人或者其他投标人的合法权益。

投标人不得与招标人串通投标，损害国家利益、社会公共利益或者他人的合法权益。

禁止投标人以向招标人或者评标委员会成员行贿等不正当手段谋取中标。

第四章　开标、评标和中标

第二十六条　开标应当在招标文件确定的提交投标文件截止时间的同一时间公开进行；开标地点应当为招标文件中预先确定的地点。

第二十七条　开标由招标人主持，邀请所有投标人参加。开标应当按照下列规定进行：

由投标人或者其推选的代表检查投标文件的密封情况，也可以由招标人委托的公证机构进行检查并公证。经确认无误后，由工作人员当众拆封，宣读投标人名称、投标价格和投标文件的其他主要内容。

招标人在招标文件要求提交投标文件的截止时间前收到的所有投标文件，开标时都应当当众予以拆封。

开标过程应当记录，并由招标人存档备查。

第二十八条　评标由招标人依法组建的评标委员会负责。

评标委员会由招标人代表和物业管理方面的专家组成，成员为5人以上单数，其中招标人代表以外的物业管理方面的专家不得少于成员总数的2/3。

评标委员会的专家成员，应当由招标人从房地产行政主管部门建立的专家名册中采取随机抽取的方式确定。

与投标人有利害关系的人不得进入相关项目的评标委员会。

第二十九条　房地产行政主管部门应当建立评标的专家名册。省、自治区、直辖市人民政府房地产行政主管部门可以将专家数量少的城市的专家名册予以合并或者实行专家名册计算机联网。

房地产行政主管部门应当对进入专家名册的专家进行有关法律和业务培训，对其评标能力、廉洁公正等进行综合考评，及时取消不称职或者违法违规人员的评标专家资格。被取消评标专家资格的人员，不得再参加任何评标活动。

第三十条 评标委员会成员应当认真、公正、诚实、廉洁地履行职责。

评标委员会成员不得与任何投标人或者与招标结果有利害关系的人进行私下接触，不得收受投标人、中介人、其他利害关系人的财物或者其他好处。

评标委员会成员和与评标活动有关的工作人员不得透露对投标文件的评审和比较、中标候选人的推荐情况以及与评标有关的其他情况。

前款所称与评标活动有关的工作人员，是指评标委员会成员以外的因参与评标监督工作或者事务性工作而知悉有关评标情况的所有人员。

第三十一条 评标委员会可以用书面形式要求投标人对投标文件中含义不明确的内容作必要的澄清或者说明。投标人应当采用书面形式进行澄清或者说明，其澄清或者说明不得超出投标文件的范围或者改变投标文件的实质性内容。

第三十二条 在评标过程中召开现场答辩会的，应当事先在招标文件中说明，并注明所占的评分比重。

评标委员会应当按照招标文件的评标要求，根据标书评分、现场答辩等情况进行综合评标。

除了现场答辩部分外，评标应当在保密的情况下进行。

第三十三条 评标委员会应当按照招标文件确定的评标标准和方法，对投标文件进行评审和比较，并对评标结果签字确认。

第三十四条 评标委员会经评审，认为所有投标文件都不符合招标文件要求的，可以否决所有投标。

依法必须进行招标的物业管理项目的所有投标被否决的，招标人应当重新招标。

第三十五条 评标委员会完成评标后，应当向招标人提出书面评标报告，阐明评标委员会对各投标文件的评审和比较意见，并按照招标文件规定的评标标准和评标方法，推荐不超过3名有排序的合格的中标候选人。

招标人应当按照中标候选人的排序确定中标人。当确定中标的中标候选人放弃中标或者因不可抗力提出不能履行合同的，招标人可以依序确定其他中标候选人为中标人。

第三十六条 招标人应当在投标有效期截止时限30日前确定中标人。投标有效期应当在招标文件中载明。

第三十七条 招标人应当向中标人发出中标通知书，同时将中标结果通知所有未中标的投标人，并应当返还其投标书。

招标人应当自确定中标人之日起15日内，向物业项目所在地的县级以上地方人民政府房地产行政主管部门备案。备案资料应当包括开标评标过程、确定中标人的方式及理由、评标委员会的评标报告、中标人的投标文件等资料。委托代理招标的，还应当附招标代理委托合同。

第三十八条　招标人和中标人应当自中标通知书发出之日起30日内，按照招标文件和中标人的投标文件订立书面合同；招标人和中标人不得再行订立背离合同实质性内容的其他协议。

第三十九条　招标人无正当理由不与中标人签订合同，给中标人造成损失的，招标人应当给予赔偿。

第五章　附则

第四十条　投标人和其他利害关系人认为招标投标活动不符合本办法有关规定的，有权向招标人提出异议，或者依法向有关部门投诉。

第四十一条　招标文件或者投标文件使用两种以上语言文字的，必须有一种是中文；如对不同文本的解释发生异议的，以中文文本为准。用文字表示的数额与数字表示的金额不一致的，以文字表示的金额为准。

第四十二条　本办法第三条规定住宅规模较小的，经物业所在地的区、县人民政府房地产行政主管部门批准，可以采用协议方式选聘物业服务企业的，其规模标准由省、自治区、直辖市人民政府房地产行政主管部门确定。

第四十三条　业主和业主大会通过招标投标的方式选聘具有相应资质的物业服务企业的，参照本办法执行。

第四十四条　本办法自2003年9月1日起施行。

参考文献

［1］郭淑芬，王秀燕.物业管理招标投标实务（第2版）.北京：清华大学出版社，
　　2010.

［2］张弘武.物业管理招标投标.北京：中国建筑工业出版社，2010.

［3］卜宪华.物业管理招标投标实务.大连：东北财经大学出版社，2008.

［4］黄安永.现代房地产物业管理.南京：东南大学出版社，2000.

［5］邓辉.招标投标法新释与例解.北京：北京日报出版社，2003.

［6］史伟，凌明雁.物业管理招标投标.北京：北京大学出版社，2010.

［7］肖建章.物业管理服务案例与招标投标实务.深圳：海天出版社，2003.

［8］王家福.物业管理条例解释.北京：中国物价出版社，2003.

［9］曾文娟.大力发展电子招标新模式.中国招标，2012（15）：5–7.

［10］赵蓓蕾.电子招标——绿色招标采购新模式.广东建材，2013（8）：87–89.

［11］王谟祥.《电子招标投标办法》实施影响分析.财经界（学术版），2014（1）：112.

［12］孙瑾.电子招标投标模式下关键工作浅析.建设监理，2014（3）：43–46.

［13］陈慎.电子招标投标创新试点深圳市电子招标投标系统建设思路.建筑市场与
　　招标投标，2016（1）：47–51.

［14］许燕丹.物业招标投标管理.北京：中国劳动社会保障出版社，2014.

［15］张莹.招标投标理论与实务.北京：中国物资出版社，2003.

［16］雷蒙德P.菲克斯，史蒂芬J.格罗夫，乔比·约翰.互动服务营销.张金成等译.
　　北京：机械工业出版社，2001.

［17］H.克雷格.彼得森，W.克里斯.刘易斯.管理经济学（第三版）.北京：中国人
　　民大学出版社，1998.

［18］李星苇，韩阳瑞.工程招标投标与合同管理.北京：中央民族大学出版社，2015.

［19］汤礼智.国际工程承包实务.北京：中国对外经济贸易出版社，1993.

［20］王秉桐.建设工程施工招标投标管理.北京：中国建材工业出版社，1994.

［21］李海波.物业管理概论与实务.北京：中国财富出版社，2015.

［22］许高峰.国际招标投标.北京：人民交通出版社，2003.

［23］余源鹏.物业管理服务投标数编写实操范本.北京：机械工业出版社，2009.

［24］王俊安.招标投标案例分析.北京：中国建材工业出版社，2005.

［25］刘亚利.政府采购案例精编.北京：中国金融出版社，2011.

［26］方芳，吕萍.物业管理服务（第二版）.上海：上海财经大学出版社，2011.

［27］徐文通.工程招标投标管理概论.北京：中国人民大学出版社，1992.

［28］中国法制出版社.办理招标投标案件法律依据.北京：中国法制出版社，2002.

［29］中华人民共和国招标投标法起草小组.招标投标法操作实务.北京：中国法制
　　出版社，2000.